知识生产的原创基地

BASE FOR ORIGINAL CREATIVE CONTENT

颉腾文化

JIE TENG CULTURE

COSMIC ODYSSEY

HOW INTREPID ASTRONOMERS AT
PALOMAR OBSERVATORY CHANGED OUR VIEW
OF THE UNIVERSE

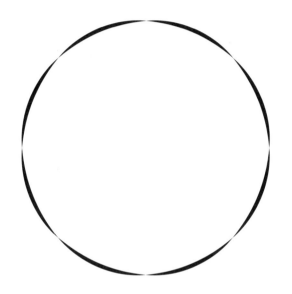

宇宙百年探险

天文学家
如何改变了我们的认知

[美] 琳达·施韦策（Linda Schweizer） 著　　　屈艳 译

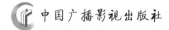

中国广播影视出版社

图书在版编目（CIP）数据

宇宙百年探险：天文学家如何改变了我们的认知 /
（美）琳达·施韦策著；屈艳译. -- 北京：中国广播影
视出版社，2022.5
　　ISBN 978-7-5043-8761-5

Ⅰ. ①宇… Ⅱ. ①琳… ②屈… Ⅲ. ①宇宙 - 普及读
物 Ⅳ. ① P159-49

中国版本图书馆 CIP 数据核字（2022）第 007095 号

北京市版权局著作权合同登记号　图字：01-2022-0459

COSMIC ODYSSEY: How Intrepid Astronomers at Palomar Observatory Changed
Our View of the Universe, by Linda Schweizer
Copyright © 2020 Linda Schweizer
Simplified Chinese edition copyright © 2022 by Beijing Jie Teng Culture Media
Co., Ltd.
　　This edition published by arrangement with The MIT Press, a department of
Massachusetts Institute of Technology through Bardon−Chinese Media Agency
　　ALL RIGHTS RESERVED

宇宙百年探险：天文学家如何改变了我们的认知
［美］琳达·施韦策　著
屈艳　译

策　　划　颉腾文化
责任编辑　李潇潇
责任校对　龚　晨

出版发行　中国广播影视出版社
电　　话　010-86093580　010-86093583
社　　址　北京市西城区真武庙二条 9 号
邮　　编　100045
网　　址　www.crtp.com.cn
电子信箱　crtp8@sina.com

经　　销　全国各地新华书店
印　　刷　文畅阁印刷有限公司

开　　本　710 毫米 × 1000 毫米　1/16
字　　数　246（千）字
印　　张　18
版　　次　2022 年 5 月第 1 版　2022 年 5 月第 1 次印刷

书　　号　ISBN 978-7-5043-8761-5
定　　价　99.00 元

目录 | Contents

模糊、虚弱的就是类星体 | 遍布宇宙各处的类星体 | 类星体的兴衰

第七章　穿透银河系的"迷雾"

目光长远 | 原恒星：星系的真空吸尘器 | 步入演化晚期的恒星：星系的烟囱 | 银心啊，你到底在哪 | 从怪胎到 LIRG | 极亮红外星系：摇滚巨星

第八章　星暴、超级星风和超大质量黑洞

闪耀的星系和氦的起源 | 星系气泡 | 星系风 | 无处安放的恒星形成 | 星系核中的大旋涡 | 星系中心的怪物——黑洞 | 宝库的钥匙

第九章　探索宇宙中的气体

耸立的谱线 | 完美的仪器遇上完美的望远镜 | 类星体的吸收线：生物特征辨识护照 | 伽马射线暴：炫目的远光灯

第十章　从幽灵到星系：宇宙结构的形成

遥远的红、蓝阴影 |E+A 星系 | 火圈 | 宇宙的那一头 | 星系成团和莱曼 α 团块 | 猛烈的星系风

第十一章　太阳系大洗牌

"海盗"二人组 | 木星的热斑 | 从煎锅到炊火 | 行星之王 | 彗星来袭！ | 飞火流星 | 太阳系的冷库 | 奥尔特星云的碎片 | 清点拼图 | 一个"谋杀案"的解析：冥王星退出行星之列 | 寻找 X 行星：事后诸葛 | 寻找第九大行星

第十二章　天文研究中的奇异事物：新前沿

发育不全的恒星结构 | 寻星利器 | 发现宝藏：一颗普通的 M 型小星星 | 浮泥、铁雨、洋红色天空与疾风骤雨 | 寻找淡蓝色小光点 | 探路者 | 瞬变、超发光超新星，以及观测天文学的未来 | 瞬变的宇宙 | 源头

译者序 | The Translator's Words

在现代城市的夜晚，人们也许不会注意到头顶的星空。然而在山巅的天文台，人们抬起头就能看到天上的车水马龙和灯火辉煌。这份热闹无时无刻不在召唤着我们去一探究竟。

本书讲述了近一个世纪人类对宇宙的探索。故事的主角是帕洛玛天文台及其望远镜，尤其是"巨眼"，以及被吸引来的世界各地的天文学家们。这些杰出的科学家拥有无尽的好奇心，洞察力非凡，也非常有性格。他们凭借精湛的技艺，勇于创新，相互竞争，也相互协作，用毕生的精力推进人类对宇宙的认知，和大望远镜一同谱写了人类探险宇宙的史诗。

本书的作者从孩提时起就对天文深深着了迷。成年后，她取得了加州大学伯克利分校的天文学博士学位，并在加州理工学院教授科学写作。在写作本书时，她对上百名天文学家做了采访，收集了大量第一手资料，这才使得这近一个世纪的科学探索（今天仍在继续）中的逸事秘辛得以在我们面前呈现。

打开这本书，一边领略动人的科学探索发现，一边收获对宇宙的新认知和新见解。合上书，或可得思绪上的宁静，遥想宇宙的深远。

有一次，我不揣冒昧地向一位天文学家提出了一个问题，是有关一项庞大工程建设的。那位天文学家已经花费了数年的时间和精力在那项工程上。这个最愚蠢的问题是："等你摘掉安全帽，重返观测正轨时，你会不会大大地松一口气？"

　　对方毫不掩饰对我这个幼稚问题的反感。他冷冷地告知我，建造这台仪器是他这一生中最重要的工作，没有之一。他努力把"大光桶"从一个想法变成了现实，但是"大光桶"真能协助人们获得更有价值的科学发现吗？他表示怀疑。

　　如果我打断正在工作的乔治·埃勒里·海耳（George Ellery Hale），问他同样的问题，我猜他十有八九也会这么说。在海耳的职业生涯中，他总是渴望收集到更多来自宇宙的光，于是先后四次主持建造了世界上最大的望远镜。他先是在家乡芝加哥市附近，为叶凯士天文台建造了一台 40 英寸⊖折射望远镜，第一次打破了世界上最大望远镜的纪录（至今仍是同类中的巨人）。但由于当地的天气状况不佳，这台望远镜一年中有两百多天处于闲置状态。海耳于是西行来到加利福尼亚，在威尔逊山顶建起两座圆顶，分别安置一台 60 英寸和一台 100 英寸反射望远镜。他预见到大望远镜的潜在价值，在帕洛玛山顶发起建造了 200 英寸海耳望远镜。这是他做出的最后功绩。遗憾的是，他没能看到它落成开光的那一天。

　　这台宏伟壮观的仪器不仅吸引着天文学家，还引来了其他领域的科学家。

　　这个众人口中的"巨眼"不负期望地展开了以前未曾预料到的探索。大家正是冲着这一点纷纷来到帕洛玛山顶。虽然"海耳"只对可见光敏感，但它很快就成了蓬勃

　　⊖　1 英寸 =0.0254 米。

发展的射电天文学和红外天文学的重要盟友，也一直在帮忙证认伽马射线暴和 X 射线暴的源头并描述其特征。

帕洛玛天文台获得的天文发现一再扩大已知宇宙的范围，改变了人们对宇宙的普遍认知。早在广受喜爱的哈勃空间望远镜成为"大家的望远镜"之前，帕洛玛山顶上的"巨眼"就已经把宇宙引入了大众的想象之中。人们一直认为宇宙在缓慢地演化，离群索居的星系偷偷地离我们远去，也在彼此远离。但透过"巨眼"，我们却看到了宇宙充满暴力的一面：虽然宇宙空间广袤无垠，但星系还是会像敌人一样争斗，抢夺对方的恒星。

在 20 世纪中叶的早期观测中，科学家要爬到镜筒顶部的主焦观测室，摸黑调整望远镜的指向，就好像望远镜是一个行动笨拙的动物。没错，那里又黑又冷，空间逼仄，还要顶着相当大的压力，但勇敢地度过了那些夜晚的观测者们，事后回忆起来，会说他们是去宇宙兜风了。如本书采访的一位观测老手所述的那样："在离地面 100 英尺[⊖]的高处，只有我和头顶上的那片星空，再无其他。"

有人说望远镜是天文学家知觉的延伸。这种说法忽视了两者之间更深的依赖——他们共同除去挡在好奇心和知识之间的层层干扰。

几年前，我去意大利帕多瓦参加国际天文学联合会举办的为期一周的研讨会。会议主办方在会场中心摆放了一个亚克力盒子，里面陈列着伽利略亲手制作的一架望远镜。一看到它，来自全世界各天文台和空间中心的参会者都很兴奋。在会议期间的任何时候都能看到盒子跟前围着一群人。与他们常打交道的那些望远镜相比，这个用硬纸板和皮革制作的望远镜看上去就像远古时代的石斧一样古老和原始，但他们却把它视为源头，几乎可以说对它充满崇敬。他们中有不少人还记得，儿时曾经使用与眼前这个老古董大小、外形差不多的初级望远镜看星星，结果从此迷上天文。

如今，帕洛玛天文台的望远镜基本上实现了自动化。在夜间观测时，圆顶里连一个人影也看不见了。几十年的技术进步大大提高了望远镜的性能。它们安装了全新的探测器，采用了自适应光学技术，不仅探测范围变宽了，成像也更加清晰、锐利。天文学家还开发出新的设备和技术，能够探测恒星碰撞产生的引力波。天文研究自此不再局限于电磁波谱。但帕洛玛天文台仍然至关重要，依然是大家的心头所爱。

琳达·施韦策通过一个又一个精彩的故事，为我们讲述了帕洛玛天文台的科学探

⊖　1 英尺 =0.3048 米。

索历程。这本书是天文学家的《一千零一夜》。书中提到了极客的午夜之约，对数据采集的执着奉献，没完没了的理论测试和耐性考验。从发光物质到暗物质，从类星体到系外行星、星暴、超新星，以及其他奇异天体，施韦策把这些内容分成一个个小故事为你娓娓道来。她的故事里出场人物众多，他们既相互合作也彼此竞争，在帕洛玛天文台独一无二的环境里，为自己、为别人抑或为彼此工作着。一位迷上天文的观测者（从天文学家变身宇航员），承认自己在第一次搭航天飞机去太空执行任务时，曾偷偷带了一小捧帕洛玛天文台的泥土。

戴瓦·索贝尔（Dava Sobel）

前言 | Preface

天文学让人类智慧获益良多，就在于望远镜既不掘金也不挖宝，
却能让人类收获宝贵的思想。

——约翰·N.巴卡尔（John N. Bahcall）天文和
天体物理调查委员会主席，1990 年

探索星空是许多人的梦想。本书讲述了天文学家如何在宇宙尺度上把梦想转变成科学假说和天文发现的故事。为人们熟知并亲切地称为"巨眼"的海耳望远镜，是帕洛玛天文台最大的望远镜。在 20 世纪大部分时间获得的天文发现中，它都发挥了至关重要的作用。

为"巨眼"浇铸 200 英寸口径的耐热玻璃反射镜，为它建造巨大的圆顶和马蹄式架台，以及它拍摄的第一批宇宙图像，与几十年后的阿波罗登月和哈勃空间望远镜一样，都让公众兴奋不已。在洛克菲勒基金会的资助下，望远镜于 1948 年完工，并被命名为海耳望远镜，以纪念美国天体物理学和天文学事业的领军人物海耳（Hale）。

在落成后的几十年里，它一直是世界上最大的反射式望远镜，而且直到今天还奋斗在天文观测的最前线。就像威尔逊山天文台的天文学家哈勃在 20 世纪 20 年代开拓了宇宙的边界，帕洛玛山上的天文学家在 20 世纪中后期也书写并一再改写了天文教材中的内容。通过"巨眼"，世人结识了类星体和超大质量黑洞，弄明白了从恒星灰烬中孕育生命的化学过程，还把已知宇宙的边界一再向外拓展。

很多其他著作已经引人入胜地讲述过帕洛玛天文台的诞生，以及像海耳、哈勃这样的天文界英雄人物的事迹。而促使我写这本书的理由是帕洛玛天文台对科学发展的累积贡献：这个标志性天文台对我们认识宇宙做出了哪些贡献？科学发现是如何出现，

又是如何成熟，从理论发展成为被普遍接受的范式？根据我自己的天文学博士的学习工作经历，我知道这些道路很少是坦途。我想了解帕洛玛的四台望远镜，200 英寸海耳反射式望远镜，18 英寸施密特相机（1936 年～ 20 世纪 90 年代中期），48 英寸施密特相机（1948 年至今），还有 60 英寸奥斯卡·迈耶（Oscar Meyer）反射式望远镜 (1970 年至今)，经过 7.5 万多个夜晚的观测，都给我们带来了哪些丰硕成果。

这本书拉开了帕洛玛天文台宇宙探险的帷幕，让我们看到有些古怪却也令人敬畏的研究者们是如何从原始图像中提取新见解，又是如何与同行竞争、合作，并因此激发起雄心壮志，让观点理论成型的。它讲述了宇宙探索的方方面面，从恒星形成与演化到发现类星体，从星系碰撞到黑洞并合，从太阳系形成留下的废石块到围绕其他恒星运行的系外行星。还有天文学家如何打开电磁波观测的新窗口，让我们看到恒星诞生的真相、银河系的核心，还有遥远的类星体。我无意详述历史，只是自始至终跟着这一系列重大发现"顺藤摸瓜"。

这 12 章的内容展示了那些著名的、已被遗忘的、特立独行的天文学家们近一个世纪的科学探索。一代又一代的科学家们竭尽全力去破解那些远超出人类的经验与想象力的巨大能量和神秘过程。有时候，虽然十分不情愿，但他们也不得不放弃以前的观念，努力去理解那些非同寻常的新奇观。这些故事描绘的就是科学家们日常工作的缩影：会间断，会误入歧途，会陷入僵局，会大踏步前进，也会充满悬念。有时候，我们需要倒退 10 年、20 年甚至 50 年，或者跨洲越洋去其他的科研团队和望远镜那里寻找相关线索。本书开篇介绍了所有这些天文发现的基石：定义"距离阶梯"以便校正天体本身的性质。这阶梯带我们一步步走出太阳系，一路走到最近的恒星、星系、星系团，直到可观测宇宙的尽头。

故事围绕着天文观测先驱在久远的过去获得的原始图像和数据，还有当前的前沿技术和计算机分析展开。天文学先辈们如何从少得可怜的粗糙光谱（只有当前数据量的百万分之一）研究出这么多成果？他们也总会面临种种挑战，技术难题、暗淡的天体，还有全新现象。他们的所思所想、所作所为，我在本书中都会为你娓娓道来，让你能分享认识宇宙的"顿悟"时刻。世界各地的研究者们经过数十载获取来的知识片段，是如何串联、碰撞，最后聚合在一起的，这是真正令我着迷的地方。

科学需要创造力、想象力，甚至还要有对美的感知。这一百多位天文学家、宇宙学家、物理学家、行星天文学家还有工程师投入毕生精力，研究宇宙的方方面面，让我们得以长期了解科学研究的前沿战报。这些人有的活跃于 1948 年，200 英寸望远镜 "开光" 之际，与不确定性、自我怀疑、技术挑战和冰冷刺骨的工作环境作斗争。他们满怀热情，常常也被自己的雄心壮志所鼓舞。有时，他们获得发现纯属侥幸。虽然他们目标远大，奉献精神令人敬佩，但也会与对手竞争到底，排斥劣势的一方，甚至会被思维定式束缚。他们在共同的探索事业中也会团结一致，维持几十年的长期合作关系，慷慨地分享数据和观点。在他们向我讲述自己的故事时，有一点显露无遗：科学的进展很少是明确定向的，虽然大家会聚集在一起花很长时间讨论，寻找重大问题的答案。

从天文学家的故事里，我们描摹出科学研究工作的点点滴滴，也看到这些让天文研究进入全新领域的科学家的脆弱、激情和奉献精神。他们整晚待在 200 英寸望远镜镜筒顶部的观测室里，在黑暗中、在冷冰冰的金属设备中间瑟瑟发抖，体验着醍醐灌顶的快感或者不确定性带来的刺痛。一位天文学家（艾伦·桑德奇）把帕洛玛天文台比作忽必烈汗的元上都，另一位（弗里茨·兹威基）则把天文台比喻成 "球形混蛋"。还有一位天文学家（奇普·阿尔普）热爱艺术，当他不去帕洛玛天文台拍摄奇形怪状的星系时，就在家中全心全意地培育兰花。一位精力充沛的天文学家（约翰·格伦斯菲尔德）转行做了宇航员。在他的眼中，在帕洛玛天文台观测有如 "一场盛大浪漫的冒险"，就像他在三年后操作奋进号航天飞机搭载的望远镜一样。无论他们的立场如何，天文学家最终展现给我们一个从未预料到的错综复杂又魅力无限的宇宙。

想象一下在帕洛玛天文台观测的情景：在漆黑深夜，望远镜呼呼作响，圆顶隆隆轰鸣，空气中弥漫着机油的气味，控制望远镜的观测助手喊着 "调整好了"，站在环绕圆顶的通道上仰望星空，看着海雾渐渐爬上山头，然后止步在这圆顶下面，就好像要把你隔绝在这 "天文孤岛" 上。这是宇宙探索的美好时代，而我们全都是参与者。

我曾多次留宿帕洛玛天文台，有幸与天文学家和技术人员一起在 200 英寸望远镜的数据室工作，追踪、记录从新生星系到系外行星的各种奇特天体。在检修期间，我爬进马蹄式架台的臂筒，那里狭窄逼仄，都是油污。在很久以前，早期的红外天文学家曾在这里安装冷却装置，调试探测器。我从距离地面 135 英尺高的主焦观测室向外看，伸手就快碰到圆顶的顶部了。我抚过光滑的圆形轨道，正是它带着千吨重的圆顶跟随天体的周日视运动亦步亦趋地转动。我套上防护服，帮助工作人员清理镜面，然后呆呆地看着铝蒸汽漂浮在镜子表面，为它镀上一层新膜。我触摸近 90 年前铸造的主力齿轮，对技能娴熟的工作人员赞叹不已。他们在圆顶内操作挖土机，精确地替换小汽车般大小的精密仪器。在讲述这些故事的时候，这些不同寻常的时刻一直在激励着我，也提醒我，科学方法只是科学发现的一部分，就像它只是这书中故事的一部分。人类的才智、勇气，有时还有弱点，都同样重要，也同样引人入胜。

在此，我邀请你，我的读者，跟着最伟大的天文学家到帕洛玛山顶去破解宇宙的奥秘，在科学发现中驰骋畅游。我们通过私人采访和研究资料，以他们的所见、所思、所感来一步步展开整个故事。

"修道院"的前台

01

第一章

承 诺

这是哈勃空间望远镜对着天炉座极小一片天区拍摄的极深场（Hubble eXtreme Deep Field, XDF）照片。这是人类有史以来拍摄到的宇宙最深处的景象，展示了星系的演化历史。这张照片由从紫外至近红外波段拍摄的照片合成，拍摄天区的面积只占天空总面积的千万分之一。在前景中可见银河系里的点点繁星，此外还有几千个色彩斑斓的模糊斑点，每个都是一个星系。这些斑点有可能是大约 137 亿年前形成的第一批星系幼体（蓝色小光斑），也可能是星系激烈碰撞、合并留下的遗迹，旋涡星系、椭圆星系，以及那些形状不定的星系。据估计，在可观测的宇宙空间里，仅与银河系大小相近的星系就有上千亿个，更暗的星系更是多得数也数不清。

资料来源：G. D. Illingworth et al., "The HST eXtreme Deep Field (XDF): Combining All ACS and WFC3/IR Data on the HUDF Region into the Deepest Field Ever," *Astrophysical Journal Supplement Series* 209 (2013). Credit: NASA; ESA; G. Illingworth, D. Magee, and P. Oesch, University of California, Santa Cruz; R. Bouwens, Leiden University; and the HUDF09 Team.

宇宙的广袤无垠绝非人类所能想象。但我们人类却为了一些事，把全部精力花在与同胞的争夺打斗上。只要用这台望远镜简单地看上一眼，我们就会知道那些事根本微不足道。

——洛克菲勒基金会主席雷蒙德·B. 福斯迪克（Raymond B. Fosdick）
在 1948 年 6 月 3 日 200 英寸海耳望远镜落成启用仪式上的致辞

　　纵观整个人类文明发展史，人类的宇宙观很少有像过去 100 年那样剧烈变化。在较老的威尔逊山天文台取得的重大进展的基础上，帕洛玛天文台青出于蓝，在那场科学变革中发挥了关键作用。许多重大天文发现都可以追溯至 20 世纪 40 年代末。当时，帕洛玛天文台的 200 英寸海耳望远镜建成"开光"，先驱者们利用它为现代天体物理学奠定了基础。这些科学先行者们的探索和研究并不是那么一帆风顺，有时也会一波三折，甚至走进死胡同。他们也曾经历沮丧、失望，偶尔也会享受成功的狂喜。所有这一切都是科学研究工作的真实写照。数千年累积而成的人类宇宙观不过百年一瞬便被彻底颠覆，这都要归功于全世界一代又一代的科学研究工作者们前仆后继、百折不挠的努力奋斗。

天体物理学革命的中坚力量

这场革命来得出乎意料，让人看得目眩神迷。在 19 世纪行将结束之际，随着实验物理学和技术发展带来的新工具被应用到天文学研究，变革的速度明显加快了。其中最重要的一位领军人物当属年轻的天体物理学家乔治·埃勒里·海耳（George Ellery Hale）。他敢于开拓，勇于创新，为了破解星光的秘密，一生致力于建造功能强大的天文望远镜。1868 年，美国内战的硝烟刚刚散去，海耳在伊利诺伊州芝加哥市呱呱落地。在他成长时期，天文学研究和物理学研究的协同合作日益增多。海耳早在学生时代就建立起自己的天文观测站，还设计了一台光谱仪。他在麻省理工学院修读物理学、工程学和化学，一毕业便开启了他那成就斐然的太阳物理学研究生涯。不仅如此，他还是一位雄心勃勃、勇于进取的科学企业家。

传统天文学研究不外乎数数天体的数目，把天体分门别类，或者测量一下天体的位置和大小。除了经典天体力学知识，不需要什么科学解释，也不需要什么理论。相比之下，在有些人眼中，这些天体却能成为工具，去研究地面实验室达不到的极端温度、密度和质量等物理条件。海耳并不满足于仅仅对天体给出描述，而更热衷于计算它们产生的热量，分析它们的化学成分，弄清楚它们如何演化。

想要理解恒星背后的物理机制和成因，光凭计数和分类是不够的，还需要知晓这些炽热气体的温度、密度和电离态等性质，而这些恰恰是现有实验室数据所缺失的、需要填补的一大块空白。海耳很早就认识到为天体拍摄高质量光谱至关重要，于是他便着手对观测技术和实验方法进行实质性的改进。他抛弃了老式的"天文台"概念，推行一种全新的设计理念——把望远镜和物理实验室相结合，以应对未来的无限可能。因此，在海耳建造的一系列天文观测站里，制造精密仪器的机械车间和从物理学同行那里借来的各种先进设备，如光谱仪、定制光栅、热电偶、光电元件等，成了观测站不可或缺的组成部分。现场记录、测量、解读天体光谱也成了观测时的常规做法。

在 1897 年至 1948 年期间，海耳接连策划设计并建造了四台世界上最大的望远镜。他先是为威斯康星州的叶凯士天文台（Yerkes Observatory）建造了一台物镜直径达 40 英寸的折射望远镜。但那时他还年轻，缺乏经验。威斯康星平原寒冬漫长，大气视宁度[⊖]差，并非天文观测台站的明智之选。而矗立在加利福尼亚州山巅之上的

　　⊖　视宁度指望远镜显示图像的清晰度，取决于大气湍流活动程度。——译者注

这张照片大约摄于1908年，在威尔逊山天文台60英尺高的太阳塔式望远镜里，乔治·埃勒里·海耳正在光谱仪前工作。

资料来源: Observatories of the Carnegie Institution for Science Collection at the Huntington Library, San Marino, California.

利克天文台（Lick Observatory）也有一台36英寸折射望远镜。经过一番比较，海耳发现它的观测效果远胜过自己的叶凯士望远镜。海耳认识到自己犯了错误，所以一俟时机成熟，他便怀揣着梦想，立即登上火车离开雾气腾腾的五大湖区，来到了晴空万里、山峦起伏的加利福尼亚州南部。他在靠近帕萨迪纳市的山上建立了威尔逊山天文台（Mount Wilson Observatory），并为它建造了两台反射望远镜。1908年60英寸口径的望远镜完工，九年后第二台名为胡克（Hooker）的100英寸望远镜也宣告落成。随之而来的还有专门分析和研究恒星物理环境的辅助仪器。这些仪器让两台望远镜如虎添翼，迅即向人类以自我为中心的宇宙观发起挑战。

1924年，在威尔逊山上观测的天文学家埃德温·哈勃（Edwin Hubble）竭尽所能让胡克望远镜大展神威，取得了举世震惊的丰硕成果。他把目光锁定在仙女座星云（当时的名称，现在称仙女座星系）身上。别看这个星云个头不大，也不甚明亮，却是夜空中一众旋涡状星云里头最大的。哈勃发现仙女座星云虽然看上去不起眼，但事实上，它可不是银河系里漂浮的小云团，而是一个离我们 200 万光年远、体型庞大、发展成熟的明亮星系。天空中还有许多与之类似的星云，实际上都是和银河系大小差不多的星系，也就是所谓的"岛宇宙"。

在当时人们的眼中，银河系就是整个宇宙。所以，让天文学家还有公众接受"宇宙比银河系大百万倍且有数以千计的星系，而银河系只不过是其中之一"这样的事实，对他们的宇宙观不啻为一次剧烈的调整。从某种意义上说，哈勃的划时代发现为从 16 世纪头 10 年开始的那场科学革命画上了完美的休止符。在那场变革中，先有文艺复兴时期的天文学家兼数学家尼古拉斯·哥白尼（Nicolaus Copernicus）推翻了地心说，四处宣扬他的日心说。随后又有伽利略·伽利雷（Galileo Galilei）在 1609 年用新发明的望远镜看到四颗卫星在环绕木星运行。然后在 1915 年至 1917 年间，威尔逊山上的天文学家哈洛·沙普利（Harlow Shapley）经过重新测量把银河系的个头扩大了十倍，还绘制出了它的形状，并由此认识到太阳并不在银河系的中心而是居于外围。所以当哈勃在 1924 年公布自己的发现时，等于给出了最后的致命一击：证实地球既不是太阳系的中心，也不是银河系的中心，更不是宇宙的中心。

故事还没完呢。几年后，哈勃把几个星系的视向速度与距离画在一张图上，结果发现二者之间竟然存在惊人的相关性：星系离我们越远，它逃离我们的速度就越快。换句话说，宇宙并不像爱因斯坦在广义相对论里假设的那样是静止的，而是在不断膨胀着。爱因斯坦听说了哈勃的发现，来到威尔逊山天文台要亲眼看看 100 英寸望远镜和它的新观测数据。他后来意识到自己为了强迫宇宙保持静止而给完美的理论引入"宇宙常数"纯属画蛇添足，便把它去掉了。谁知天意弄人，70 年后，这个宇宙常数改头换面后又重现人前，被用来描述神秘的暗能量如何促使宇宙膨胀了。

尽管威尔逊山上的天文学家们取得了巨大的科学进展，但星系本身仍旧如谜一般难解。除了离我们最近的几十个星系，他们对宇宙中还有什么天体和物质几乎一无所知。虽然放眼望去夜空中到处都有各种各样的天体，个个都值得用望远镜去一探究竟，但当时还没有哪一台仪器有能力对宇宙中的天体进行详细的清点。海耳进一步发问：宇宙从何而来？化学元素是如何生成的？恒星和星系是怎么形成、又是怎么演化的？没过多久他就认识到，胡克望远镜看得还不够深远，无法回答这些问题。甚至连离我们最近的仙女座星系里的恒星，它都无法一一分辨清楚。然而宇宙似乎还在不断地向更远处延伸，胡克目力有限，无法一路追随着探索下去。就连威尔逊山上最杰出的观测天文学家哈勃，也仅能勉强触碰到宇宙的边缘。

观天"巨眼"

海耳心里明白，自己要建造世界上最大的望远镜这项宏图大业，绝不会止步于100英寸的胡克望远镜。1928年，年近花甲的海耳体质十分虚弱，常常遭受神经衰弱和头痛的折磨，甚至出现幻觉，但他出于对科学的热爱，仍然坚守岗位不肯退休。幸运的是，威尔逊山天文台还有一位意志坚定的光学仪器设计师兼天文学家弗朗西斯·皮斯（Francis Pease）。他同海耳一样，也梦想着有朝一日建造一台更大的望远镜。早在几年前，他就绘制了300英寸（后来缩小到200英寸）望远镜的设计图，还做了一个等比例模型。于是，已是天文台名誉台长的海耳便发起了一个新项目——建造一台功能更强大的天文望远镜，去解答自己提出的那些科学问题。

在1929年美国陷入经济大萧条之前的那些年里，海耳积聚起巨额的私人财富，并且十分擅长与富人交际应酬。正当他为自己的新梦想寻找赞助人时，洛克菲勒基金会下属国际教育委员会主席威克利夫·罗斯（Wickliffe Rose）恰好也在物色资助对象。[1]罗斯本人就是一位饱学之士，终其一生都在从事科学研究，追求科学真理。为了引起罗斯的兴趣，海耳在《时尚芭莎》（Harper's Bazaar）1928年4月刊上发表了一篇文章，题目是《大望远镜的发展潜力》⊖。该文以一段富有诗意的文字开场："宇宙的边远前哨，如同深埋的宝藏，自远古以来，一直在向探险者发出召唤。"然后，海耳列出了自己提出的那几个深刻的科学问题，并说只有借助全新的巨大望远镜，再加上物理学和化学方面的最新成果，才有望解决这些问题。

海耳的策略奏效了。在罗斯看来，这样一台大望远镜代表着几十亿光年的观测距离，也象征着人类智识所能达到的最前沿。建造更大的望远镜成了洛克菲勒基金会的整个自然科学项目中最宏伟的部分。不出几个月，基金会便承诺拨款600万美元作为项目资金，如此大手笔在当时可是前所未有。但出于种种原因，罗斯并没有把这笔经费发给海耳的大本营——威尔逊山天文台，而是拿去资助加州理工学院的研究生科研项目了。天文台是纯粹的科学研究部门，已经获得了安德鲁·卡内基（Andrew Carnegie）基

⊖　*The Possibilities of Large Telescopes*.

200 英寸海耳望远镜的近照。主焦观测室位于支撑筒的顶部，马蹄式机架的极轴指向北天极，从前方可以看到山的西侧，以及固定在主镜下方的卡塞格林（Cassegrain）观测室和电子器件架。

金会的资助。尽管如此，加州理工学院的校长李·A. 杜布里奇（Lee A. DuBridge）在1948 年海耳望远镜落成典礼的致辞中这样说道："这个天文台虽然是加州理工学院负责建造，但构思、策划和主要实施者却是威尔逊山天文台的工作人员。"[2]

虽然加州理工学院在其他学科都开设了研究生课程，但它还没有成立天文系，更从未设计与建造过望远镜。所以洛克菲勒基金会提出，让威尔逊山天文台的天文学家、工程师们积极参与新望远镜和天文台的设计与建造。据海耳估计，望远镜、辅助设备、圆顶和住宿楼的设计、建造和安装需要 4 ~ 6 年才能完成。但相关的工程概念和物资尚不完备，也不具备镜面浇铸技术和建造精密光学调整架的技术。由于第二次世界大战的干扰，再加上如此浩大的工程所要面对的诸多现实障碍，整个工程前前后后花了20 年才算完成。1936 年筋疲力尽的海耳一病不起，无力再主持整个工程了。从那年起，数学物理学家马克斯·梅森（Max Mason）辞去洛克菲勒基金会主任一职，开始接管帕洛玛天文台委员会直至 1948 年工程顺利完工。但令人悲伤的是，不论是罗斯还是海耳，都没能亲眼见证他们的宏伟工程大功告成的那一天。

如今，我们很难想象 20 世纪三四十年代的工程师们如何用 500 多吨钢材和玻璃打造出如此精密的仪器，与之搭配的圆顶虽然重达 1000 吨却旋转自如。这两大工程毫无瑕疵，技术之高令人惊叹。与要建造的天文仪器一样，200 英寸望远镜的设计目标是要达到天文研究所要求的极高的观测精度。但与现在不同的是，当时没有实例可循，也没有样机可供参考，更没有扭转系数这样的量化指标和计算机模型去模拟现实。设计师手头能用的基本工具和技术只有计算尺，以及偶然的灵光闪现。他们只能艰难地手工计算，手绘大量的草图、工程制图、施工蓝图。所有这些都依赖于他们多年累

这面即将问世的巨大望远镜有望看到更深处的宇宙，能为广义相对论提供测试，理论物理学家爱因斯坦因此对它十分关注。他的场方程曾经预言，宇宙的物质总量决定了空间如何弯曲，只有观察非常遥远的天体如何运动，才能辨别出这个效果。1937 年 4 月 30 日，爱因斯坦与来自科学界和工业界的 200 名精英一同庆祝 200 英寸望远镜架台的桁架管完工。这个支撑结构体量巨大，足以装下二层小楼，随后将会被装船运送到帕洛玛。在这张照片中，爱因斯坦正在检查西屋电气制作的 1：32 的赛璐珞模型，测试受力情况和设计方案的可行性。

积的工作经验。工程师们只能通过测试望远镜、圆顶以及驱动系统的纸制、木制或金属材制的比例模型，才能检验他们的创新设计是否可行。

康宁玻璃加工厂（Corning Glass Works）的工人们最清楚这台巨大的望远镜有多么震撼。他们奋力把 20 吨百丽耐热玻璃[⊖]浇铸成一面直径近 17 英尺的镜子。1936 年，数百万人蜂拥而至，聚集到铁道边、公路旁，注视着这面易碎的大镜子穿越隧道，跨过桥梁，从纽约（康宁玻璃加工厂的所在地）一路运送到加州理工学院的光学仪器厂。通用电气公司（General Electric Corporation）和西屋电气制造公司（Westinghouse Corporation）的工人对镜面进行切割、焊接，还要把 500 吨的笨重金属构件连接成一个整体，为望远镜提供支撑和保护，控制镜面的精准指向。

与此同时，工人们开始在帕洛玛山上为望远镜建造一个遮风避雨的"家"。整栋建筑呈圆柱形，别具装饰艺术风格。顶部是一个双层钢板半球形旋转式圆顶，装有一条可开合的狭缝天窗。在 5600 英尺高的帕洛玛山顶，圆顶矗立在距离地面 135 英尺高处，高度直追罗马万神庙的穹顶天窗。望远镜的基座则被牢牢地固定在坚硬的花岗岩下 25 英尺深处。

在施工期间，公众始终关注着帕洛玛山上的动静。他们通过新闻报道了解到天文学家日以继夜的工作，山顶上层出不穷的巧妙设计和工程壮举，还有把成吨的玻璃、钢铁、水泥运送上山的艰辛不易。此外，声名远播的洛克菲勒基金会和威尔逊山天文台，再加上前所未见的巨额资助，也成了人们津津乐道的谈资。媒体以"巨眼"称呼帕洛玛山顶上的那台庞然大物，它的魅力即将展现。这项宏伟的工程对所有人都产生了强大的吸引力。正是这份关注帮它捱过了全球经济衰退和阴云密布的战争年代，历经 20 年的风雨波折而终成辉煌。这台大望远镜兑现了它的"承诺"，给天文学家和物理学家带来希望，让宇宙变得触手可及。科学家们在热切期盼的同时，也在筹划着如何最好地探索宇宙的重大奥秘。

球形天才

恐怕无人能预料到，奠定帕洛玛天文台科学成就的，而且对整个天文学研究事业的影响力一直延续到 21 世纪的核心人物，竟是一位瑞士籍物理学家。1925 年，弗里

　　⊖　硼硅酸盐耐热玻璃，具有较低的热膨胀系数。——译者注

茨·兹威基（Fritz Zwicky）从苏黎世联邦理工学院获得了 X 射线晶体学的博士学位。随后，他拿到洛克菲勒基金会下属国际教育委员会提供的为期两年的研究经费，在加州理工学院物理系从事研究工作。兹威基原本打算继续自己的固体物理学和晶体学研究，可是没过多久他便得知附近的威尔逊山天文台正在进行的开创性天体物理学和宇宙学研究，而且准备再建一台大望远镜，目力是胡克望远镜的两倍。这些消息诱惑着他——最后也引得越来越多的物理学家改换门庭，投身于天体物理学研究。兹威基向威尔逊山天文台的员工特别是刚从德国过来的沃尔特·巴德（Walter Baade）请教，学习天文学基础知识。除了如恒星、星系的光谱特征等经典课题，巴德带领兹威基进入了爆炸恒星的新奇世界。这类恒星后来得名"超新星"，它们在很短的时间内发出耀眼的光芒，可与整个星系争辉。

但捕捉超新星爆发的机会十分渺茫，唯有频繁地给许许多多的星系拍照，才有可能找到一两个。威尔逊山天文台的 60 英寸和 100 英寸望远镜视场较小，每次只能拍摄寥寥几个星系，不足以用来搜寻罕见且难以预测的超新星。兹威基敏锐地意识到，即使是 200 英寸大望远镜恐怕也难当此重任。因为它虽然有能力看到许多遥远的星系，但它的视场只有锁眼般大小——视场直径不过 9 角分，还不到满月视直径的 1/3。而整个天空的总面积是 41 253 平方度，在帕洛玛山顶全年可观测天区的面积总和占总面积的 75%。照此计算，若用 200 英寸望远镜拍摄，即便穷尽一生也只能拍完很少一部分天区。天文学家又该去何处寻找值得探索研究的天体呢？兹威基想到可以对宇宙中的天体展开巡天观测，为它们编制星表。但是，对无论现有的望远镜还是计划建造的大望远镜而言，这都是一个永远不可能完成的任务。

也是事出偶然，就在 1929 年，一位名叫伯恩哈德·沃尔德马尔·施密特（Bernhard Voldemar Schmidt）的光学仪器工程师发明了一件完美的工具。施密特来自爱沙尼亚，为人和善，爱喝威士忌，单手工作。[一]在德国汉堡天文台工作期间，他找到了改正快速大视场反射镜（焦距比镜面直径短）光学缺陷的办法——在光束中插入一块特殊校正玻璃板。他用此法制造了一台相机原型，这台样机不仅能够拍摄广角图像，而且成像清晰，即使在视场边缘图像也不会发生畸变。当时巴德也在汉堡天文台工作，还是施密特的好朋友。后来，巴德成了威尔逊山天文台的一员，便把施密特发明的这个革新性光学概念介绍给了兹威基。

　　㊀　施密特 15 岁时因为一次意外事故失去了右手。——译者注

汉堡天文台的光学仪器师伯恩哈德·沃尔德马尔·施密特正在测试仪器。他发明的广角相机能让观测者对暗淡的星系和星云展开全天巡测，彻底颠覆了天文学研究。施密特的相机由反射镜和透镜组成，在今天依旧被广泛应用。除了天文望远镜，在航测相机、电视摄像机、电影院还有家庭投影仪中都可见到它的身影。

资料来源：Ham-burger Sternwarte.

于是就在 200 英寸望远镜选定基址，即将破土动工之际，在帕洛玛的工程总体规划中突然新添了一台根据施密特的发明研制的巡天望远镜样机。这可是兹威基钟爱的工程项目，也由他主管，工程施工进展迅速。1936 年，这台 18 英寸施密特相机完工。为了表示对好友的诚挚感谢，巴德总是称它为"施密特"。这台后加进来的望远镜将会为整个天体物理学界测绘和观察宇宙提供莫大的助力。在接下来的 12 年里，施密特相机是在帕洛玛天文观测前线值守的惟一"哨兵"，它的长官就是兹威基。

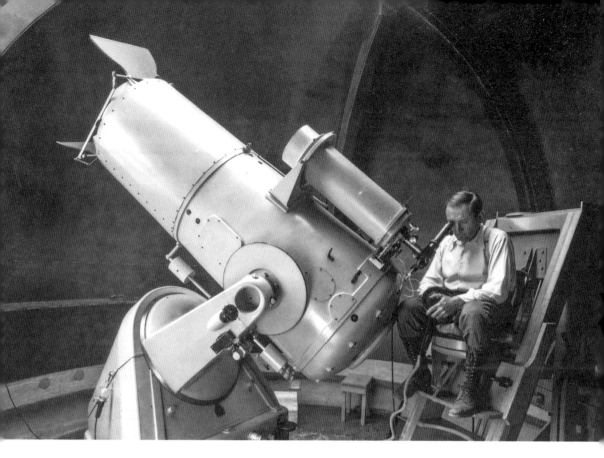

为了探索和编制宇宙的物质清单，瑞士天体物理学家弗里茨·兹威基引入了巡天观测概念。这张照片大约拍摄于 1936 年，兹威基正在用帕洛玛天文台的 18 英寸新相机进行拍摄。这台施密特相机只能成像（不能拍光谱），实际上就是一台大视场望远镜相机。正因如此，"施密特相机"和"施密特望远镜"常常混用。

资料来源：Courtesy of the Archives, California Institute of Technology.

巡天相机"施密特"的拍摄速度无可匹敌（焦比[⊖]为 f/2）。在对和天空背景一样暗的天体成像时，它的拍摄速度比传统望远镜（焦比为 f/10 ～ f/5）快了 25 ～ 50 倍，甚至比 200 英寸望远镜还快两倍（焦比为 f/3.67）。新开工的头五个月，兹威基就拍摄了 100 个天区，覆盖面积占帕洛玛可见天区总面积的 1/6。

⊖ 望远镜的焦距与镜面口径之比。焦比越小，望远镜的放大倍率就越低，视场就越大。——译者注

每张"施密特"圆形底片覆盖直径 8.5 度的天区（是满月视直径的 17 倍）。在这些照片里，兹威基发现在星系周围和星系之间有一缕缕明亮的东西，像被拉长的太妃糖丝，还有不多见的周身环绕物质流的有趣星系，以及更罕见的像是由明亮恒星组成的环状星系。这些星系的附属物和结构前所未见。有时候，一张底片拍摄到的星系团数目，与在那之前所有的望远镜看到的星系团总和一样多。哈勃怀疑兹威基看到的其实是双鱼座里的一大群星系。兹威基生性好斗，因讥讽自己的对手是"球形混蛋"而"恶"名在外。对于哈勃的质疑，他毫不客气地回敬说，对于这种规模的星系团，100 英寸胡克望远镜连它的 10% 都看不全，而 18 英寸的"施密特"却将之尽收眼底。兹威基希望，大家现在能够看出这个性能强大的广角相机的价值所在了。

帕洛玛巡天

事实也的确如此。兹威基的巡天观测结出了累累硕果，这让天文台优先考虑再建一台口径更大的施密特相机，作为仍在建造中的"巨眼"的最佳搭档。洛克菲勒基金会为此又出资 50 万美元来建造一台 48 英寸的施密特相机（或望远镜）。1948 年 6 月 3 日，200 英寸望远镜宣告落成启用。"施密特"也赶在同一年及时完工。不到一年时间，美国国家地理学会（National Geographic Society）便应邀参加帕洛玛天文台的巡天观测项目。国家地理学会向来以探索地球而闻名，探索天空和宇宙还属首次。

于是，在开工后的头 7 年里，48 英寸施密特相机统共拍摄了 900 个边长为 6 度的正方形天区。每个天区分别用对蓝光和红光敏感的感光乳剂胶片各拍一次。从伊士曼柯达公司专门定制的 14 英寸 × 14 英寸照相底片，能够记录非常暗淡的天体，比肉眼在漆黑夜空能看到的最暗的恒星还要暗 100 万倍。如此一来，数以亿计的从未见过的天体全都显露出来。它们之中既有独立的或聚集成团的恒星和星系，也有星云、彗星以及小行星。帕洛玛天文台的 48 英寸施密特相机只拍摄了整个可见天区的 75%，剩余部分便交给智利和澳大利亚天文台与之类似的施密特相机去完成了。国家地理学会 - 帕洛玛天文台巡天（National Geographic Society - Palomar Observatory Sky Survey，NGS-POSS 或 POSS）大获成功：48 英寸施密特相机拍摄的图像现在可以告诉"巨眼"该往哪看了。

　　整张照片展示了帕洛玛天文台 48 英寸施密特相机的视场，与 200 英寸海耳望远镜的视场（图中心的矩形小窗）形成鲜明对比。两台望远镜都拿室女星系团里第二明亮的星系梅西耶 87 练手。施密特广角相机能够拍摄 6.4 度 ×6.4 度（月球视直径的 13 倍）的天区，适合巡天观测。海耳望远镜则把 0.42 度 ×0.33 度的天区（边长比月球的视直径还短）放大，去捕捉更暗、更多的细节（右下方矩形区域），分辨能力比施密特相机高 6 倍。

　　资料来源：NASA/B. Schweizer.

本书的后续章节将会逐一讲述科学发现的故事。读后你就会知道，就奠定现代天体物理学基础而言，帕洛玛天文台的两台施密特相机和 NGS-POSS 与 200 英寸海耳望远镜一样功不可没。巡天观测的相片底片不仅是天体研究的宝藏，也为在其他波段发现的奇异天体提供了定位和识别的光学基础。加州理工学院和威尔逊山天文台的天文学家近水楼台先得月，独享 200 英寸望远镜的观测时间，这使他们主导宇宙学和天体物理学研究数十载。不过，他们也会慷慨地把底片拷贝分享给其他天文机构和研究中心使用，邀请世界各地的天文学家和研究生们用这些数据开展他们自己的前沿研究。例如，俄罗斯天文学家 Boris Vorontsov-Velyaminov 把新发布的巡天数据迅速研究了一遍，便抢先发表了首个插图版相互作用星系目录。这也是加州本地的天文学家想做却还没来得及做的事。

不到几年功夫，威尔逊山天文台和帕洛玛天文台的天文学家就用更准确的方法证明，仙女座星系及宇宙中的所有星系与我们的距离，比哈勃此前声称的还要大两倍。可观测宇宙的尺度立时翻了一倍，再无可能"一切照旧"了。很快，更深入的研究让可观测宇宙的大小又增长了八倍。哈勃的伟大发现原来不过是对着极小的一部分宇宙观测的结果。如今帕洛玛也加入观测宇宙的行列中来，更惊人的发现还在后头呢。

拓宽视野

几千年来，人类只能用肉眼观天认星。人眼只对整个电磁辐射谱里一个很窄的波段敏感，即使照相技术的问世也没能把观测波段拓宽多少。后来，第二次世界大战结束以后，在战时为了克敌制胜而研发的新技术被用于天文观测，这才扩大了人类可观测的波长范围。就在帕洛玛天文台的新望远镜打开天窗，在可见光波段搜寻暗淡天体时，在澳大利亚和英国，初出茅庐的射电望远镜操作员也开始看到一些奇奇怪怪的明亮射电源。他们请加州帕萨迪纳市的光学天文学家帮忙，用 48 英寸施密特相机和 200 英寸海耳望远镜去寻找这些宇宙射电源的光学对应体。

等到 1963 年，光学天文学家发现有些光学对应体看上去像是银河系里的蓝色恒星。可光谱分析却表明，别看这些天体貌似"恒星"，其实不过是假象。这些奇怪的点状射电源实际上离我们非常遥远，远在几十亿光年之外。它们从一个极小的区域（类似太阳系大小）喷涌出巨大的能量，相当于数万亿颗恒星发出的能量总和。这些天体很快得名"类星体"，如同探照灯一般打出强光穿透深邃的宇宙，揭露了充斥在宇宙空间的气体介质的存在。小小天体竟能产生如此惊人的巨大能量！为了解释类星体的能量来源，科学家提出了种种令人兴奋的猜想，比如超大质量黑洞、相对论性引力坍缩，以及无处不在的高能粒子和爆炸事件。忽然之间宇宙仿佛变了脸，不再是繁星点点，一派平和宁静的景象，而是变得非常暴力和复杂。

　　而且宇宙的复杂程度还在继续加深。射电天文学革命已过去十年，有些物理学家又撬开了第二个观测窗口——红外波段。保守的天文学家早已习惯了用光学底片为宇宙拍照，他们起初觉得那些体形庞大、笨重的红外设备没什么用处，实在讨人嫌。但是等他们认识到宇宙空间遍布尘埃，遮挡了星光，而红外辐射却能在空间中畅通无碍时，他们便改变了对红外观测的态度。

　　科学家想方设法从加利福尼亚州中国湖的美国海军航空武器站弄来了最先进的红外探测器，然后把它们安装到威尔逊山的望远镜和帕洛玛的"巨眼"上，大片大片尚未被探索的宇宙空间给了天文学家们惊鸿一瞥。他们看到如同茧蛹般包裹在原生气体和尘埃深处的恒星"育儿所"，正在衰老的恒星喷云吐雾"污染"着银河系，云层密布的木星大气层上有明亮的孔洞，还有正在大规模制造恒星的遥远星系。最终，红外天文学家穿过尘雾弥漫的银河系银盘，发现在银河系的中心（银心），竟然躲藏着一个超大质量黑洞。

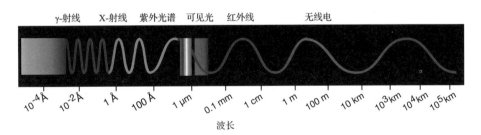

　　20世纪初的天文观测还主要集中在电磁波谱的可见光波段——波长介于3500～7000埃（0.35～0.7微米）。到了21世纪初，在射电和红外探测器，以及后来的X射线和伽马射线卫星观测台的辅助下，天文学家能够观测的电磁光谱范围比20世纪扩大了10^{18}倍不止。波长范围跨越18个数量级——从比质子的直径还短一直到与整个洲的大小相差无几。然而光看波长还不够，因为某些波段的辐射会被地球大气层吸收。只有在大气透射率较高的辐射"窗口"，天文学家才能畅通无阻地观察那些遥远的天体。

　　资料来源：Image courtesy R. Schweizer.

打个比方说吧，现代天文学家在观测时，就好像面对一扇紧闭的大门，只能透过锁眼去窥视大门另一侧的景象。无论何时何地，天体发出的光子和粒子流全都要通过这个锁眼——地面上或者空间中的望远镜，才能到达天文学家的眼前。其他学科的科学家能够在实验室里，在可以控制的条件下做实验。但绝大多数天文学家连他们喜爱的研究对象都摸不到，更别提拿它们做实验，甚至改造它们了。尽管有此限制，但在过去 100 年间，科学家还是构建起一幅前后连贯的宇宙全貌，让人过目难忘。大约 137 亿年前，发生了一场大爆炸，时间和空间自此而始。从那以后，宇宙一路演化成我们今天看到的模样：闪闪发亮的星系和气体散落在纤维网上，网间是庞大的巨洞。除此之外，我们还看到太阳系外的恒星也有行星陪伴，河外星系从核心向外喷出等离子体喷流，还有猛烈的恒星爆炸撒播下的物质结构与生命的种子。即便如此，这一切也不过是冰山一角。

天文学家已经掌握了充足的证据，表明宇宙中的大多数物质都不发光、不可见，似乎也不与普通物质或者光发生相互作用。虽然塑造宇宙结构的正是这些"暗物质"，但它到底是什么，我们仍一无所知；或许，它是一种我们尚未发现的奇异粒子。按理说，物质间相互的引力吸引会让宇宙放慢膨胀的脚步。但是科学家最近却惊奇地发现，宇宙竟然出乎预料地在加速膨胀。宇宙学家为此提出宇宙中普遍存在一种可怕的"暗能量"，把所有天体推离彼此，好像万有引力全都消失不见了。

先是哥白尼和伽利略，再是沙普利与哈勃，他们撼动了一度以地球为世界中心的宇宙观。现在这些天体物理学的新进展让我们领悟到，我们用望远镜直接看到的物质和能量不过是浩瀚宇宙的"沧海一粟"。宇宙中充满了鲜为人知的物质和结构，我们以前甚至连想都没想过这些，直到最近几十年才相信确有其事。

帕洛玛天文台的设计师们使用的工具和材料

02

第二章

探索宇宙深处

汉丽埃塔·斯旺·莱维特（Henrietta Swan Leavitt）是哈佛天文台"人力计算机"中的一员。她把在麦哲伦云里观测到的几千颗变星——筛查，发现有一种变星堪称理想的量天尺。这就是天文学家所说的"标准烛光"——光度已知的一个（类）天体。1912年，她宣布自己发现造父变星的平均视星等（即亮度）恰好只与光变周期有关。图中心的明亮恒星是船尾座RS，它是一颗被尘埃云遮蔽的造父变星。造父变星的外层大气处于不平衡状态，有规律地膨胀和收缩，从星核发出的辐射在向光球层传播过程中也会随之定期受到阻碍。船尾座RS的亮度每40天就会增大5倍。周围的尘埃云因为反射星光也会跟着变亮，只不过由于光的传播需要时间而稍迟一些。通过测量恒星变亮与云团随之附和的"光回声"之间的时间差，就能精确地计算出恒星的距离。造父变星质量大又明亮（比太阳亮10万倍），是宇宙测距十分可靠的标准烛光。

资料来源：NASA, ESA, and the Hubble Heritage Team (STScI/AURA)-Hubble/Europe Collaboration; acknowledgment: H. Bond (STScI and Penn State University).

天文学研究的基本目标不只是发现，还有测量。哈佛天文台的沙普利在球状星团里找到一些变星。他把它们当作造父变星，通过测量它们的光变周期和星等，改变了我们对银河系的形状、大小和结构的认知。无独有偶，威尔逊山天文台的天文学家哈勃也在几个邻近的星系里发现了造父变星。哈勃测量了它们的光变周期，结果发现宇宙远比人们以前认为的更加广袤，而且还在不停地膨胀。这些惊人的发现引起了爱因斯坦的关注。但令人郁闷的是，宇宙的结构和命运仍然隐藏在这些遥远的微小效应中。1951年哈勃着重介绍了海耳望远镜的观测结果。他信心十足地表示，只要有足够准确的观测数据就能测量出这些效应。然后根据他发现的红移定律——星系的退行速度与它们和地球的距离成正比——的变化趋势，就能解读宇宙的最终命运。如果这个相关关系不是一条直线，而是在遥远的距离处微微上翘或者向下偏折，我们就能知道"宇宙在刚刚过去的时间里究竟是在加速还是在减速膨胀了"。[3]后来，科学家花了近半个世纪的时间，动用了地面上和空间中的望远镜进行精确测量，才最终找到了令人震惊的答案。

闪烁的指路明灯

1948年6月3日，帕洛玛天文台的200英寸海耳望远镜正式落成启用。起初，帕萨迪纳的天文学家让两台施密特相机和海耳望远镜协力行动，继续"如常"工作着。他们把威尔逊山天文台已持续了四分之一世纪的观测项目重新审查并进行完善。不过在他们的观测日程表上，宇宙学研究排名靠前。因为要想在这个研究领域取得突破，只能依靠看得更深、更远的海耳望远镜。具体的研究内容包括宇宙的结构，宇宙膨胀的意义，宇宙空间是闭合的、开放的还是平坦的。既然现在有了更大的望远镜收集更多的星光，天文学家就可以为暗弱的天体拍摄光谱，希望能够破解化学元素的起源和恒星演化之谜。此外，他们还想解决一个一直困扰着他们的天体物理学之谜，这也是建造海耳望远镜的主要原因之一：宇宙似乎比有些天体还要年轻，这真是自相矛盾。

一方面，据估计地球距今已有28亿年的历史了。这是从地壳中的镭、钍的放射性衰变推测出来的结果，比较可靠。另一方面，哈勃发现宇宙在膨胀，我们可以由此推测宇宙的年龄。如果星系如今正在彼此远离，那么往回追溯的话，它们在过去必然曾经挤在一个狭小的空间里。根据星系目前的运动状况，沿着时间轴倒推回时间的起点，我们就能计算出宇宙的年龄了。星系的退行速度与距离之比是宇宙目前的膨胀速率，单位是（千米／秒）／兆秒⊖差距。这个比值原先被称为"哈勃常数"（H_0），现在又改为"哈勃－勒梅特常数"。哈勃根据这个比值推算出宇宙已经存在了 18 亿年，明显小于地球的年龄。

有些天文学家质疑，宇宙年龄如此低实在不寻常，会不会是哈勃太过依赖照相测光结果的缘故。由于照相底片对光的响应高度非线性，用此技术去测量天体的星等⊜十分不易。哈勃也坦承，自己测得的星等"只是提示性的，并非确定结果"。哈勃在威尔逊山天文台的年轻同事沃尔特·巴德，不仅大胆评论哈勃的测量结果"太积极"，还严重怀疑哈勃的开创性发现的根基——造父变星的周光关系——有问题。

巴德的疑虑在第二次世界大战期间得到了证实。当时，巴德因为是德国人而行动受限，只能待在帕萨迪纳和威尔逊山天文台。威尔逊山顶的 100 英寸胡克望远镜成了巴德的黄金牢笼。每天一入夜，洛杉矶盆地因为灯火管制而漆黑一片，巴德充分利用这个难得的机会，尽情地为仙女座星系（梅西叶 31，M31）拍照。他发现明亮、年轻的蓝色巨星和尘埃带总爱分布在星盘和旋臂上面，年老的红色恒星则更倾向于聚集在星系的中心区域和球状星团里。[4] 他把这两种物理性质截然不同的恒星群体分别称作星族 I 和星族 II。近 40 年来，包括哈勃在内的天文学家全都认为，所有的造父变星都有相同的周光关系。但是巴德却想看一看，分属星族 I 和星族 II 的造父变星是否真是如此。诚然，无论属于哪一个族类，造父变星的光度随时间的变化——光变曲线——都是相似的，但我们并没有先验的理由去相信它们的性质如此不同却还能一样明亮。

1950 年初秋，巴德前往帕洛玛山，用 200 英寸望远镜为仙女座星系拍摄了第一张照片。圆顶里有冰箱用来存放照相底片，底片上涂着一层对蓝色光敏感的感光乳剂。巴德钟爱观测，对工作一丝不苟且技术超群。他与哈勃一样，总是穿着西装打着领带去观测。他知道自己要拍摄的那一颗颗恒星非常遥远，想要探测星光的微小变化绝非易事，尤其是在繁星密布的区域，就算星光稳定不变，地球大气的随机波动也会让星光忽明忽暗地闪烁不定。所以，他只在天气条件最好的时候观测。据说，他宁肯让这台世界上最大的望远镜闲等一整晚，也不愿用它去看爱眨眼的小星星。

天琴 RR 型变星是年老、暗淡的小质量星族 II 恒星，它是银河系内距离测量常用的标准烛光。巴德早就计划着把它们的星等与 M31 盘里的造父变星的星等做一番比

⊖　1 秒差距等于 3.26 光年，1 兆秒差距等于 326 万光年。

⊜　对天体亮度的一种测量。

较。如果哈勃为 M31 估算出的距离是正确的，那么 M31 里的天琴 RR 型变星应该刚好能被照片底片记录下来。但是巴德拍摄的第一张照片却清楚地表明，事情有些不对劲。巴德在照片中只看到了最明亮的星族 II 恒星，根本就没看到天琴 RR 的身影。巴德知道二者相差 1.5 个星等，而 1.5 个星等对应着 4 倍的亮度差异，这意味着 M31 的实际距离比哈勃的估值大了两倍。

巴德决定另辟蹊径去测量 M31 的距离。这一次他选择用光电管的测量结果去对比哈勃的造父变星的星等。光电测光的结果更加准确，由此推算出的距离与哈勃公布的结果十分接近。如此一来，M31 就有两个距离值了：一个是巴德根据星族 II 恒星推算出来的，另一个是哈勃通过造父变星推算出来的。二者相差两倍！

虽然这么做在当时会被视为异类，但巴德还是对哈勃测量的距离提出质疑。比起哈勃使用的造父变星数据，他更相信自己对星族 II 和天琴 RR 型变星的测量结果。于是巴德断定，M31 的距离比哈勃的测量结果还要大两倍。M31 是宇宙距离阶梯中至关重要的一级，若它的距离增大两倍，等同于把所有的星系都放到两倍远的地方，宇宙的边界向外扩张两倍。宇宙的年龄也随之翻倍，变成 36 亿年，与当前估计的地球年龄就能够相匹配了。1952 年在罗马举办的国际天文学联合会大会上，巴德将他的发现公之于众，畅销杂志和报纸纷纷报道此事，激发了公众对宇宙的想象。

斯沃普斜率

到了 1952 年，200 英寸望远镜把巴德引入了一个全新的观测领域。这台望远镜看到的最暗的天体，比胡克望远镜看到的还高 1.5 个星等。也就是说，它目力所及的最远处还比后者远两倍。巴德希望直接比较 M31 内的标准烛光，如星族 I 和星族 II 造父变星。在随后的几年里，他为 M31 拍了不下几百张照片，然后，他按照一定的时间间隔挑选照片去测量造父变星的亮度，十分高效地绘出它们的光变曲线。一张光学照相底片的曝光时间是 2～2.5 小时，而对蓝色光敏感的感光底片只需曝光 30 分钟。巴德希望对同一星系内的两种造父变星的周光关系展开直接比较，这在历史上还是头一次。他期待海耳望远镜凭借深远目力能够看到各种光度的造父变星，一直看到最暗、光变周期最短的造父变星。这样他就能在汉丽埃塔·斯旺·莱维特建立的造父变星周光关系基础上，确定这个线性关系的斜率了。

巴德心里清楚自己的这个观测计划要花很多年才能完成。他提醒大家说，有时候这个计划看起来像是停滞了，因为人们往往对突然出现的新线索紧追不舍。不过他让人们放心，说这个计划一定会执行下去，因为"如果没有坚实牢固的基础，我们就会误入歧途，最后迷失了方向"。[5]

巴德手头有一大堆底片要处理，同时还参与了其他几个研究项目，自己忙得不可开交，于是他便把哈佛天文台的汉丽埃塔·斯沃普（Henrietta Swope）请到帕萨迪纳来帮忙。斯沃普是变星照相测光方面的专家。几年前，斯沃普提交了一篇研究论文，因此与巴德相识，后来两人又在国际天文学联合会大会上相遇。斯沃普热切地接受了巴德的邀请。斯沃普之前与哈洛·沙普利共事时，研究的是银河系里较明亮的变星。现在她想研究巴德用 200 英寸望远镜拍摄的非常暗的变星，以及更暗、更远的星系。威尔逊山天文台和帕洛玛天文台的台长艾拉·鲍恩（Ira Bowen）给斯沃普提供了一个正式岗位，职位名称是"计算机"。谁知平时十分腼腆的斯沃普却回信说，她从来不想被人称作"计算机"，自己只接受"助手"或者"工作人员"这样的头衔。于是鲍恩便把她的职称改为"研究助理"。[6] 由于威尔逊山和帕洛玛山上的天文台从不留宿女性，斯沃普不得不待在帕萨迪纳市圣芭芭拉街上的天文台总部，对巴德拍摄的海量底片逐个进行测量。在办公室里工作时，她能听到楼下的巴德与同事兴致勃勃地聊天。那股子兴奋劲儿感染了她，让她也不由地心情愉悦。

大家公认巴德的观测技能出众且具有深刻的洞察力。他富有远见地启动这个项目，尽管他讨厌发表论文。1958 年，65 岁的巴德办理完退休手续，不等自己的代表性巨作发表出来就去欧洲长途旅行了。斯沃普则继续勤奋地测量着底片上记录的光点，并把它们转换成图表和曲线。谁也不曾料到，巴德再也无法回来了。1960 年巴德因术后并发症去世，留下斯沃普独力完成他们的项目。斯沃普尽全力把所有的数据全部整理了出来，还完成了巴德曾经希望由自己来做的事——对于分属两个星族的造父变星，找出它们各自的周光关系。

斯沃普先后在 1963 年和 1965 年发表论文，介绍他们对 M31 里的变星的研究结果。她把巴德列为论文的第一作者，尽管巴德再也看不到这些论文了。斯沃普还想出了一种数据图，巴德若看到一定倍感欣慰——这张图证实了巴德的直觉。正是凭着这份直觉，巴德才在 1952 年的国际天文学联合会大会上提出，M31 的距离应该增大 1 倍。在这张图里，斯沃普把 M31 里分属星族 I 和星族 II 的造父变星的周光曲线画为了搜寻 M31 里的造父变星，巴德先在 48 英寸施密特相机拍摄的照片上直接标出 4 个圆形的星场，然后专心致志地在那里寻找。他计划顺着星系的主轴依次挑选离星系中心越来越远的造父变星，然后根据观测经验确定它们的周光关系是否随距离变化。考虑到尘埃吸收星光会使测量有误，巴德选择的 4 号星场位于 M31 外侧，那里尘埃最少且众星云集。

资料来源: Plate 1 from W. Baade and H. H. Swope, "Variable Star Field 96' South Preceding the Nucleus of the Andromeda Galaxy," *Astronomical Journal* 68 (1963): 435–469. © AAS. Reproduced with permission.

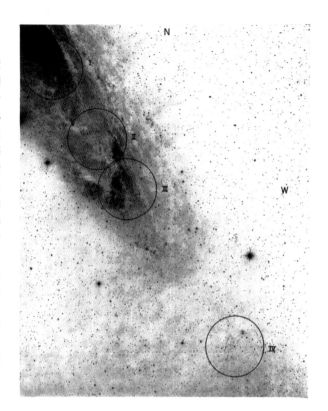

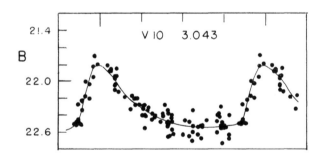

造父变星的亮度随时间变化的曲线形如锯齿。由于存在观测误差，数据点分散在曲线周围。不过每一颗造父变星的光变曲线都不完全相同，会因为自身性质的差异而出现细微变化。巴德先在底片上对造父变星做出标记，再交给研究助理斯沃普去测量它们的星等，然后分析、画图。这是一项细致活，也十分单调乏味，不过斯沃普却乐此不疲。

资料来源: Figure 8 from W. Baade and H. H. Swope, "Variable Star Field 96' South Preceding the Nucleus of the Andromeda Galaxy," *Astronomical Journal* 68 (1963): 435–469. © AAS. Reproduced with permission.

在一起（见图2-4）。引用奇普·阿尔普（Chip Arp）和罗伯特·克拉夫特（Robert Kraft）分别基于对小麦哲伦云和银河系中变星的研究，得到了经典的星族 I 造父变星的周光曲线的斜率。图中的 5 个空心方块代表了星族 II 造父变星的周光关系。它们明显偏离星族 I 造父变星的周光关系曲线，分布在另一条曲线的周围。这条曲线的斜率与前者相同，却比前者低了 2 个星等。

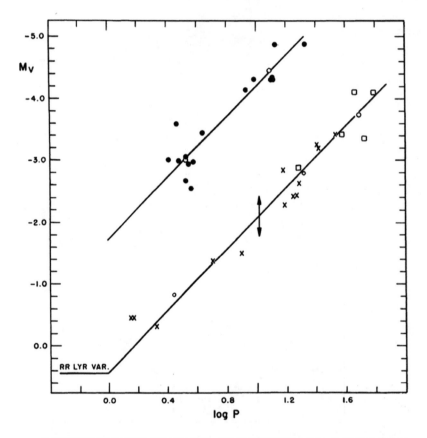

斯沃普测定了两条不同的周光关系曲线，年轻且更亮的星族 I（居上的曲线）和年老且较暗的星族 II（居下的曲线）造父变星。有趣的是，在银河系的球状星团里找到的变星（叉号）也落在星族 II 造父变星的周光关系曲线上。这张图证明了巴德在 1952 年用 200 英寸望远镜为 M31 拍摄第一张照片时得出的结论。

资料来源：Figure 15 from W. Baade and H. H. Swope, " Variable Star Field 96' South Preceding the Nucleus of the Andromeda Galaxy, " *Astronomical Journal* 68 (1963): 435–469. © AAS. Reproduced with permission.

哈勃没能认识到不同星族的造父变星各有各的周光关系，所以把 M31 的距离低估了两倍有余。M31 的距离是宇宙距离阶梯中的重要一环。如巴德所说，M31 的距离一翻倍，宇宙的个头也随之增大一倍。

未来的一线希望

哈勃在 1935 年重启自己从 1929 年起中断的观测计划。他要用世界上最大的望远镜去观测最远的星系，去测量宇宙最深处的星系的速度—距离关系。如今，地面上和空间中的天文观测站经常协同配合，定期开展大规模的巡天观测，天文学家跨所合作已成惯例。但是在 20 世纪 30 年代，天文学家因为研究所之间的竞争，很少联名发表论文。所以哈勃开始施展个人魅力，从加利福尼亚州的两个研究所邀来两位同行与他合作，这在当时可算得上是非常之举了，而且这种合作关系一直维持了 20 年之久。

他们根据各自天文台最大的望远镜的观测极限来分派工作。米尔顿·赫马森（Milton Humason）先用威尔逊山上的 100 英寸胡克望远镜尽其所能地观测最远处的宇宙，等到帕洛玛山上的 200 英寸海耳望远镜投入使用，赫马森再和阿兰·桑德奇（Allan Sandage）用它观测。利克天文台的尼古拉斯·梅奥尔（Nicholas Mayall）用 36 英寸克罗斯利（Crossley）反射式望远镜观测，较大的望远镜负责观测 600 个暗淡的遥远星系（其中包括 26 个星系团的星系成员），收集它们的红移和视星等数据，而克罗斯利则用 320 个邻近的明亮星系来练手。在这些目标星系中，有一百多个是共用的，用来检查系统误差。

然而哈勃却出师未捷身先死，不幸于 1953 年去世。于是，分析数据、破译宇宙的运转便成了桑德奇的任务。在当时，星系速度—距离关系算得上是最强大的探测工具了。把星系的视星等（亮度测量）和退行速度（相对于银河系的逃离速度）画在一张图上，天文学家根据二者的关系就能预测宇宙的几何性质和运动学特征。桑德奇在对原始数据做过各种校正之后，画出所有星系的速度—距离关系（已更名为哈勃图）。虽然这个关系大致呈线性——支持哈勃的宇宙膨胀假设，桑德奇还是想知道在距离的最远端，数据点会不会稍有偏离。这些数据已经是当时所能获得的质量最好的数据了，但它们还是无法确定地告诉天文学家，宇宙是否在减速膨胀。

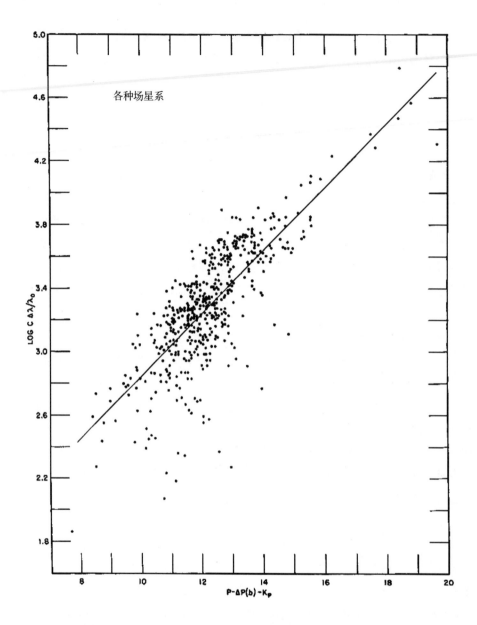

桑德奇在 1956 年为 474 个各种各样的场星系绘制的红移和视星等关系图。

资料来源：Figure 10 from M. L. Humason, N. U. Mayall, and A. R. Sandage, "Red-shifts and Magnitudes of Extragalactic Nebulae," *Astronomical Journal* 61 (1956): 97–162. © AAS. Reproduced with permission.

最终，在 1956 年，赫马森、梅奥尔、桑德奇把他们收集的 800 个星系的红移和星等信息整理成表，连同桑德奇的分析结果一起发表出来。在单篇论文中出现大量供宇宙学研究使用的星系红移和星等数据，这还是有史以来第一次。直到六十多年后的今天，这个被简写成"HMS"的传世星系表，在天文学界的名气依然不减当年。天文学家根据这批新数据重新计算了哈勃常数 H_0 的值，发现它比以前缩小了两倍，降至 180 千米 / 秒 / 兆秒差距。[7] 可观测宇宙的大小再度翻倍。

天文学家渴望百尺竿头更进一步，开始频繁地用星系中最亮的恒星来推算星系的距离。理论学家对此做法却满腹疑虑，担心观测者无法确定无疑地把单颗恒星与"光斑、星团和恒星的不明混合体"区分开。[8] 1958 年，桑德奇把河外星系距离标尺存在的问题逐一列出，证实了理论学家的怀疑不无道理。桑德奇指出，星系 NGC 4321 里的一些所谓"最亮的恒星"，其实是成堆的年轻恒星。它们置身于电离氢区，紧密地凑在一起，可比单颗恒星明亮多了。[9] 桑德奇把所有数据又校正了一次，结果河外星系的距离第三次翻倍。桑德奇宣布哈勃常数直降至 75 千米 / 秒 / 兆秒差距 [十分接近目前的测量结果 73 千米 / 秒 / 兆秒差距]。至此，可观测宇宙的大小已经增长了八倍。这令人目眩的一次次翻倍是否到此为止了？

"显然这些观测必须比哈勃的勘测深入许多——它们必须确定无疑。这就是我们要花这么长时间的原因。魔鬼真的藏在细节之中。这份工作看起来乏味无趣，却能带来可靠的结果，一想到这就让人心满意足。"（作者对桑德奇的私人采访，2007 ～ 2010 年）

20 世纪 60 年代，天文学家们常为了一个问题争论不休：宇宙就这样一直膨胀下去，还是最终又坍缩回来？早在 1953 年哈勃就已提出这个问题了，[10] 让他的门徒——桑德奇——浮想联翩。后者在之后的十年里把它固化成海耳望远镜的一个宏伟、细致的观测计划。1961 年，桑德奇发表了一篇题为《论 200 英寸望远镜辨别宇宙模型的能力》的文章，[11] 论述了解读哈勃图、确定空间弯曲度的理论和方法。这些内容事关宇宙膨胀的过去与未来，相当于宇宙学的现代版蓝图或者"科学案例"，颇具影响力。破解宇宙起源和终极命运的可能性，鼓舞着许许多多的人去寻找标准烛光，好让 200 英寸望远镜看到更深、更远处的宇宙。

确定哈勃常数的值占用了望远镜的大部分观测时间。到了 20 世纪 60 年代初，天文学家对宇宙的广袤有了更深的体会。不过，根据星系行踪所发现的宇宙膨胀——也称"哈勃流"——是平稳有序还是磕磕绊绊地推进的，这引起了争议。桑德奇把瑞士巴塞尔的天文学家古斯塔夫·塔曼（Gustav Tammann）请到天文台总部，与他一起敲定宇宙学参数的取值，自此开启了两人持续几十年的合作。他们的最初计划是把造父变星当作垫脚石，走出本星系群，去测量群外星系的距离，但是给暗淡的造父变星定位是一项艰巨的任务。星系 NGC 2403 旋臂舒展，面亮度也不高，为定位工作提供了一个相对平静的背景板。它也没有让天文学家失望。对 200 英寸望远镜的观测数据进行分析后发现，NGC 2403 比 M31 还远了几乎五倍。[12] 把造父变星当作距离标尺去探测远超出本星系群范围的星系，在当时被视为一项了不起的壮举。然而当桑德奇与塔曼继续给星系测距，测到梅西叶 101（风车星系）身上时，他们发现它比仙女座星系还远十倍。

　　挨个给星系测距是一项繁重的工作，但是为了敲定宇宙的大小和年龄，桑德奇还是千方百计地去测量。有时候，他徒劳地在一些天区里寻来寻去，不顾一切地想要找到新的距离标尺。从 20 世纪 60 年代至 90 年代，桑德奇与塔曼联名发表了一系列论文。在此期间，桑德奇多次给出哈勃常数的取值，无一例外都在 55 千米 / 秒 / 兆秒差距左右，测量误差不超过 10%。虽然以今天的标准来看，这些取值太低，[13] 但他们的研究却让一种远比造父变星明亮的标准烛光站到了测距观测的第一线。

　　了解星系在空间中的分布，对我们理解宇宙结构至关重要。所以，只要一有新测距工具出现，天文学研究就会掀起巨浪。1961 年，鲁道夫·闵可夫斯基（Rudolph Minkowski）观测到一个遥远的射电星系，红移高达 0.46，令观测者们欢呼雀跃。两年后，马尔腾·施密特（Maarten Schmidt）探测到高红移类星体，一举刷新了红移纪录，一下子冲到了比闵可夫斯基看到的[14] 还远五倍的地方。极其明亮的类星体让天文学家心中升起希望，找到一种与红移无关的可靠的标准烛光不再是梦想。但是没过多久他们就发现，射电星系和类星体都不适合做标准烛光，也别指望它们分辨宇宙模型了。这是因为从外观上看，它们与蓝色恒星别无二致，想要从照片中找出类星体更是难上加难。另外，它们都是行为极端的星系，天文学家找不到什么比例关系来确定它们的真实光度。如此一来，对宇宙终极命运的探索似乎要暂停一下了。与此同时，天文学家开始追捕遥远的星系团，看看它们能否充当标准烛光。

宇宙向我们下了战书

如今，现代的探测器能让天文学家看到可观测宇宙尽头的富星系团。然而从 20 世纪 50 年代一直到 70 年代，找到它们绝非易事，需要两台望远镜紧密协作。海耳望远镜的视场只有 0.05 平方度（比月球的视面积还小），用它观测宇宙，就好比从小小的锁眼里窥视外面的世界，靠它寻找星系团全凭运气。48 英寸施密特相机有 36 平方度的大视场，更适合巡视天空，可惜它目力有限，星系团在它眼中就是一块块模糊的小光斑。于是天文学家便让两台望远镜互补所短、各施所长。他们先用施密特相机拍下大片的天区，再让"海耳"去追踪暗于三个星等的可疑对象。

帕洛玛天文台一向以出产高质量星系团巡天数据和目录著称。加州理工学院的研究生乔治·阿贝尔（George Abell）在 1958 年发表的富星系团目录就是其中之一，收录了他在 POSS 底片中发现的 2400 个富星系团。[15] 另一个是兹威基等人编制的《星系和星系团目录》。这个如史诗般宏大的目录分成 6 卷，总共汇集了 4 万个星系和 1 万个星系团的数据，出版于 1961 年至 1968 年。[16] 桑德奇相信只要观测星系团里最明亮的星系，就能推算出宇宙学参数。他认为星系团里最亮的椭圆星系可做标准烛光。不过，现有的那些已经登记在册的星系团还不够遥远，从它们的哈勃图无从判断宇宙空间是否弯曲。于是，桑德奇便与同事用 48 英寸施密特相机搭配特别敏感的感光底片，展开更深入的巡测。[17]

随着遥远星系的数据逐步累积，警报信号突然出现——被研究的星系团自身的一些性质竟然随时间的推移而不断演化，试图把星系团里最亮的椭圆星系转变为标准烛光的努力因此陷入困境。1937 年，桑德奇与海耳天文台（现为卡内基天文台）的智利研究生爱德华多·哈迪（Eduardo Hardy）发表论文称，在星系团中，最亮的星系的光度似乎与第二明亮的星系的星等，还有星系团的富度[⊖]存在着令人不解的奇怪关联。他们将这种现象称为"鲍茨-摩根"（Bautz-Morgan）效应，以纪念两位对星系团分类做出贡献的天文学家。而且这个相关关系还有违常理：最亮的星系越是明亮，第二、第三亮的星系就越暗。换句话说，星系团里最亮的星系似乎是以牺牲较暗成员为代价来换取最高的光度。桑德奇与哈迪在论文中这样写道："富者靠牺牲穷者而逐步致富。"[18]

　　⊖　阿贝尔定义的一个分类指标，用来描述星系团内星等小于某星等标准的星系数量。——译者注

桑德奇过去曾从事过恒星演化和球状星团的颜色—星等关系方面的研究。这些工作经验使桑德奇相信，自己对年老星团随着时间的流逝而渐渐变暗、变红的过程了如指掌。他选取了 84 个星系团，然后用星系团中最亮的椭圆星系的数据画了一张图，向读者说明"已经对测光数据做过各种花里胡哨的必要改正（比如，K 项、星系吸收、族群光度函数效应等）"。[19] 虽然桑德奇和哈迪不明个中缘由，但他们还是凭经验对"鲍茨-摩根"效应进行校正。他们忽视了那个不受欢迎的发现——天体在不断演化。然而这个演化效果会对宇宙研究造成很大影响，足以让备受追捧的宇宙学参数变得面目全非。一个年老的星系到底从邻居那里攫取了多少发光物质，他们就是计算不出来，也就无从改正了。

对大批数据做过多轮检查之后，测光误差仍然很大。1999 年，桑德奇回顾自己为了确定宇宙的几何性质而辛苦奋斗数十载的事业，把最后推算出来的宇宙曲率参数

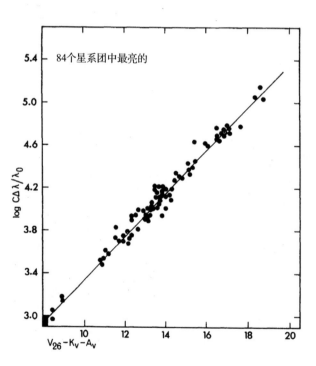

桑德奇寄希望于遥远的椭圆星系，想通过观测它们的星等和视向速度的关系来探知宇宙未来的命运。这是桑德奇根据 1971 年帕洛玛的巡天数据，为星系团中最亮的椭圆星系绘制的哈勃图。哈勃在 1929 年确立星系红移-距离关系时所用的数据就分布在图左下方勉强可见的小矩形区域里。横坐标轴是星系的星等，已做过红移改正，也去除了前景尘埃的消光影响。纵坐标轴采用对数坐标表示星系的运动速度。

资料来源：Figure 4 from A. Sandage, "The Redshift-Distance Relation. II. The Hubble Diagram and Its Scatter for First-Ranked Cluster Galaxies: A Formal Value for q_0," *Astrophysical Journal* 178 (1972): 1-24. © AAS. Reproduced with permission.

形容为"鸡肋"。[20]令人伤心的是，人们慢慢发现星系团里最亮的星系其实复杂莫测，桑德奇依靠传统方法认识宇宙的努力最终归于失败。

吹哨人

巴德曾提醒他的同事说，要想认识宇宙，必先认识宇宙中的星系。即便如此，哈勃仍然继续把星系当作简单的几何标记物去丈量天体的距离。人们花了至少十年时间才完全领会了巴德警告的深意。后来，随着理论和观测两方面证据的逐渐累积，200英寸望远镜扮演了促成两方证据结合的催化剂。天文学家几度陷入"第22条军规"式的两难境地。

打响第一枪的是突然亮相帕萨迪纳的比阿特丽斯·廷斯利（Beatrice Tinsley）。1972年，加州理工学院的吉姆·冈恩（Jim Gunn）教授和J.贝弗利·奥克（J. Beverly Oke）教授聘她为博士后。廷斯利是理论学家，极关注细节，不把问题搞清楚绝不罢休。她的工作是从新获得的星系团观测数据中摸清星系演化的影响。桑德奇曾说，只要搞清楚遥远的星系团里最亮的椭圆星系的星等-红移关系，就能在宇宙学研究上有所突破。对桑德奇的主张，冈恩教授深以为然，所以与研究生约翰·胡塞尔（John Hoessel）一道展开研究。他们随机挑选天区去拍摄，希望能捕捉到遥远、暗淡的星系团。这种冒险做法堪比桑德奇的星系团测量了，而且耗费了200英寸望远镜大量的观测时间。他们最后一共拍摄了超过11平方度的天区面积，积累了76个遥远星系团的观测数据。[21]

廷斯利有些离经叛道却十分聪明，她构建计算机模型去模拟星系的视星等和颜色如何随恒星年龄的增长而变化。[22]她的模型囊括了各种类型的星系的测光性质、恒星形成率、气体含量和化学演化等信息，严谨细密，为她赢得了声誉。她的模拟显示，随着一代代恒星老去，星系也逐渐变暗、变红。科学家在对宇宙学参数进行观测检验时，就把廷斯利的模拟结果当作输入信息来使用。然而随着工作的推进，廷斯利意识到这种"被动"演化可能并不是星系演化的全貌。

在此期间已经陆续有文献指出，星系团里的巨大星系很少是孤零零地独居在星系团中心，而是不断纠缠星系团里的其他成员。这使廷斯利不禁要问：如果中央星系是靠吞食邻居才长得这么大、变得这么明亮，结果会怎样呢？我们是不是就能解释鲍茨一摩根效应了？在星系团里，有些星系或许发生过激烈的，有时甚至十分暴力的相互作用，然后以不可预知的方式吸积物质而变亮，这种变化远不是恒星演化所能解释的。所以，随时间的自然演化会让星系变暗，而自相残杀又会让它们变亮。天文学家对后一过程知之甚少，无法做出精确的修正。在这种情况下，我们显然不能用星系团里最亮的星系来推算宇宙学参数。

星系团研究"不像宣传的那样给力"。面对此消息，冈恩教授的第一反应是沮丧，这十年的辛苦努力"全付之东流了"。[23]后来他才意识到，他和同行们为200英寸望远镜研发的强大设备和收集的星系团数据，对其他研究具有重要的价值。

把星系团当作工具去丈量宇宙就是死路一条，天文学界慢慢接受了这一点。宇宙学研究也不再执着于把星系当成标准烛光的候选者，而是把注意力放在了星系自身的演化上。由此看来，最初看似致命的错误，反倒为一个全新的研究领域——星系演化——打下了根基。就在此时，帕洛玛天文台发现了一个令人意想不到的宇宙量天尺。它在帕洛玛山顶上孕育了近半个世纪之久才呱呱落地。

在强大的引力束缚下，室女星系团的中心聚集着上千个星系。在星系团里排名第二的明亮星系——巨椭圆星系梅西叶87（M87）——就是其中之一。这些巨大的星系虽然位居宇宙中最明亮的天体之列，却难当标准烛光的重任，因为它们同类相残往往会引发难以预计的后果。

资料来源：Sloan Digital Sky Survey.

"惊天动地的爆炸事件"

有时候，天空中会突然冒出一颗明亮的星星，几周后又逐渐消失。古书中就曾记载过这样的天象，古人称之为"新星"。到了 20 世纪 30 年代初，兹威基和巴德对邻近星系里一些看上去像是新星的天体展开调查。与此同时，哈勃已经把星系测距从几千光年拓展到几百万光年。结果，科学家发现这些新星实际上比原先认为的还要明亮上千倍，于是把它们重新定义为"极其明亮"的新星，并改名为"超新星"。兹威基和巴德显露出远见卓识，提出科学假设说，这些超新星会发出宇宙射线，这是普通恒星坍缩形成极致密的小中子星的信号。[24]

为了验证他们的假设，兹威基开始对超新星展开系统的搜寻。在加州理工学院罗宾逊天体物理学实验室的顶楼，摆放着一台 12 英寸反射式天文望远镜。兹威基给望远镜安装了一台沃伦萨克相机，还为相机配了一个直径 3.5 英寸的镜头。然而初始数据太零散，除了认识到超新星非常罕见之外，兹威基一无所获。所幸的是，负责建造200 英寸望远镜的天文台理事会对兹威基的搜寻很感兴趣，于是批准再造一台 18 英寸大视场施密特相机。等到 1936 年相机完工，兹威基和助手每天晚上都用它观测，巴德则在威尔逊山天文台对他们发现的超新星展开后续的光度测量。

到了 1938 年，巴德已经汇集了充足的光度数据，绘制出 18 颗超新星的光变曲线。他在论文中写道，这些格外明亮的天体具有十分相似的光变曲线。[25] 三年后，威尔逊山天文台的光谱学家鲁道夫·闵可夫斯基为 14 颗超新星拍摄了光谱，宣布有五颗超新星的光变曲线与兹威基和巴德研究的那批超新星的光变曲线明显不同。在这几个超新星达到亮度峰值后不久，光谱里就出现强烈的氢巴耳末线。闵可夫斯基暂时称它们为"Ⅱ型"超新星。另外九颗超新星则"步调一致，自成一派"，与巴德分析的那些超新星相似。它们的光谱无一例外都有宽发射带，没有氢的发射线，但有氧的两组"禁线"（极少见到）。闵可夫斯基临时指定它们为"Ⅰ型"超新星，并画出了它们从达到亮度峰值前 7 天一直到峰值过后的 339 天的光变曲线。Ⅰ型超新星的光变曲线与其光谱随时间的变化如出一辙，闵可夫斯基只需看一眼它们的光度和光谱，便知晓从它们达到亮度峰值到现在过去了多长时间。

1964 年，闵可夫斯基发表了一篇综述论文[26]。截至当时，由兹威基领导的搜寻

㊀ 原子或分子的禁制跃迁产生的谱线。——译者注

小组已经发现了 140 颗超新星。虽然闵可夫斯基进一步拓宽了 I 型超新星光变曲线的经验基础，但对此类超新星的光谱特征，他仍未找到满意的解释。他只给出了简单的描述，说它们的宽谱线带特征可能是某种炽热气体产生的，或者炽热物质从较冷物质中穿过产生的吸收谱线，又或许是这两种情况兼而有之。[27]

　　尽管 I 型超新星的光变曲线数据仍存在种种问题，比如，采样不均匀、照相测光误差较大、宿主星系的光污染等，但是缓慢积累起来的证据表明，这类超新星有朝一日会成为可靠、耐用的宇宙学研究工具。

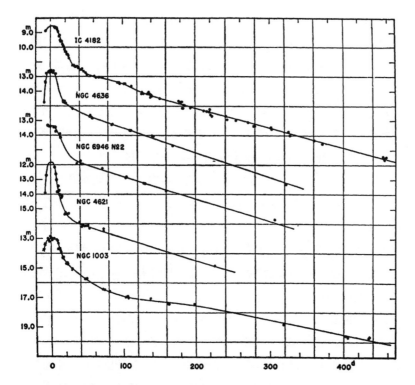

　　鲁道夫·闵可夫斯基为兹威基发现的五颗 I 型超新星绘制的光变曲线。闵可夫斯基是为超新星拍光谱的第一人。在此之前，仅有的光谱信息全部出自目测。闵可夫斯基花了三十多年详细记录超新星 SN 1937C 的光谱和光变曲线，为超新星现象的实证分析提供了重要的观测依据。

　　资料来源：Figure 1 from R. Minkowski, "Spectra of Supernovae," *Publications of the Astronomical Society* of the Pacific 53 (1941): 224.

地下二层的灰姑娘

当超新星的亮度达到顶峰，它们会比造父变星还要明亮 400 万倍——即使把它们放到 2000 倍远的地方，我们依然看得见。而造父变星正是哈勃测量 M31 的距离时使用的标准烛光。但是超新星充当宇宙标准烛光的潜能并没有充分发挥出来，直到南加利福尼亚大学天文系的一位年轻人发表了一张超新星版哈勃图。他叫查尔斯·科瓦尔（Charles Kowal），身材瘦削，性格文静，对工作十分认真、敬业。1963 年，科瓦尔从大学毕业，受雇于帕洛玛天文台，成了一名"超新星猎人"。他将接替退休的兹威基，继续搜寻超新星。当时还处在项目的早期阶段，寻找超新星全靠肉眼检查和比较在漆黑无月的夜晚拍摄的照片。这份工作枯燥乏味，有时却也令人振奋。科瓦尔就这样年复一年地持续寻找了 25 年。

> 在接受美国《时代》周刊的采访时，科瓦尔随口说了一个关于自己在加州理工学院罗宾逊大楼地下办公室的"政治笑话"。于是，这句评论就出现在了 1975 年 10 月 27 日出版的杂志上："整栋大楼就像一艘远洋客轮。所有的教授都在上层的甲板上散步。我的那间地下办公室是客轮的机舱，所有的活都是在那里完成的。"兹威基的办公室也在地下。这一老一少两代"超新星猎人"结成了忘年之交。（作者对 C. 科瓦尔的私人采访，2010 年）

由于观测者很少能赶在超新星达到最亮之前开始观测，巴德和闵可夫斯基测量超新星的最大星等的早期尝试以失败告终。在罗宾逊大楼的地下办公室里，科瓦尔对 40 颗超新星"合理可靠"的照相星等峰值展开分析。这些超新星类型各异，是在 1895 年至 1967 年间发现的。科瓦尔先对数据做了几项常规改正，去除银河系的前景吸收和太阳运动的影响。然后，对其中 19 颗有光变曲线观测数据的 I 型超新星，他估算出它们的距离和绝对星等峰值。科瓦尔注意到，它们的最大绝对星等，也就是光度峰值，达到惊人的一致。于是，他仿照哈勃当年最初为椭圆星系绘制的经典哈勃图，把超新星的视星等峰值和红移也画在一张图上。

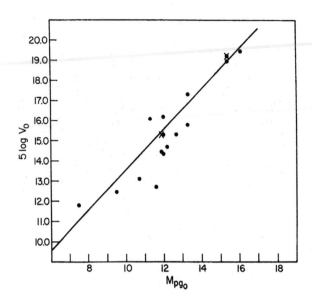

1968 年，帕洛玛天文台的"超新星猎人"查尔斯·科瓦尔画出第一张超新星版哈勃图。图中的圆点代表 I 型超新星，其宿主星系的退行速度是 7000 千米/秒。两个叉号分别是室女星系团和后发星系团里的超新星。科瓦尔用一条倾角为 45 度的直线（代表宇宙在线性膨胀）对这两个数据点进行拟合，得出超新星的星等和速度的相关关系，误差是 ±0.3 星等。

资料来源：Figure 1 from C. T. Kowal, "Absolute Magnitudes of Supernovae," *Astronomical Journal* 73 (1968): 1021-1024. © AAS. Reproduced with permission.

星系散落在星等—速度关系直线的周围，弥散程度确实不低——约 0.6 个星等（30% 的距离误差）。这是宿主星系内部消光造成的测量误差。尽管存在这些问题，科瓦尔在 1968 年的论文里还是预言，数据的弥散总有一天会收窄，使 I 型超新星成为可靠的宇宙标准烛光。[28] 他甚至还猜测，若把极遥远的 I 型超新星也加到哈勃图里来，或许就能看出这条星等—红移关系直线在最大距离处会不会微微弯曲。如果它向上翘起，就意味着宇宙正在加速膨胀；若向下弯折，宇宙就在减速膨胀。无论是哪一种情况，科瓦尔预测对星系团里的超新星，平均最大星等的测量误差最终会降至 0.1 或者 0.2 个星等——对应着 5% ~ 10% 的距离误差。天文学家已经放弃把星系团里最亮的星系当作距离标尺使用的念头了。与那些星系相比，超新星似乎没有复杂的演化效应，而且即使在很远的地方，也还能被看到。所以，虽然测量误差较大，技术也比较简陋，科瓦尔还是敏锐地察觉到超新星的巨大发展前景。

1970 年，加州理工学院新来了一位研究生罗伯特·科什纳（Robert Kirshner）。当他的导师 J. 贝弗利·奥克问他想做什么课题时，科什纳谈到自己曾经很喜欢研究蟹状星云。于是，奥克拉开书桌抽屉，拿出了一堆超新星光谱。从没有人测量过它们，甚至连看都没看过一眼。似乎天文台员工一直在用200英寸望远镜不停地为超新星拍光谱，只是因为这是天文台的传统观测内容，也是一场探险。他们希望这些数据迟早有一天能派上用场。现在，奥克终于找到机会，能把手边积攒多年的光谱数据交出去了。他把装着一堆玻璃底片的黄色信封递给科什纳。科什纳说了一声"谢谢"，却不知道该拿它们做些什么，也不清楚该怎么做。[29]按照传统，会有别的学生来帮他一把。

在此期间，科瓦尔正在用18英寸施密特相机到邻近的旋涡星系里去寻找超新星。1972年5月13日，他在旋涡星系NGC 5253里捕捉到一颗超新星。它的视星等是8等，刚达到最大亮度。这颗编号SN 1972E的超新星出现在宿主星系的边缘，那里的背景干扰比较少。科什纳听到消息后，飞快地跑到帕洛玛山顶去追踪迅速变化的超新星光谱，希望能从看起来纷繁复杂的光谱特征中理出头绪来。为了获得尽可能多的光谱，他轮流使用200英寸望远镜和60英寸反射式望远镜（1970年落成的）进行观测。科什纳把奥克新发明的"多通道"分光仪安装到200英寸望远镜上。这台仪器能同时在32个波长处对天体进行观测，也是第一批用数字化手段记录光谱的仪器，能够提供3300埃～10 000埃波长范围的超新星光谱。

在观测超新星SN 1972E之前，[30]对超新星展开的唯一一次全面观测还是35年前闵可夫斯基为I型超新星SN 1937C拍摄棱镜光谱。[31]这两颗超新星的光谱几乎一模一样，在达到最大亮度后的至少225天里，它们以同样的速度变化着。由此看来，它们都是I型超新星。在分光仪拍摄的高分辨率多通道光谱中，科什纳和同事辨认出铁的禁线，还有钙离子、钠、镁和镍的发射线。他们还发现在超新星的外围有一层物质正以2万千米/秒的速度向外膨胀。然而，对这些现象背后的物理机制，他们并不十分了解。比如，他们一直没搞明白，究竟是什么在为膨胀的壳层源源不断地提供能量。混杂在超新星光谱中的发射线和吸收线是如何产生的？为什么有些光谱特征会随时间的流逝而"消退"？大批的学者潜心钻研二十多年，才最终弄明白其中的奥秘。

当然，在I型超新星"升级"成为标准烛光之前，还需要进一步的完善。例如，桑德奇和塔曼曾向同事们保证，他们观测的I型超新星光变曲线数据，与光变曲线的模板之间不存在系统偏差，测量出的光度峰值也几近相同。但是俄罗斯天文学家尤里·普斯科夫斯基（Yuri Pskovskii）却得出了与之相反的结论。他把已经发表的I型超新星观测数据全都收集到一起，其中有不少来自帕洛玛天文台，再根据超新星变暗的速度对光变曲线进行排序。1977年，普斯科夫斯基一反其他学者的观点，坚称 I 型超新星的最大光度存在显著的差异。他还在论文中写道，光度曲线的下降速度也不尽相同。而且这个速度与多重因素有关，其中最值得探讨的因素是最大光度：光度峰值越高，超新星变暗的速度就越慢；光度峰值越低，超新星就会更快地变暗。[32] 虽然普斯科夫斯基发现的这个相光性，对宇宙学研究来说不啻为一个重大发现，但一直到十多年后，这个发现才得到证实。公平地说，之所以拖了那么久，部分原因是他从科学文献中收集来的图像数据质量参差不齐，摘取的光变曲线也不完整。

关于 I 型超新星的性质是否均一，争论一直没有平息。有些天文学家主张超新星的光谱和光变曲线本来就有个体差异，另一些人则认为这些差异是观测误差导致的。到目前为止，I 型超新星在可见光波段的星等峰值的弥散系数据说是零点几个星等。这个星等差异究竟是超新星本身固有的，还是不同程度的星际消光[⊖]造成的？无论如何，有一件事是天文学家杰·埃利亚斯（Jay Elias）十分确定的，那就是这样的消光在红外波段产生的影响，比在可见光波段造成的影响小了好几倍，这是因为星系内部的尘埃不怎么吸收红外辐射。自从科什纳和奥克率先观测超新星 SN 1972E 以来，红外探测器的灵敏度已经有了很大的提升。埃利亚斯与三位同事现在已经能用海耳望远镜在红外波段测量 11 颗 I 型超新星的光变曲线了。他们选择了三个波段进行观测，其中心波长分别是 1.1 微米（J 波段）、1.6 微米（H 波段）和 2.2 微米（K 波段）。

他们获得了完全出乎意料的发现，并在 1985 年撰文发表。[33] 在他们看到的红外光变曲线中，有一些与闵可夫斯基、科什纳和普斯科夫斯基等人在可见光波段看到的截然不同。在红外波段，只有少数几个光变曲线具有常见的单峰结构。也就是说，大多数 I 型超新星还会再度变亮。有时候，第二个亮度峰值甚至比第一个峰值犹有过之。这第二次变亮无一例外都是先在 H 和 K 波段出现，几天后才在 J 波段出现。根据红外光变曲线的形状，I 型超新星似乎还可以进一步细分成两个子类。埃利亚斯把那些再度变亮的超新星称为 Ia 型超新星，把只有单峰光变曲线的那些称为 Ib 型。闵可夫斯基曾经在 1964 年根据光谱特征把超新星划分成 I 型和 II 型。而 Ia 型和 Ib 型超新星的划分与此不同，依据的是光变曲线的形状。

埃利亚斯和同事专门为新划分的 Ia 型超新星绘制了哈勃图，只不过他们使用的不是可见光波段的最大星等，而是红外波段的峰值星等。虽然画图用的数据点不多，但

⊖ 宿主星系内部物质的吸收和散射会使星光变暗。——译者注

这些点却紧密地排成一条直线，说明在红外波段 Ia 型超新星是近乎完美的标准烛光。埃利亚斯等人在论文中写道，峰值星等的弥散系数看起来低于 0.2 个星等，甚至有可能是 0.1 个星等！

而光学天文学家还在追赶呢。CCD（电荷耦合器件）探测器性能的稳步提高，让智利托洛洛山美洲天文台（Cerro Tololo Inter-American Observatory）的天文学家马克·菲利普斯（Mark Phillips）来了兴致，想去重新检查一下普斯科夫斯基的早期主张。他把过去十年收集的超新星高精度测光数据拿来审了一遍，发现有九颗 Ia 型超新星的光学星等峰值显示出巨大的差异。他还证实星等峰值与超新星变暗的速度之间存在较强的相关性。这个相关关系一经确立，Ia 型超新星就化身为可靠的标准烛光，用它测量宇宙距离也就成了标准做法。想当初，科瓦尔仅凭相当粗糙的原始成像数据就准确地预言了超新星的应用前景，这份洞察力真是令人印象深刻。经过进一步的改正，Ia 型超新星成为已知最精确的宇宙距离标尺。这也让天文学家更加卖力地去寻找。目前，Ia 型超新星的测距范围最远可至 100 亿光年左右，测量误差不超过 10%。[34]

天文学家一直期盼着有一天能在哈勃图中看到宇宙在减速膨胀。谁知，他们却看到令人大吃一惊的结果：不知何故，也无从预测，在大约 50 亿年前，宇宙突然一改往日的减速膨胀，开始加速膨胀。时至今日，这仍是一个玄妙、深奥的宇宙之谜。在这张最新绘制的哈勃图里，直线的微微上翘表明宇宙大约从红移 0.5 处开始加速膨胀。

资料来源：After figure 8 from M. Betoule et al., "Improved Cosmological Constraints from a Joint Analysis of the SDSS-II and SNLS Supernova Samples," *Astronomy and Astrophysics* 568 (2014).

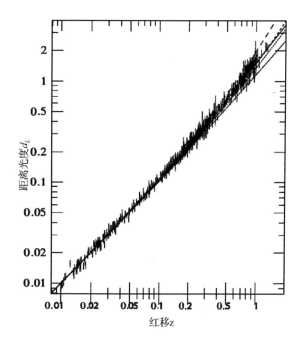

红移 z

回顾往昔，天文学家曾经无所畏惧地想要测量宇宙空间的弯曲和物质总量，却在一次又一次的勇敢尝试中碰壁。他们本想确定宇宙的性质，但是最初设想的研究方案无法让他们达成所愿。而更高超、更强大的探测手段在当时还未出现。尽管如此，帕洛玛天文台的四台望远镜——18 英寸和 48 英寸施密特相机、60 英寸和 200 英寸反射式望远镜，却为一个高精度测量工具的出现奠定了基础。它似乎不存在演化方面的困扰。在兹威基开始扫视全天去搜寻超新星后 60 年，在哈勃大胆提出星系的红移定律可能揭示出宇宙膨胀是在减速还是加速后 50 年，叛逆的宇宙终于给出了答复。两个天文学家团队展开激烈的竞争，年复一年地用地面上的望远镜［包括夏威夷莫纳克亚天文台（MaunaKea Observatory）的两台 10 米凯克望远镜和智利托洛洛山美洲天文台的 4 米布兰科望远镜］和哈勃空间望远镜观测宇宙的膨胀。虽然这两队人马分头行动，各自展开独立研究，却都奔着同一个目标而去：按照理论预期，宇宙会因为物质间相互的引力吸引而逐渐减慢膨胀的脚步，他们要确定描述此事的宇宙学参数。经过大量的校正、分析，还有唇枪舌剑的激烈争论，两个团队分别在 1998 年 [35] 和 1999 年 [36] 发表了各自的研究结果，向外界宣布了一个堪称 20 世纪最令人困惑不解的惊天大发现。大约在 50 亿年前，宇宙突然不再放慢膨胀的步伐，而开始加速膨胀。这个发现让两个团队分享了 2011 年诺贝尔物理学奖。

办公室墙上贴着的那张图让桑德奇声名大噪

03

第三章

揭开恒星的演化之谜

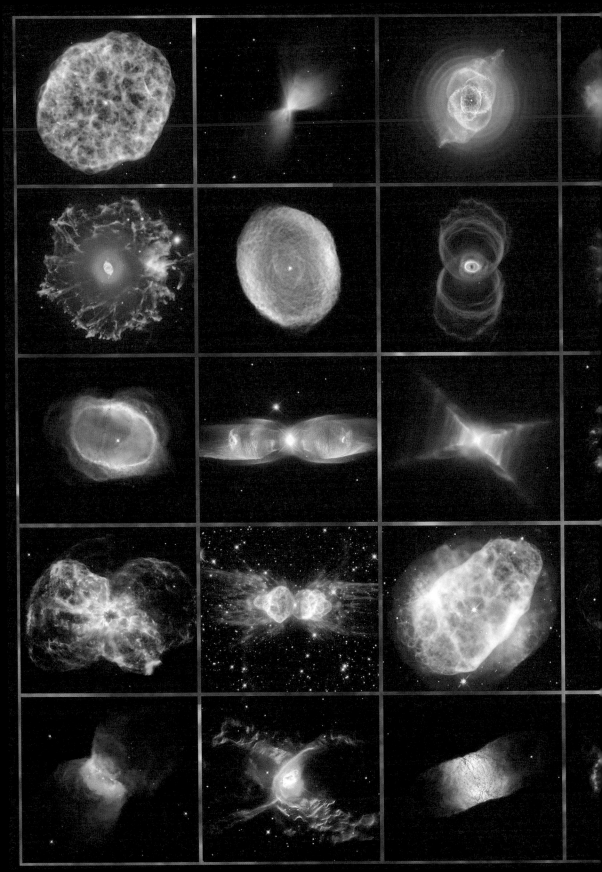

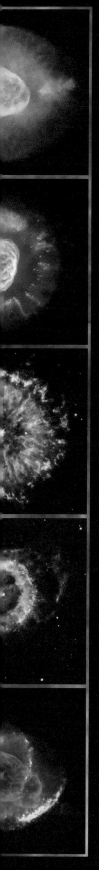

　　行星状星云在银河系里随处可见。它们绚丽多姿，是恒星走到生命终点时为自己建造的墓地。当一颗红巨星演化成白矮星时，恒星大气中会频繁出现星风、耀斑、风暴，吹跑大量气体。这些气体聚集在恒星周围，形成行星状星云。起初，炽热星核发出强烈光芒，使气体电离，点亮星云。此时，在明亮星云的中心常可见到一个白色光点，那便是星核。行星状星云千姿百态、色彩斑斓。它们的形状和颜色取决于多重因素，比如，恒星是否置身于双星系统，是否旋转，化学丰度和磁场强度如何，身旁有没有行星作伴等。但是这份美丽稍纵即逝——不过几千年的时间，星云便会慢慢隐没，最终消散在银河系中。当恒星步入演化晚期，内部核合成产生的元素被驱散到星际空间，逐渐丰富了宇宙的化学成分，为一代又一代的恒星、行星及生命形成提供原料。

　　资料来源：Top row: ESA/Hubble and NASA, acknowledgment: Marc Canale · NASA, ESA and The Hubble Heritage Team (STScI/AURA) · ESA, NASA, HEIC, and The Hubble Heritage Team (STScI/AURA) · Bruce Balick (University of Washington), Jason Alexander (University of Washington), Arsen Hajian (U.S. Naval Observatory), Yervant Terzian (Cornell University), Mario Perinotto (University of Florence, Italy), Patrizio Patriarchi (Arcetri Observatory, Italy), and NASA/ESA.

　　Second row: Nordic Optical Telescope and Romano Corradi (Isaac Newton Group of Telescopes, Spain) · NASA/ESA and The Hubble Heritage Team (STScI/AURA) · Raghvendra Sahai and John Trauger (JPL), the WFPC2 science team, and NASA/ESA · NASA, ESA, Andrew Fruchter (STScI), and the ERO team (STScI + ST-ECF).

　　Third row: The Hubble Heritage Team (STScI/AURA/NASA/ESA) · Bruce Balick (University of Washington), Vincent Icke (Leiden University, the Netherlands), Garrelt Mellema (Stockholm University), and NASA/ESA · NASA/ESA, Hans Van Winckel (Catholic University of Leuven, Belgium), and Martin Cohen (University of California) · NASA/ESA and The Hubble Heritage Team (STScI/AURA).

　　Fourth row: NASA, ESA, and K. Noll (STScI) · NASA, ESA, and the Hubble Heritage Team (STScI/AURA) · ESA/Hubble and NASA, acknowledgement: Matej Novak · NASA/ESA and The Hubble Heritage Team (STScI/AURA).

　　Bottom row: NASA/ESA and The Hubble Heritage Team (AURA/STScI) · ESA and Garrelt Mellema (Leiden University, the Netherlands) · NASA/ESA and The Hubble Heritage Team STScI/AURA · J. P. Harrington and K. J. Borkowski (University of Maryland) and NASA/ESA.

　　Image composition by B. Schweizer.

找出物体的不同属性之间的特性和关联，常常是理解各种过程的第一步。举个例子，在 19 世纪末，科学家根据元素的原子序数、质量、电子排布和化学性质，把性质相似的元素归入一组，比如，化学性质活泼的元素与不活泼的元素、金属元素与非金属元素、气态与固态等。由此产生的化学元素周期表能够帮助科学家理解各种化学反应过程。同样地，在 20 世纪初，天文学家对恒星的颜色和星等进行测量，然后把测量结果画在一张图上。他们发现大多数恒星分布在一个对角区域里——从又冷又暗的红色恒星一路延伸至炽热、明亮的蓝色恒星。这个带状区域现在被称为"主序带"（main sequence）。主序带上的恒星比较安静，正处在一生中持续时间较长的平稳演化阶段。在此阶段，星核通过氢变氦的热核反应，源源不断地产出能量。我们在星系的晕中，经常可以见到几千颗甚至几百万颗恒星紧紧地抱成一团。球状星团的颜色—星等图特别有用，它们是天文学家认识恒星演化、矫正宇宙距离标尺、理解恒星核合成过程的一个主要的研究工具。

突　破

在 20 世纪 40 年代，巴德期待着自己与 200 英寸望远镜的首次合作。巴德怀疑哈勃对仙女座星系的测距结果有问题，想用大望远镜再细查一下。除此之外，他还计划对自己发现的两个恒星族群做更进一步的了解。首先，他要到离我们最近的球状星团里去寻找主序恒星。球状星团最有魅力之处就在于它们是研究恒星演化的"培养皿"。在帕洛玛望远镜问世以前，天文学家为了找到球状星团里的主序恒星，曾把望远镜的观测能力发挥至极限，还使用了最敏感的感光底片。然而即使在最近的球状星团里，他们也连一颗主序恒星都没探测到。他们倒是看到了更亮的红巨星，却不知道这两类恒星之间的关联。

巴德盯住了球状星团梅西叶 3（M3）。这个星团位于北天球，在几角分大的球状区域里挤着 50 万颗颜色各异的恒星。他分别用蓝色滤光片（B）和黄色滤光片（V）对 M3 进行深度曝光，然后把底片交给研究生阿兰·桑德奇去分析，作为后者的博士论文研究课题。找出 M3 里的天琴 RR 型变星，并确定其绝对星等值，是桑德奇的最终目标。此类变星是年老恒星族群里的"标准烛光"，常用于银河系内部和邻近星系的测距。为了完成任务，桑德奇需要先找到 M3 的主序带，再确定天琴 RR 型变星在星团颜色—星等图中的所在位置。桑德奇一找到 M3 的主序带，就把它和太阳系附近恒星的主序带放到一起比较。由于天文学家已经用三角视差法确定了后者的距离，从两条主序带的亮度差异就能推算出 M3 的距离。无论是巴德还是桑德奇都没想到，这项研究很快便会产生非常广泛的影响。

巴德拍摄了大量的蓝光和黄光照片。桑德奇需要逐张地检查这些照片，在上面标记出 1100 颗恒星的位置，还要避开恒星过于密集的区域。他的办公室位于天文台总部大楼的地下二层。在这间没有窗户的房间里，他每天重复着这项沉闷乏味的工作，就这样不间断地埋头干了一年。由于"标准主序恒星"的最暗星等与 200 英寸望远镜的极限星等尚有一段距离，桑德奇便用"苍蝇拍"去填补这段星等空白。所谓的"苍蝇拍"其实就是一块带有金属线手柄的小玻璃底片（外形很像一副苍蝇拍）。天文学家选取一颗星等已知的恒星，在这张底片上为它拍摄一系列曝光时长不同（对应着固定的星等变化）的照片。每次曝光前，天文学家都会把底片稍稍移动一下，并逐步加大移动的距离。如此一来，底片上就会出现一列光点。点的大小和密度逐渐减小，近似于从明亮的恒星到暗淡的恒星，直至望远镜能看到最暗恒星的拍摄效果。在现有的标准主序和"苍蝇拍"的帮助下，桑德奇对每一种颜色测量五张底片，得到所有恒星样本的星等和颜色，然后再重复测三次，估算出测量误差。随着他亲手把测量结果一个个画到颜色—星等图上，一个对角形图案慢慢浮现出来。

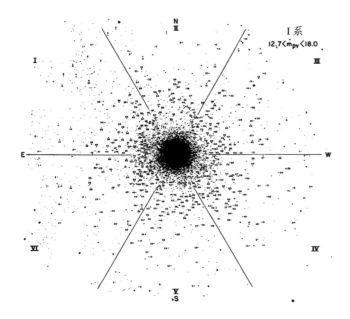

桑德奇为球状星团梅西叶 3 制作的恒星识别图。他先把在 200 英寸望远镜的主焦位置拍摄的照片进行扩印，然后用数字给已经测量过的恒星编号。

资料来源：Figure 6 from A. R. Sandage, "The Color-Magnitude Diagram for the Globular Cluster M 3," *Astronomical Journal* 58 (1953): 61. © AAS. Reproduced with permission.

1951 年秋天，桑德奇把最后几个数据点画到图上后，便用胳膊夹着这张大纸，爬楼梯去找在楼上办公的巴德。巴德的好友、著名的理论天文物理学家马丁·施瓦茨蔡尔德（Martin Schwarzschild）刚好从普林斯顿大学过来访问。所以当桑德奇把图纸展开时，马丁也跟着一起看了看。三人最先注意到星团的主序带。桑德奇经过长时间的不懈努力确实把它找了出来。在图的底部明显有一个又粗又短的带状区域，那里数据点密集、边界清晰，最暗淡的恒星就在那里。不过令人惊奇的是，在向更低的星等（更亮）延伸时，主序带突然向右拐，直奔红巨星聚集的区域。主序带恒星绝不会比主序带拐点处的恒星还明亮。意识到这一点，两位资深的天文学家惊得下巴都要掉下来了。主序带明显朝着巨星区伸出去，这强烈表明随着星团年龄渐长，它的恒星成员会离开主序，朝巨星区演化。忽然间，颜色—星等图中的复杂图案全都说得通了！

马丁仔细查看了 M3 的颜色—星等图，惊奇地发现大自然破解了一个困扰自己多年的理论僵局。以前，巴德和他讨论过有关恒星内部的问题，但都没有重视。然而就在桑德奇举起这张图的那一刻，美国东海岸的理论学家和西海岸的天文观测者的关注点统一了。距离标尺陷入进退两难的实证困境由来已久，如今也已经摆脱了。这张图，连同距离标尺问题的解决，有望彻底改变恒星演化理论。

由颜色—星等图推断出主序恒星向巨星演化，堪称启示录般的惊天发现。这么说原因有二。第一，在此之前，天文学家相信恒星演化始于红巨星，然后因为损失质量而在颜色—星等图里一路向下跌落至主序带上。桑德奇为 M3 绘制的颜色—星等图却反其道而行，说主序恒星会演化成红巨星。第二，理论学家当时还无法求解表述恒星结构和产能的数学公式，所以也就无法构建模型去描述性质平稳、核心燃烧着氢的主序恒星离开主序以后该如何演化。桑德奇发现了主序恒星与巨星之间的演化关系，这让理论学家觉得恒星的演化问题还是有望得到解决的。

马丁对桑德奇的球状星团数据着了迷，绞尽脑汁琢磨着如何解释那个 M 令人意想不到的颜色—星等关系。他说服巴德让桑德奇与自己一起开发新模型。于是，年轻的桑德奇便带着一笔奖学金，去普林斯顿大学研究"世界上最大的望远镜看到的东西"了。[37] 由于当时电子计算机还没有普及，桑德奇在为恒星建模时，只能自己操作电动机械计算机去完成冗长、复杂的计算。经过详细计算，他发现等主序恒星把大约 12% 的氢转变成氦，星核内的热核反应就会因为温度达不到氦燃烧的"燃点"而熄火。计算恒星的进一步演化至此陷入僵局，多年来一直折磨着马丁。他对桑德奇的颜色—星等图呈现的全部内容和复杂性展开研究，终于看穿了恒星脱离主序的惯用伎俩。

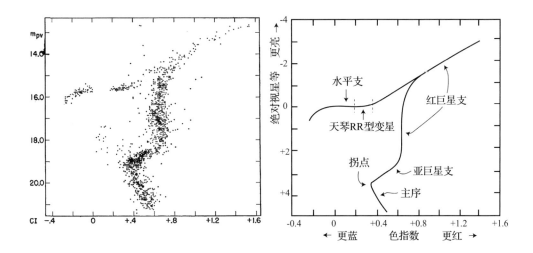

左图：桑德奇在 1953 年为球状星团梅西叶 3 里的恒星绘制的颜色—星等图。横坐标是恒星的色指数，纵坐标是恒星的视星等。这个星团据估计有 50 万颗成员。桑德奇从中挑选出 1100 颗进行测量。图中的一个个小点代表着这些恒星的测量结果。球状星团里的恒星可能是从同一片气体云中孕育出来的，所以不仅化学成分相似，年龄也相近。恒星在颜色—星等图中的位置揭示出它所处的演化阶段，而后者只与恒星的质量和年龄有关。小质量恒星演化缓慢，大质量恒星却很快就会烧没了。图底部的粗壮短柱就是梅西叶 3 的主序带，那里的恒星正处于演化的第一阶段。此时的恒星通过把氢变成氦的热核反应产生能量，能够保持较长时间的稳定。等到恒星把核心的氢全部耗尽，便开始向着右上方的"巨星支"演化。它的形态结构也随之变化：体型增大，亮度增加，颜色更加偏红。

右图：梅西叶 3 的恒星颜色—星等关系速写。图中标出了恒星的各演化阶段。如果恒星的质量超过主序拐点处的恒星的质量，它们就会沿着亚巨星支演化至右上方的红巨星支。然后经过复杂的演化过程，遭受星风导致的质量损失之后，恒星就会运动到左边的水平支上。在从右向左沿水平支演化的途中，恒星会在一段时间里发生脉动，成为天琴 RR 型变星。在演化至水平支的尽头（最蓝端）之后，恒星就变成了白矮星，并慢慢消失不见了。

资料来源：Left, figure 1 from A. R. Sandage, "The Color-Magnitude Diagram for the Globular Cluster M3," *Astronomical Journal* 58 (1953): 61. © AAS. Reproduced with permission. Right, after figure 4 from W. Baade, *Evolution of Stars and Galaxies* (Cambridge, MA: Harvard University Press, 1963).

马丁和桑德奇继续计算。由于产能和辐射压力减弱，星核开始慢慢收缩，由此释放出的引力势能点燃了星核外面的一层氢燃料，加快了热核反应向外推进的步伐。氢燃烧产生的热量使靠外的壳层膨胀，恒星胀大成一颗红巨星。经过进一步的演化，恒星内部呈现出类似洋葱的多层结构：最中心的星核丧失活力，里面都是重元素，外面被一个氦燃烧层包裹着；然后是富含氦的中部区域，外面被另一个氢燃烧层包着；再往外就是富含氢的辐射层。两位研究者的计算表明，随着热核反应的不断推进，胀大

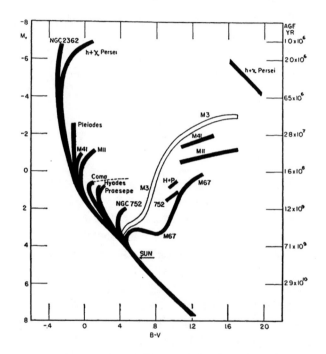

这幅图集中展示了 10 个疏散星团和球状星团梅西叶 3 的颜色—星等关系。横坐标是恒星的绝对视星等，纵坐标轴是恒星的色指数（蓝光与可见光的比值，是恒星表面温度的指示物）。恒星沿着纵坐标轴越往上走，亮度越高；沿着横坐标轴越往左走，温度就越高。恒星在主序上的位置只由质量决定。这张由桑德奇制作的合成图向我们展示出时间的魔法。如果星团还很年轻，在它的主序带上从头到尾就会布满恒星。以 NGC 2362 和英仙双星团为例，它们都非常年轻，其中质量最大的恒星成员刚开始脱离主序演化。若晚些时候再看，就会发现有不少成员已经向着巨星支走去，主序带变得又短又粗（比如，梅西叶 67 的主序带）。

资料来源: Figure 1 from A. Sandage, " The Systematics of Color-Magnitude Diagrams and Stellar Evolution, " *Publications of the Astronomical Society of the Pacific* 68 (1956): 498. © The Astronomical Society of the Pacific. Reproduced by permission of IOP Publishing. All rights reserved.

的恒星很快变红、变亮，走进颜色—星等图右上方的巨星支演化阶段。1952年，马丁和桑德奇将这个恒星演化模型发布出来。[38]虽然模型仍有许多不确定的地方，却能够较好地重现M3颜色—星等图的主要特征。

桑德奇对主序拐点还有了一个意外发现：根据拐点的位置估算球状星团的年龄。当恒星渐渐老去，质量最大的那些恒星燃烧速度最快，最先耗尽自身储备的氢燃料，离开主序继续演化。因此，无论何时，处于主序拐点上的最亮的恒星，肯定已经烧掉了12%的氢燃料，准备向红巨星阶段迈进了。由恒星的光度计算出恒星的质量，再根据已知的从氢变成氦的核反应速度，计算出氢燃烧持续了多长时间，这就是星团的年龄了。

到了20世纪50年代中期，除了M3的颜色—星等图，桑德奇还积累了十个疏散星团的颜色—星等图。与球状星团相比，疏散星团结构松散，通常只有几十至多几千名成员。它们多分布在银河系的星盘（银盘）里。盘里的潮汐作用破坏力强，足以摧毁它们，因此很少见到年老的疏散星团。然而桑德奇却发现，不管年龄几何，疏散星团的颜色—星等图与球状星团M3的颜色—星等图十分相似，而且二者之间似乎还存在连续性。他把11个疏散星团的颜色—星等图叠放在一起，让它们的主序带相互重合，就得到一幅年龄序列。这张图成了教科书的必选之作，桑德奇因此名扬天下。

"从1950年到1965年，帕洛玛的爆炸性的发现，让我仿佛置身于另一个世界……某种从根本上来说宏伟壮观的东西，远超出日常生活。我想，对这种情况，虔诚信教的人会说他们获得了某种启示……醍醐灌顶。我在宗教生活中还从未有过这种感觉，但在那段持续15年的研究工作中却实实在在地感受到了。一切豁然开朗，好像在很多漂亮的花园里采摘鲜花。恒星演化的确是我心之

桑德奇自称是一个"天文迷"。他的办公桌上摆满了书本、玩具和模型。

所系，跟随恒星离开主序演化去理解颜色—星等图的含义就是这样的时刻。

我坐立难安，如同生活在十个汽缸上。每一天、每一周、每个月都是如此。我记得那种感觉……太强烈了。我每年要花 100 个晚上到三座山上观测，就这样一直观测了 30 年。因此可以说，我完全脱离了这个世界。就像住在忽必烈汗的如世外桃源般的元上都。（轻笑）……天天如此，天天如此。"（作者对桑德奇的私人采访，2007 年～ 2010 年）

桑德奇之所以选择球状星团 M3 作为比较对象，是想说明可能还有未知因素在影响着颜色—星等关系的形态。例如，从主序拐点出现的位置可以断定 M3 和 M67 年龄相近，但是二者的巨星支走势却大不相同。M67 紧靠着银盘，M3 却待在银晕里，远离银盘。它们的出生地可能具有截然不同的化学成分。除了年龄，化学成分也会影响星团的颜色—星等图。问题的复杂性又增加了一层。到了 1970 年，天文学家已经弄清楚，相较于化学成分，年龄对星团的颜色—星等图影响更大。但是年龄是怎么发挥作用的呢？海耳望远镜的观测再一次为解答科学问题铺平道路，这次是在近红外波段。近红外观测的优势在于能够更加准确地测量巨星的光度和温度，因为在近红外波段，前景尘埃造成的红化影响大大减弱了。杰伊·弗罗格尔（Jay Frogel）、朱迪丝·科恩（Judith Cohen）和埃里克·珀森（Eric Persson）在近红外波段测量了恒星的颜色，发现在 26 个球状星团的巨星支上可以见到各种类型的恒星。有些恒星极其明亮，但主要是在红外波段才如此突出。[39] 所以，在红外波段，因为星光较少受到尘埃云的干扰，星团的年龄和化学成分可以测量得更准确些。

主序带恒星的弥散程度又有多大呢？在 20 世纪 80 年代的天文观测中，类似 CCD 这样的光电探测器开始取代照相底片。探测技术的更新换代揭示出主序恒星的弥散大多是观测误差造成的。如今，空间望远镜（比如"哈勃"）的观测表明，主序恒星十分整齐地排成一线，宛如一条珠链。

恒星辐射、星暴、耀斑与星风

科学的发展往往不是依序推进，而是齐头并进，科学成果也极少是凭空得来的。在 20 世纪 50 年代，天文学家的工作主要还是传统天文研究的那一套：设置星等标尺，为星系拍照然后分类，编制星系的红移和星等目录，绘制恒星的颜色—星等图，校正标准烛光，完善宇宙距离标尺，改进哈勃常数值。超新星爆发使星际介质的重元素变得丰富，仍算是比较新颖的想法。至于年老恒星刮出猛烈的尘埃风暴，还没有被发现。当时，绝大多数天文学家仍然认为重元素是在宇宙大爆炸中形成的，宇宙各处的化学成分也都是一模一样的。但在接下去的十年间，这些想法就被全部推翻了。一堆看起来并不相关的观测、理论和实验方面的深刻见解，让大多数天文学家相信，恒星不仅制造了化学元素，还把它们散播到了宇宙空间中。

威尔逊天文台的保罗·W. 美里尔（Paul W. Merrill）是全世界数一数二的光谱学家。由于他已过了强制退休的年龄，天文台禁止他再使用帕洛玛山上的望远镜观测。于是，帕洛玛天文台的台长艾拉·鲍恩趁着 200 英寸望远镜上的高色散折轴分光仪初期测试的时候，替美里尔拍摄了 8 颗冷红巨星的光谱。这些光谱看起来极其复杂，大量的谱线密密匝匝地混在一起。事实上，红巨星的大气里分子云集，这些分子产生出大量极微弱的原子谱线和分子谱线。在实验室光谱里尚未见到过这些谱线。虽然困难重重，美里尔还是完成了一项惊人的壮举——辨认出一种意想不到的放射性元素发出的微弱谱线。1952 年，他发表论文称自己在红巨星的光谱中探测到锝。这篇论文的题目十分保守、低调，就叫《S 型恒星的光谱观测研究》[⊖]。这个声明具有重大意义：如果锝是在宇宙大爆炸中合成的，那么即使是寿命最长的同位素（半衰期约为 400 万年），也早该在红巨星诞生之前很久就已衰退殆尽了。因此，美里尔的发现成了第一个直接证据，证明在某种类型的恒星内部，也发生着元素的核合成，混合或者对流过程再把新生成的元素运送到恒星表面。[40] 由于这个发现极其重要，再加上对美里尔技巧性的谱线证认总有挥之不去的疑虑，其他人也开始动手研究，最后确认了美里尔的发现。

在超巨星的大气中还有更奇怪的事正在发生。例如，在威尔逊山天文台不断有观测者报告说，M 型超巨星武仙座 α 的光谱吸收线非常不对称——在谱线偏蓝光的一侧有又窄又深的凹槽。他们起初认为，这个现象是恒星大气中的对流运动[⊖]引起的。

威尔逊山天文台的天文学家阿明·J. 多伊奇（Armin J. Deutsch）对这个解释提出质疑。1956 年，他用 200 英寸望远镜为这颗超巨星拍摄折轴光谱时，机智地把它身边那个较暗的伙伴——一颗 G 型巨星——也一同拍了下来。在这两颗恒星的光谱里

⊖ *Spectroscopic Observations of Stars of Class S.*

⊖ 气流从恒星内部涌出，因为速度不够快，无法摆脱恒星的引力束缚，最后只能又落回恒星表面。

葛藁增二（位于鲸鱼座）是一颗高速运动的红超巨星，正处于向白矮星演化的后期。它在星际介质中一路疾驰，在其前方激起了一道气态状弓形激波。它还一边走一边丢东西，被遗弃的物质在其身后拖曳出长长的尾迹。

资料来源：NASA/JPL-Caltech.

都能见到同样的蓝光吸收槽。[41] 他由此得出结论，两颗恒星被一团膨胀的巨大气体云包裹着，吸收谱线就是这团云产生的。由于受到未知力量的驱动，很明显有气体正从武仙座 α 中涌出，流入周围的星际空间，把几百个天文单位远的伴星也一同包裹在内，而且没有迹象表明有气体落回武仙座 α。这个决定性的结果让多伊奇似乎不经意间发现了所有 M 型超巨星的一个特征：它们正在向周围环境倾倒物质。红巨星和超巨星不停地膨胀，其表面的引力也随之变得极其微弱。这样一来，星暴、耀斑和星风就会把大气物质一点一点地抛洒到星际空间里。

多伊奇的发现让理论学家兴高采烈，因为理论模型已经指出大质量恒星在红巨星阶段耗尽了自身的氢燃料，可能会向外抛出物质。外层物质被吹跑，这一点对所有步入演化晚期的大质量恒星来说可能十分重要。有些年老的恒星会发生剧烈的爆炸，另一些则会把布满尘埃的气体轻轻地吹走。[42]

德国基尔大学的天文学家迪特尔·赖默思（Dieter Reimers）得知多伊奇的发现后，把几百个巨星和超巨星的光谱又重新分析了一遍。这些光谱是他从海耳天文台的底片库房借来的。多伊奇等人把光谱都存放在那里。赖默思仔细看过这些光谱，意识到以前估算出的红巨星和超巨星损失的质量都保存在环绕恒星的那个膨胀气团的不同高处。他灵光一闪，推论出恒星的质量损失速度应该由恒星大气的引力、光度、半径

及化学成分等物理量决定。除此之外，他还研究了恒星的旋转、磁场、色球层活动，以及脉动产生的潜在影响。他把所有可用的数据收集起来画成图，并且解决了多伊奇研究结果里的一些不确定的地方。赖默思的图显示巨星吹出的物质比先前认为的还多1000 倍。[43] 因此，不仅爆发的恒星，还有银河系里的几百万颗年老巨星，都是星际介质化学增丰的重要源头。

被捧上神坛的核合成

搜寻超新星——恒星在行将就木之际的激烈爆炸，是兹威基最钟爱的工作之一。如此看来，他和巴德在搜寻过程中也把毫无生气的矮星系 IC4182 给捎带上了，这么做似乎有些奇怪，因为这样一个结构松散的星系没什么机会能产生超新星爆发。没想到，别看机会不大，没过多久它还真冒出一颗超新星。这颗超新星编号 SN 1937C，是当时有记录可查的最明亮的超新星爆发事件之一。[44] 它非常明亮，又高悬在帕洛玛的地平线上，于是巴德便勤奋地记录下它的光度在 640 天里呈指数下降的全过程，以及在此期间的光谱变化。他为这个成果倍感自豪，四处宣传。20 年后，有一个由物理学家和天文学家组成的研究团队正在尝试理解已知元素的来源问题，他们从文献堆中挖掘出巴德记录的 SN1937C 的光变曲线，这条曲线帮助他们跨过了一个巨大的障碍。

第二次世界大战后，帕萨迪纳和帕洛玛天文台的天体物理学研究欣欣向荣，成果丰硕，令全世界的天文学家都为之吃惊。50 年代的繁荣兴旺让那里犹如磁石一般引得学者们争相来访问，急切地想要参与令人兴奋不已的学术研究。天文台自 1948 年起每周举办学术研讨会，一直延续至今，吸引着世界各地的天体物理学领域的专家。天文学家和物理学家齐聚在台长艾拉·鲍恩的家里，一边喝啤酒、吃椒盐饼干，一边聊工作，周周都是如此。而一到周五晚上，实验核物理学家威利·富勒（Willy Fowler）便会召开核天体物理学研讨会，会后常常是开怀畅饮，把酒言欢。

在与会者中就有弗雷德·霍伊尔（Fred Hoyle）。他是一位英国理论学家，生性腼腆，因为预言为红巨星提供能量的 3a 过程存在核共振效应而名垂青史。这个效应打破了理论学家在认识大质量恒星内部的化学元素合成问题时遇到的瓶颈。[45] 为了求证自己的理论，他来到加州理工学院的凯洛格辐射实验室访问。他的到访对富勒的实验工作产生很大影响，后者很快就证实了霍伊尔预言的核共振效应。不远万里来到加州理工学院和帕洛玛天文台的不止霍伊尔一个人。英国天文学界的夫妻档——天文学家玛格丽特·伯比奇（E. Margaret Burbidge）与其丈夫天体物理学家杰弗里·伯比奇（Geoffrey Burbidge）也是如此。他们一方面被美里尔发现放射性元素锝的事所吸引，一方面也对当地的超新星和恒星的质量损失研究十分感兴趣。伯比奇夫妇成了联结加州理工学院的物理学家和圣芭芭拉街（天文台总部所在地）的天文学家的"黏合剂"。

帕萨迪纳成了"血汗工厂"：天文学家继续获取恒星化学成分、质量损失和超新星光谱的观测数据，为凯洛格辐射实验室的核反应速率实验给出限制条件。在富勒的指挥下，实验人员测量出跃迁几率和其他原子性质的数据供恒星分析工作使用，并听取天文学家的反馈意见，然后理论学家再根据望远镜和加速器实验获得的新数据开展理论研究。诺贝尔奖获得者富勒后来回忆，当时在天文发现的刺激下，他的研究领域变得活跃起来。他觉得核物理学家有必要为恒星的核合成和不稳定性问题构建一个坚实的实证基础。他补充说："我们为了解决这些问题而努力奋斗。看到我们的五台静电加速器输出结果，我们真是高兴极了。"[46]

"恒星是元素之源"成了霍伊尔、富勒和伯比奇夫妇的口头禅。在凯洛格实验室的一间没有窗户、四壁都嵌着黑板的办公室里，他们埋首工作，每人负责研究这幅大图景的一部分。当时的科学家认为，宇宙中全部的氢、大多数氦，还有一点点锂，都是在宇宙大爆炸的烈焰中造出来的。为了合成更重的元素，霍伊尔等人提出了八种互不相同的核反应过程，涉及原子核的直接聚变、原子核捕捉质子和中子的过程。经过一年半的研究讨论，他们共同解决了生成各种元素及同位素的复杂的核反应过程，明确了反应发生所需要的恒星物理条件。

他们假设像碳、氮、氧、硅，直至铁这样含量丰富的元素，都是在大质量恒星的短暂一生中合成出来的。在炽热的星核里，核聚变反应一旦点火就会向外蔓延，点燃一层又一层的氢燃料。核反应产生的能量向外传输，使恒星发出光来。恒星在沿红巨星支演化期间合成的这些元素，对星际介质的化学增丰特别重要。正如多伊奇之前发现的，星风持续不断地把红巨星和超巨星的外层物质吹跑，使它们混入星际介质中。但也是这些星风裹挟着碳、氧，还有其他重元素，丰富了孕育未来恒星的星际气体的化学成分。

把铁聚变成更重元素的核反应需要吸收能量。恒星无法提供这份能量，所以要想合成更重的元素（元素周期表里的大部分元素），还得另寻他处。原子在碰撞过程中通过捕捉自由中子合成出较重的元素。如果原子核置身于每立方厘米有 100 万个自由中子的环境中，那么每 100 年～10 万年原子核就会遭到一个中子的轰击，这就是所谓的"慢中子捕获"。美里尔发现锝，为我们提供了慢中子捕获事发地的线索：当质量比太阳大 10 倍的红巨星进入演化晚期，它的星核就可以达到慢中子捕获所要求的粒子数密度。在元素周期表里排在铁后面的元素，有近半数都是这么形成的。

剩下的元素则是另一种物理过程的产物。要产生大量的放射性原子核，中子的轰击速度一定要快，要赶在原子核衰变成其他元素之前。这意味着每 0.01 ～10 秒就要发生一次轰击。这就是所谓的"快中子捕获"。只有恒星内部的粒子数密度达到每立方厘米有 10^{38} 个中子，这个过程才能进行下去。这个密度相当于每立方厘米 1 兆亿颗——几乎比白矮星还致密 10 亿倍。

锎和比基尼岛核试验

在寻找这样的天体物理环境时，四人组听说了一个刚解密的氢弹试验。1952 年

11 月，美国在比基尼岛[⊖]上秘密进行了一次氢弹试爆。在爆炸过程中，一股中子流瞬间轰击了铀原子，合成出锎 -254。人们在爆炸碎片中发现了它。锎 -254 是一种人造放射性同位素，自发裂变的半衰期约为 60 天。地球上的原子弹爆炸通过放射性衰变生成重元素，这个实例给四人组提供了恒星合成重元素的线索。但是，什么样的畸形天体能够像氢弹那样爆炸？在他们反复思索这个问题时，忽然有人想起了巴德观测的超新星 1937C 的光变曲线。

氢弹与 I 型超新星都是灾难性的爆炸事件，两者在以下几方面十分相似：放射性同位素的衰变时间与超新星的光度变化，极高的温度和压强，喷涌出中子流，还有发光的喷发物。这种相似性让他们思绪翻腾，想着如何构建模型。伯比奇夫妇、富勒和霍伊尔开始与巴德、理论物理学家罗伯特·克里斯蒂（Robert Christy）展开合作。克里斯蒂曾参与过曼哈顿计划[⊖]。氢弹和 I 型超新星的诸多相似点提示他们，二者的爆炸碎片中有相同的放射性同位素。他们推断超新星肯定也能形成中子密度极高的物理环境，从而合成出重元素。他们确信这就是自己寻找的"畸形天体"，于是在 1956 年把研究结果发表出来。[47] 他们在论文中这样写道，地球上的氢弹爆炸可以形成锎 -254，表明其间发生了快中子捕获过程，这就如同红巨星合成出锝证明了星核发生慢中子捕获过程一样。他们推断超新星的光度呈指数衰减，表明在超新星爆发中合成了放射性元素。虽然这个推论是正确的，但人们后来才发现，其实是镍 -56 衰变成钴 -56，再衰变成铁 -56 的过程塑造了超新星光变曲线的形状。不过，伯比奇等人提出了宇宙中的恒星可以经由这些过程合成出重元素，这正是他们的天才之处。

这样的互动和交流为学者们提供了丰厚的精神滋养，催生出一篇创造力十足的科学综述。文章发表于 1957 年，标题短小精炼，就叫《恒星内部的元素合成》[48]，但篇幅却很长，总共 105 页，全面论述了恒星内部熔炉的核合成理论。在引用这篇文章时，大家常用作者名字的首字母缩写 "B²FH" 来代指它。文章提到了帕洛玛天文台在恒星的质量损失、化学丰度、锝的探测，以及超新星方面做出的重要贡献。最后得出的结论意义深远，刺激了天体物理学界，也把核合成捧上神坛，成为后世天文学家的研究课题。

⊖ 太平洋马绍尔群岛中的一个小岛。从 1946 年到 1958 年，美国在那里进行了多次原子弹和氢弹爆炸试验。——译者注

⊖ 第二次世界大战期间由美国主导的一项研制原子弹的军事计划。——译者注

在核坍缩超新星爆发的光谱中，天文学家基本上没有直接探测到锎-254 的存在。所以，在半个多世纪的时间里，快中子捕获过程（r 过程）的事发地一直是科学家热议的焦点。2017 年 8 月 17 日，这一切都改变了。就在这天，激光干涉引力波天文台（Laser Interferometer Gravitational-Wave Observatory, LIGO）探测到一对并合的中子星发出的引力波。这个事件就发生在一个几百万光年远的星系里。全世界有好几个研究团队抢着证认这个事件的光学对应体。卡内基天文台和加州大学圣克鲁兹分校的天文学家十分机智。他们用智利拉斯坎帕纳斯天文台的 40 英寸汉丽埃塔·斯沃普望远镜，探测到了中子星并合产生的放射性余晖。[49] 他们正好赶在余晖没入西方地平线前确定了它的位置，还为它拍摄了第一张光谱，测出它的红移，终于赢得了这场激烈的竞赛。之后，世界各地的天文学家都在密切追踪这个事件。余晖亮度的下降趋势表明其中混杂着多种 r 过程生成的元素。这些物质飞快地膨胀着，速度高达 6 万千米 / 秒，几近光速的 20%。观测提供了有力证据，表明在两颗中子星碰撞过程中，在物质极其致密的环境中合成了包括金和铂在内的多种重元素。科学家通过观测电磁辐射和探测引力波去研究像中子星并合这样的灾难性事件的性质，这在人类历史上还是破天荒第一次。

重金属元素

享有"加州理工学院天文学之父"美誉的杰西·格林斯坦（Jesse Greenstein），在 200 英寸望远镜完工之际，创建了天文系研究生部。他于 1947 年加入天文学系，当时系里只有一位天体物理学家——绝顶聪明的兹威基。卡内基天文台的天文学家也与威尔逊山天文台的天文学家有合作往来。在之后的几十年里，格林斯坦使用了每一台光谱仪器且集中利用 200 英寸望远镜孜孜不倦地进行天体物理学观测。他最爱使用位于观测平台下方的折轴焦点上的高色散光谱仪，因为这台仪器能让他把混杂在一起的恒星光谱线拆解开。然而要调查 B^2FH 提出的主张，即使对相对较新的 200 英寸望远镜及其性能强大的折轴分光仪来说，也不是一件容易的事。

没有金戒指

"如果恒星经历过氢燃烧、氦燃烧……却没体验过 r 过程，那么从主要由氢和恒星抛出的气体构成的物质中，会凝聚而成另一个版本的太阳系。那里的居民们有与我们截然不同的价值观，因为他们几乎没有黄金，也没有令他们犯罪的铀。"（摘自 E. M. Burbidge et al., "Synthesis of the Elements in Stars," *Reviews of Modern Physics* 29 [1957]: 547-650.)

随着时间的推移，星际介质是否经历过化学增丰？为了解决这个问题，格林斯坦在空军科学研究办公室的资助下展开了一项观测计划：测量分散在银河系各处的恒星的化学丰度。他与两名博士后劳伦斯·赫尔弗（Lawrence Helfer）和乔治·沃勒斯坦（George Wallerstein）选择四颗 K 型巨星作为观测目标。这些恒星是把化学增丰发挥到极致的代表。在这四颗恒星里，有一颗位于银盘中，有一颗正飞快地从银晕中穿过，剩下两颗是银盘上方的球状星团成员。他们参考最新的恒星演化理论，还有桑德奇与同事观测的颜色—星等图计算出恒星的年龄：银盘中的恒星比较年轻，而另外三颗和银河系几乎一般年纪。按照 B²FH 的理论，三颗年老恒星应该与银河系脱胎于同一批原初物质。另一方面，孕育年轻恒星的物质，经过数十亿年的恒星核合成和物质循环，化学成分应该更加丰富。

当时折轴分光仪刚刚完工，正赶上宇宙化学丰度、恒星演化及核合成研究领域迅速崛起。如今我们有迅捷的 CCD 探测器、现代分光仪，还有自动导星装置，很难想象当时的天文学家为了获得优质数据要经受怎样的艰辛困苦。即使用世界上最大的望远镜和最新的分光仪，拍一张恒星光谱也要花费 10 个小时。在观测期间，天文学家没有温暖明亮的控制室可以容身，只能在黑黢黢的圆顶里或者观测平台下方用水泥浇筑的冷冰冰的折轴观测室里捱过漫漫长夜。他们必须手动调整望远镜的指向，让入射的星光对准狭缝，还要定期检查仪器的设置是否正确。

每一晚辛苦观测获得的回报，就是记录在一条又窄又长的玻璃底片上的一段恒星光谱。等到黎明的曙光照亮天际，圆顶关闭，天文学家把光谱妥善地保存在避光的盒子里，然后拿着它，顺着环绕圆顶周边的狭窄回廊走到楼下，推开一扇厚重的、涂了漆的桃花心木门，门上贴着一块"暗室"标牌。熬了一整夜的天文学家再一次在黑暗中工作。他先把底片浸泡在显影液里，然后飞快地把它放入定影液，最后用水不断冲洗底片，直到一台黑色发条计时器发出刺耳的嗡嗡声。然后天文学家打开一盏昏暗的黄灯，检查底片上的光谱是否可用。直到这时，暗室里才有了一丝亮光。天文观测这项工作不仅需要耐心，还要有钢铁般的坚强意志。

格林斯坦与两位博士后把这四个光谱逐行排好，稍做检查便一眼看出端倪。由于四颗恒星的光谱类型都是 K 型，它们的光谱在波长 4340 埃不出所料地都有一样强烈的氢巴耳末线 H_γ。不过，位于银盘里的那颗恒星的光谱，密密麻麻地挤着几百条重元素的吸收线。类似的吸收线，在另三个光谱里却没见到几条。这些谱线之所以缺席原来是因为银晕和球状星团里的恒星缺乏重元素。同太阳和银盘里的恒星相比，它们的重元素含量低了 10～200 倍！不仅如此，在两个球状星团成员的光谱里，吸收谱线带第一次揭示出恒星的碳已被消耗殆尽，氮却十分充足。在这些恒星的外层物质中可

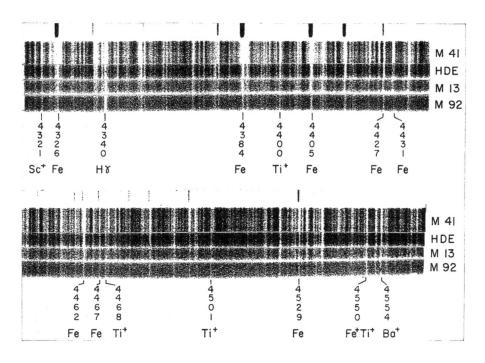

这是银河系里的四颗 K 型巨星的光谱：一颗是银盘中的疏散星团 M41 的成员，HD232078 位于银晕中，另外两颗分别是球状星团 M13 和 M92 的成员。第一个光谱，也就是待在银盘里的那颗恒星的光谱，有好几百条吸收线（竖直的光带），其他三个光谱因为恒星极度缺乏重元素，所以吸收线少得可怜。这四个光谱证实恒星的化学丰度并不完全相同，重元素的含量更是一颗恒星一个样。

资料来源：Figure 1 from H. L. Helfer, G. Wallerstein, and J. L. Greenstein, "Abundances in Some Population II K Giants," *Astrophysical Journal* 129 (1959): 700. © AAS. Reproduced with permission.

以看到氢核燃烧的余烬。

1959 年，赫尔弗、沃勒斯坦和格林斯坦把这个决定性的观测结果发表出来。[50]
他们解决了恒星的化学丰度差异问题，让人们一改从前对恒星化学成分的看法："普遍
相同"让位于"存在多种可能"。化学元素的生成不全是宇宙大爆炸的功劳，恒星做
出的贡献更大。恒星的金属含量是高是低，由孕育它的那些气体的化学增丰历史决定，
并且归根结底取决于恒星先辈如何走向生命的终点。

史前墓地

46 亿年前，在银河系的星盘里诞生了一颗恒星——太阳。如今已步入中年的太阳也
曾受惠于银河系过去的化学增丰历史——那是在太阳出生前就已死去的恒星先辈们的馈
赠。再过 50 亿年，太阳将会把核心的燃料耗尽：先把氢聚变成氦，然后经过霍伊尔提出
的 3α 过程，把氦变成碳和氧。太阳核心的温度不够高，无法点燃碳去开启下一步热核
产能过程。太阳丧失了能量来源，星核里堆积着热核反应留下的灰烬——不活泼的碳和
氧。它开始离开主序，向红巨星演化阶段迈进。太阳会经历收缩、抽搐，刮起星风，吹
散稀薄的外层物质，露出炽热、明亮又极其致密的星核。先前被吹散到星际空间中的气
体，被星核发出的紫外辐射电离，形成多姿多彩的"行星状星云"。当红巨星阶段步入尾
声，恒星内部的热核反应彻底熄火，星核进入白矮星演化阶段。这就是 1.5 ～ 8 倍太阳
质量的恒星，也是宇宙中最常见的恒星，共同的宿命——最终变成白矮星。

白矮星的物理性质和结构与主序恒星的迥然不同。由于不再有核聚变反应源源不
断地向外传送能量，白矮星在自身引力向内的拉扯下独力难支，只能一路收缩。等它
缩小到和地球个头差不多的时候，电子简并⊖现象开始出手与引力相抗。

杰西·格林斯坦对这种高度压缩气体的物理性质十分感兴趣。这样的物理状态在
地球上的实验室可制造不出来，只能在白矮星身上见到。然而，观测小小的白矮星发
出的微弱星光，去测量它们的颜色，确定它们的化学成分和磁场强度并不容易。即使
对拥有强大聚光能力的 200 英寸望远镜来说，这也是一个考验。正因如此，格林斯坦
在相当一段时间里几乎垄断着白矮星的光谱和测光研究。由于数据有限，无法对白矮
星进行分类，格林斯坦便与同事奥林·埃根（Olin Eggen）组队，在 20 世纪 50 年代
率先收集了一大批同质性较高的样本。在此基础上，格林斯坦为建立起白矮星分类体

⊖ 一种量子物理现象，能够阻止电子彼此靠得更近。

系，与埃根并肩工作了数十载，为深入研究（在恒星颜色—星等图中）位于主序带下方的恒星铺平了道路。

检验爱因斯坦的广义相对论

爱因斯坦在广义相对论中曾预言，在致密物体的光谱中会看到谱线移位。白矮星因为密度极高，似乎是测量这种引力红移效应的绝佳试验场。白矮星的质量通常比地球质量大 20 万倍，但它的个头却与地球相差无几，所以它的表面引力要比地球表面引力强 20 万倍。正因为这个缘故，科学家才会期待在白矮星身上看到爱因斯坦预言的引力红移效应。1967 年，格林斯坦与研究生弗吉尼亚·特林布（Virginia Trimble）合写了一篇论文，介绍他们测量白矮星谱线红移的开创性工作，并坦承遇到了非比寻常的技术挑战。

有诸多因素严重限制了他们做出重要的测量，如恒星太暗、谱线太少或者太宽，还有电子筒并引起的种种复杂情况。格林斯坦和特林布收录了白矮星的径向速度、空间运动情况、半径、温度等信息。对这些数据的统计分析证实了他们所面对的极端困境。尽管他们先后测量了 94 颗白矮星的速度，但他们却认为只有 53 颗的测量结果还算可靠。[51] 特林布讲述了在把测量仪器的十字线对准弥散的谱线时，复杂的决策过程让人几乎神经崩溃：在对准的究竟是谱线中心、线翼内侧，还是不规则纹路之间来回调整。尽管如此，他们最终还是把引力红移和多普勒红移区分开，确认白矮星光谱有爱因斯坦预言的引力红移效应，甚至还测量了白矮星表层的引力势阱——光谱中的氢谱线就出自那里。

天狼 B 的第一批高质量光谱进一步验证了广义相对论的预言和白矮星的致密程度。天狼 B 是一颗白矮星，是妇孺皆知的天狼星（天狼 A）的伴星。虽然天狼 B 和太阳质量相近，个头却比地球还小，所以它的体积还不到太阳的百万分之一。由于极端致密，它表面的引力极强。理论预测它的谱线会明显向更长的波长移动。要检验这个预言是否正确，拍张光谱看看便知。但是天狼 A 太亮——比天狼 B 明亮 10 万倍，它的耀眼光芒几乎完全淹没了天狼 B 的微弱荧光。因此这件事十分棘手。格林斯坦与同事在望远镜观测和数据处理方面进行了大量的试验，在解决了各种问题之后，才成功拍到天狼 B 的光谱。[52] 他们测量了天狼 B 光谱的引力红移效应，再一次证实了广义相对论的一个重要预言：光子在逃离强引力场时会损失能量。

结晶的恒星

当初，杰西·格林斯坦在 20 世纪 60 年代历经重重困难才找到 200 颗白矮星。如今，欧洲空间局在 2013 年发射的盖亚卫星已证认了 20 多万颗白矮星。有了这批丰富的全新数据，科学家刚刚证实了半个世纪前的一个特别离奇的理论预言。尽管年轻白矮星的核心充满了白热化的碳和氧，但这些物质的行为有如液态金属。经过几十亿年的冷却，它们的温度降至结晶温度，星核开始由内向外逐渐结晶。银河系有几十亿颗高龄白矮星，其中近八九成可能已经结晶了。再过大约 10 亿年，太阳也会演化成一颗晶体恒星，一块方糖大小，却有 2.5 吨重。所以，太阳最终"不会在'砰'的一声爆炸中死去，而是低声抽泣着走向生命的终点"。（摘自 P.-E. Tremblay et al., "Core Crystallization and Pile-Up in the Cooling Sequence of Evolving White Dwarfs," *Nature* 565 [2019]: 202-205）

根据恒星演化假设（虽然仍有争议但大体有效），如果恒星的质量超过 35 倍太阳的质量，它最终将演化成黑洞；介于 8～35 倍太阳质量的会化身中子星；而 0.5～8 倍太阳质量的恒星将形成碳氧白矮星。不过，恒星演化有时候到头来不过一场空。如果白矮星置身于双星系统，它的伙伴要么向它倾倒了太多的物质（伴星是红巨星），要么与它相撞（伴星也是白矮星），导致白矮星在一场 Ia 型超新星爆发中把自己炸个粉碎。

主焦观测室里的金属座椅和仪器基座

04

第四章

银河系考古学

我们的银河系是如何形成的？它是诞生于一场独立事件——一团巨大的气体尘埃云坍缩碎裂成数十亿颗恒星？还是在漫漫宇宙历史长河中通过不断捕获、吸积卫星星系而逐步长大成熟的？天文学家发现银晕有许多恒星流。它们就像意大利面条，盘绕在银河系周围。这让天文学家越来越倾向于这样的观点，即银河系的形成是一个旷日持久的物质汇集过程。这样一来，太阳附近的某些恒星肯定不是银河系的"原住民"，而是在很久以前被银河系吸积来的。对星系 NGC 5907 的极深度曝光显示，死去的卫星星系留下的遗迹环绕在星系周围。如果我们在远处从侧面看银河系，相信也会看到类似的景象。天文学家对恒星遗迹的运动轨道进行测绘，推算出银河系及其暗物质晕的质量。

在晴朗的夏夜，我们可以欣赏到银河系犹如一条巨幅光带横跨天穹的壮美景象。别看它一副波澜不兴的文静模样，其实本性最是活泼好动。比如，有些恒星相对于银盘以各种奇怪的角度从太阳系身边跑过，有时甚至与众恒星背向而驰。有些恒星富含重元素，其他的却重元素匮乏，令人费解。星际气体不停地变化，化学增丰，参与物质循环，年老恒星丢掉的废弃物反倒成了新生恒星的宝藏。最近有越来越多的证据表明，银河系有时会抢夺卫星星系的恒星和气体据为己有。我们在地球上看到的银河系，实际上是用物质和能量——无论发光与否，经过极漫长的时间、越过极广阔的空间织就的挂毯，上面的图案错综复杂，可勉强称作宇宙复写本。

打败教条

有关银河系的年龄和诞生于原初气体的问题，从一开始就引起了天文观测者的研究兴趣。然而还没等天文学家建立起银河系的形成模型，光谱学家在 20 世纪三四十年代坚守的一个老观念就被最先推翻了。光谱学家一直相信天体的化学丰度都是一样的。他们测量了太阳、几颗恒星，还有地球上的陨石的化学成分，然后认为所有的恒星无一例外都含有同样比例的氢和其他元素。测量结果如果出现任何明显偏差，就会被归咎于恒星大气物理环境存在差异。谁知到了 20 世纪 50 年代，这个观点很快就被颠覆了。先是 1951 年来威尔逊山天文台访问的约瑟夫·张伯伦（Joseph Chamberlain）和劳伦斯·阿列尔（Lawrence Aller）找到了明确的光谱证据，证明两颗亚矮星的金属丰度只有太阳金属丰度的百分之一。[53] 接下来在 1954 年，叶凯士天文台的青年天文学家南希·格雷丝·罗曼（Nancy Grace Roman）发明了一种光谱分析法，能够区分金属丰度不同的恒星。然后在 1957 年，帕洛玛天文台的保罗·美里尔在恒星大气中探测到短寿命的放射性同位素。这个发现成了证明恒星核心发生着核合成反应的决定性证据。上述的种种光谱异常，没有一个可归咎于恒星大气的物理状况。

按照天文学的行话，除了氢和氦以外，其他元素一概被称为"金属"。金属吸收线多见于光谱的紫外波段，削弱了恒星发出的紫外光。所以，即使归属于同一光谱类型，富金属恒星看起来也要比贫金属恒星偏红，因为后者不受这种紫外"遮挡"的影响。因此，用光度计测量出的恒星颜色就成为恒星大气金属含量的最佳指示物。

罗曼在给 500 颗邻近的高速恒星编制星表[54]时注意到,有 17 颗恒星表现出异乎寻常的光谱特征和颜色。根据 B-V 色指数和氢吸收线的强度,这些恒星应被归入 F 型主序恒星,只是它们的紫外辐射实在太过强烈。罗曼把这一特点称为"紫外超"。而且这些恒星还在偏心率极高的轨道上快速地运动,不像是银盘里的恒星,倒像是银晕中的恒星。[55]它们的其他观测性质,如颜色和星等,与球状星团里的主序恒星十分类似。罗曼提议,如果用光度计测量球状星团里的矮星在三个颜色波段的亮度,看看它们是否有紫外超,会获得"极有意思"的结果。

分属不同族群的恒星,其金属丰度也不尽相同。这个认知对帕萨迪纳和帕洛玛后续的天文研究方向产生了强烈的影响。一则,罗曼编制的"亚矮星"(天文学家很快便这么称呼她发现的那些恒星)星表刺激了进一步的研究探索,成为亮时观测⊖的主要内容。它促使杰西·格林斯坦带领一队博士后分析了大量恒星的化学丰度,展开更广泛、更全面的研究。长久以来,高速恒星的运动学性质及其与银晕的关系一直是圣芭芭拉街(天文台总部的所在地)和威尔逊山天文台的传统研究内容,但罗曼发现的"紫外超"打断了这一传统工作,激发出人们新的研究兴趣。

恒星的运动速度与金属丰度存在关联,这个新发现令桑德奇兴奋不已。他一直苦苦搜寻着有关银河系过往的蛛丝马迹。他认为紫外超对宇宙起源理论研究尤为重要。[56]桑德奇常常头戴一顶痦痦的黑色牛仔帽,指挥 200 英寸望远镜展开各种艰难的宇宙学观测,这几乎成了桑德奇的标志性装扮。如果在观测途中遇到天空中有薄云或者"大气视宁度"不佳,他就转头使用值得信赖的分光仪去给附近的明亮天体拍光谱。在他的替补观测计划中,搜寻亚矮星就是其中一项。他夸口说自己"不超过 20 分钟就能干脆利落地"调整望远镜的光学系统,把它从主焦观测扭转到折轴观测,立刻开始测量目标恒星的视向速度。既然大家现在突然一股脑地都去测量紫外超,桑德奇便想出了用"蛮力"把富金属和贫金属恒星分开的办法。罗曼发现的"紫外超"恒星相对于它们的光谱型来说明显偏蓝。这个特征让桑德奇找到了一条捷径,不用像罗曼那样花大量时间去拍光谱。由于最终目标是辨识出紫外超,桑德奇推断,光谱不是非拍不可,只要简单比较一下恒星在紫外、蓝光色和黄色光波段的亮度不就行了吗?如果恒星在紫外波段看起来比较明亮,那它就有紫外超。

加州理工学院的天文学家奥林·埃根(Olin Eggen)教授是光电测光方面的专家,

⊖ bright-time observing,指满月期间的夜间观测。——译者注

正在为附近的高速恒星编制两个星表。[57]他也对罗曼的发现产生了兴趣，决定检验一下罗曼的推论。20世纪50年代末，他开始与桑德奇合作，并成了终身的朋友。如何把银河系内不同的恒星子系统区分开，逐渐成了两人共同的研究兴趣。埃根在星表中补充了格林斯坦在大气视宁度不佳时用200英寸望远镜的折轴光谱测得的视向速度，这些星表成了观测目标的宝库。埃根自己似乎总是待在山上进行测光。

之后发生的事总让桑德奇"有一点负罪感"。他暗自相信罗曼的高速恒星表已经包括了充分的数据，足以找出他和埃根即将揭露的那个相关性。[58]但是罗曼自己压根就没想过要去找一找。他们在分析她的数据时发现，随着恒星运动速度的加快，紫外超也会增强。[59]如此看来，紫外超与恒星轨道的偏心率可能也存在着关联。一想到这一点，他们激动万分，由此开启了一个从1959年起持续多年的观测和分析计划。他们的目标是：观测正从太阳系身旁经过的恒星，获取它们的轨道参数。他们希望这个相关性能够帮助他们解决银河系内恒星子系统的空间分布、运动学特征及数量等问题。这些恒星子系统包括了银盘里的年轻主序恒星和银晕中的年老球状星团、天琴RR型变星，以及贫金属亚矮星。

埃根从自己的星表中拣选出221颗高速恒星样本，计算出它们的空间运动速度。他和桑德奇想看看它们在什么样的轨道上围绕银河系运动。然而，要想把空间速度转换成轨道偏心率，需要展开严格的动力学分析。好在他们的运气不错。英国天体物理学家兼动力学家唐纳德·林登－贝尔（Donald Lynden-Bell）拿到了哈克尼斯奖学金，当时正在威尔逊山和帕洛玛天文台做博士后。埃根坚持让林登－贝尔帮他写出"既简洁又漂亮的公式"，只要有正弦、余弦函数即可，不要有椭圆函数。由于当时还没有电子计算机，林登－贝尔只能十分费力地徒手计算各种星系模型中的恒星轨道偏心率、角动量和运动轨道。林登－贝尔自知对观测天文学的了解十分有限，他希望做完此事后就退出这个项目，把余下的工作交给桑德奇和埃根去完成。[60]

不管恒星来自银晕还是银盘，太阳都与它们友好往来。在恒星的颜色—星等图中，高速运动的亚矮星集中分布在略低于银盘主序带底部的区域。无论是从物理性质、运动学特征还是化学成分上看，这些矮星与银盘里的普通主序星（如太阳）都截然不同。等埃根把数据画成图后，他期待见到的相关关系便显现出来：①紫外超 δ（$U-B$）体现了恒星的化学组成；②轨道偏心率 e；③恒星轨道到达银盘上（下）方的最大垂直距离 Z_{max} 与恒星在垂直于盘面方向（Z 方向）的速度 $|w|$ 有关。

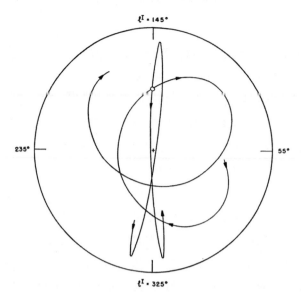

太阳系附近的恒星是不是来自银河系其他地方的闯入者——也许是刚好从太阳系身边飞驰而过的银晕恒星,分析一下它们的空间运动情况就可知晓。上图展示了唐纳德·林登－贝尔计算的两颗高速恒星的部分轨道。恒星在银盘中往来奔波,感受到的引力强度也随之变化,所以它们的轨道看起来偏向于螺旋形,而非真正的椭圆。在穿越太阳系时,两颗恒星不期而遇。轨道相交点(小圆圈)靠近 145 度轴。图中心的小十字线代表太阳系,它距离银心有 1 万秒差距。外面大圈的半径是 2 万秒差距。

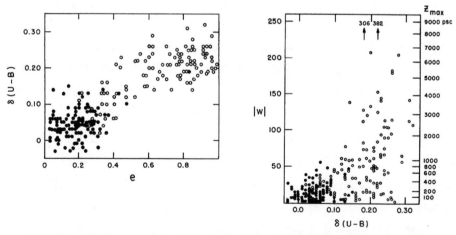

轨道偏心率 e 与紫外超 δ($U–B$)之间的关系是构建银河系考古学理论体系的一块基石。从埃根、林登－贝尔与桑德奇绘制的这两张图可以看出,紫外超较小的低速恒星紧靠着银盘,在近乎圆形的轨道上运动(左下方的实心圆点)。紫外超较大的高速恒星则沿着近乎径向的轨道,一路冲到盘上(下)方很远的地方 Z_{max}(右上方的空心圆点)。$|w|$ 是恒星沿垂直银盘方向的速度分量。

在 1955 年和 1956 年，应罗曼的要求，桑德奇开始用海耳望远镜和胡克望远镜对球状星团里的恒星展开三色测光，寻外紫外超的证据。这些观测让他无意中发现球状星团 NGC 4147[61]和梅西叶 3[62]里的恒星具有极大的紫外超。这意味着这些球状星团成员和场中的亚矮星一样金属匮乏。结合桑德奇早期的球状星团年龄研究，这个发现还表明这些恒星位列银河系中最年老的恒星。伯比奇夫妇、富勒和霍伊尔曾下结论说，随着时间推移，每一代恒星都会提高星际气体的重元素丰度。[63]由此推断，富金属恒星比较年轻，而贫金属恒星已然年老。桑德奇的发现与伯比奇等人的结论相符。恒星的某些性质与紫外超相关，实际上就是与时间相关。如果这些相关性是在银河系的形成过程中逐步建立的，天文学家也许可以把它们当作工具，对银河系来一次考古发掘。

只要恒星的运动随时间的变化能够揭示出银河系的动力学结构演化，这事就有希望。想到此，桑德奇又把林登－贝尔叫回办公室问道：“这一切都意味着什么？”在作答之前，林登－贝尔首先确认了在宇宙演化中，天体很少发生相互作用，有可能还保留着出生时的一些动力学信息。其次，星核内的热核聚变的产物几乎不会和外层大气中的物质相混。在测量恒星的化学成分时，测量的其实是恒星大气的化学组成。如果上述两点成立，那么恒星与生俱来的化学丰度和轨道特征的相关性，在后续演化中就能保留下来。由此可知，即使恒星已是 100 亿甚至 150 亿年高龄，它目前的轨道偏心率仍由它出生地的动力学环境决定。某些轨道参数及相关关系的永恒不变，让埃根、林登－贝尔和桑德奇完成了构建银河系形成模型的最后一跃。桑德奇列出了模型需要描述的诸多动力学过程，如气体云的自由下落、使薄盘扁平化的耗散过程等，打趣道：“仅此而已。”[64]

模型指出，在大约 100 亿年前，有一团巨大的原初星系云，其直径比银河系当前的直径大 10 倍。它脱离了宇宙的膨胀，开始在自身引力的拉扯下向内收缩。当时，云团可能已经在缓慢自转，或者周围有与之类似的气体云施加力矩，让它转动起来。在坍缩过程中，气体凝聚生成球状星团和银晕中的恒星，符合桑德奇观测到的二者年龄相近。恒星沿着扁长的轨道运动，这是气体几乎沿着径向下落的结果。整个坍缩持续了约 2 亿年。虽然这段时间与宇宙的时间尺度相比不过是短短一瞬，但也足够让好几代大质量恒星（每代恒星的寿命只有 500 万～ 1000 万年）提高下落气体的化学丰度了。

在不停旋转的云团里，除了沿自转轴方向的气体压力，再没有其他作用力与引力抗衡，于是原本呈球形的云团变得越来越扁。在某一时刻，坍缩凝聚而成的物质相互碰撞，引发了一场大规模的恒星形成，由此产生的压力迫使云团停下了扁平化的脚步。等到旋转产生的离心力与引力达到平衡，盘面不再收缩，银河系今日的个头就此确定下来。由于气体大多聚集在盘上，所以绝大多数恒星是在盘中形成的。这就是夜空中的银河系看起来形如一条拱形光带的原因。

起初，气体的运动轨道与它孕育的恒星的轨道相同，只在近银心点（轨道最靠近银心的地方）才分开。但是气体云团间的相互碰撞让气体的运动轨道逐渐损失能量，越来越靠近银盘，也变得越来越圆。时至今日，银河系早已停止坍缩，稳定下来，可它的第一代恒星仍在偏心率极高的轨道上运动着。后来形成的恒星，轨道更接近圆形，反映出孕育它们的那些云团原先的位置。超新星爆发、红巨星吹出的星风，以及最终消散在星际介质中的行星状星云，把新合成的重元素散播到各处，丰富了星际气体的化学成分，也让新生代恒星的紫外超逐渐降低。

1962 年，奥林·埃根、唐纳德·林登-贝尔与阿兰·桑德奇发表论文，介绍他们为银河系构建的形成模型 [（Eggen, Donald Lynden- Bell, and Allan Sandage，"Evidence from the Motions of Old Stars That the Galaxy Collapsed"，*Astrophysical Journal* 136 (1962): 748]。这篇论文因为描述了一团巨大的气体云坍缩形成银河系的整个过程而跻身革命性天文学论文之列。后人在引用这篇论文时，常用作者名字的首字母缩写"ELS"代指。1995 年，在那篇开创性论文发表后 33 年，三位作者齐聚格林尼治天文台。

资料来源：Courtesy Gerry Gilmore.

虽说这个模型是埃根、林登－贝尔和桑德奇为银河系量身打造的，但大家普遍认为它也适用于所有的星系。不过为什么有些星系演化成椭圆星系，有些却变成了旋涡星系，这个谜还未解开。

矿井里的金丝雀

描述原初星系云如何快速坍缩的 ELS 模型，体现了科学家对星系考古学的研究兴趣。不巧的是 1963 年天文学家发现了类星体，这个新兴领域只能靠边站，被冷落了好几年。后来，世界各地的天文学家开始通过观测来检验 ELS 模型的预言。这时，模型突然冒出来一个缺陷。天文学家观测的银晕恒星全是从一个距离我们几百秒差距（约 1000 光年）的、大小有限的区域中选取的。然而光是银盘里就有约 2000 亿颗恒星，银晕中的恒星至少也有 100 亿颗，而且散落在直径 3 万秒差距（10 万光年）的球状区域。ELS 模型采用的样本严重缺乏非常遥远的恒星。那些恒星其实就像"矿井里的金丝雀"一样，能够对银河系动力学模型的缺陷做出预警。

银晕中的恒星位居宇宙中已知年龄最老的天体之列，因此携带着有关银河系早期运动学特征和化学演化历史的重要信息。然而直到 20 世纪 70 年代，科学家对它们的系统性特征还知之甚少。ELS 模型预言，银晕恒星的金属丰度随着恒星距离银心越来越近而一路走高。卡内基天文台的天文学家伦纳德·瑟尔（Leonard Searle）对此不以为然，尖酸地反击说："似乎从没有人去认真找过这个效应，而且，的确，化学丰度测量结果不够多，也不十分可信，没有条件讨论这样的问题。"[65]

瑟尔与卡内基天文台的博士后、其亲密的合作伙伴罗伯特·辛（Robert Zinn）意识到，虽然 ELS 模型得到了许多天文学家全心全意的支持，但还有很大的局限性。于是他们详细地策划了一个观测计划，去获取最远处的银晕恒星的高质量数据。他们期望看到恒星的金属丰度会随着与银心距离的增加而逐步下降。1976 年春，体格健壮、有时十分固执的贝弗利·奥克把多通道分光仪安装到海耳望远镜的卡塞格林焦点上。瑟尔和辛开始整晚整晚地观测球状星团里的一个个恒星成员。他们盯住明亮的红巨星，一直探测到距离银心 3 万秒差距远的地方，超出 ELS 的观测极限距离 30 倍。在估计恒星的化学丰度时，ELS 使用的是简单的宽带测光法，瑟尔和辛采用的则是低分辨率光谱蓝光波段的"谱线覆盖"法。他们还花了好几个晚上反复进行测量以降低误差。

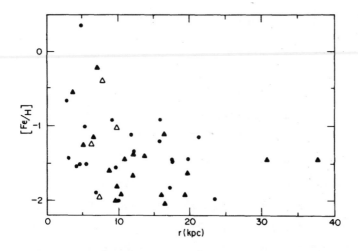

伦纳德·瑟尔和罗伯特·辛在 1978 年用 44 个球状星团的观测数据绘制了这张著名的图，概括了银晕的化学丰度的梯度变化。图的纵坐标轴是铁的丰度 Fe/H，横坐标轴是星团与银心的距离 r_{gc}。在银河系内晕（0.8 万秒差距以内），恒星的金属丰度随距离的增加而降低，证实了 ELS 模型的预测。然而外晕（0.8 万～ 4 万秒差距）恒星的金属丰度与距离似乎并不相关，与内晕恒星形成鲜明对比。

资料来源：Figure 9 from L. Searle and R. Zinn, " Compositions of Halo Clusters and the Formation of the Galactic Halo," *Astrophysical Journal* 225 (1978): 357-379, with permission of Robert Zinn.

要到如此遥远、暗淡的球状星团里去巡视挤作一团的恒星，这真是一项令人望而却步的艰巨挑战。最终，他们总共测量了 177 颗恒星的化学丰度。这些恒星分属于银河系外晕里的 19 个球状星团。他们的样本"无可否认十分稀少"，这是因为他们手头没有可靠的颜色—星等图，所以挑不出红巨星去观测。[66] 后来，他们又从科学文献中搜集可靠数据，把样本数扩大到 44 个球状星团。

　　球状星团自身的性质，如化学丰度，随距离银心的远近如何变化，成了评估星系形成理论的诊断工具。有人认为，球状星团只能是在原初星系云发生引力坍缩形成银河系的过程中生成的。瑟尔和辛的观测结果却不支持这样的观点。按照 ELS 模型，在原初星系云的外围，物质稀薄，那么现在定居于银河系外晕的球状星团又是如何形成的？而且 ELS 模型又如何解释有些银晕恒星和星团的逆行呢？银河系的诞生似乎并不那么一帆风顺，也不是完全可以预测出来的。

外晕恒星的化学丰度如同大杂烩一般混乱无序。瑟尔和辛在构建新模型时，打算先把它们整理一下，以便对银晕的运动学行为和动力学性质做出可靠且广泛（如果可以的话）的论断。谁知整理的结果令他们惊愕不已，于是他们决定打破旧理论的窠臼，从头来过。指引他们提出新假设的有如下四项突出发现：

（1）在银河系内晕，恒星和球状星团离银心越近，它们的重元素丰度一般也越大。外晕恒星的金属丰度不仅比较低，还彼此存在明显差异，变化范围在 1 个数量级以内。

（2）从颜色—星等图新推算出的球状星团的年龄跨度是 10 亿年。而桑德奇根据手中的样本推算出的坍缩时长是 2 亿年，比前者小了 5 倍。

（3）当球状星团的金属丰度低于太阳金属丰度的 10% 时，就与星团的运动学行为不存在相关性。

（4）与内晕的同类相比，外晕的星团平均来讲更年轻，年龄差异也更大。在外晕的球状星团里，有一些也和内晕的星团一样老，但还是年轻者居多。

瑟尔和辛认为，这最后一点决定了 ELS 理论的命运。[67] 按照坍缩假设，星系内各处的球状星团几乎是同时开始形成的。既然如此，为何外晕的星团形成持续的时间会比内晕的长呢？还有一个事实也需要做出解释：银晕中的一些恒星和星团在逆行。

吞噬同类的银河系

瑟尔和辛共同提出了一个有关银河系形成的新假设。瑟尔担心"这个假设给人一种朦胧模糊的感觉，但这是自然演化的本性使然，我们即使不喜欢也没辙"[68]，所以他们最后还是在 1978 年把它发表出来。他们提出，相比于内晕，银河系外晕的形成过程可要混乱多了。外晕中的恒星和球状星团的诸多性质缺乏梯度变化，彼此间也没有什么相关性，这说明它们并不是脱胎于原初星系气体云的坍缩，而有可能是在瑟尔和辛所说的环绕银河系的"物质碎片"中出生的。随着时间的流逝，这些"碎片"一个接一个地被银河系捕获。天文学家如今认为它们就是银河系身边的矮卫星星系。因此，在外晕中除了有本地出生的恒星和星团，还可以看到银河系从矮卫星星系手里抢夺来的天体。那些星系原本是在他乡出生、独自演化的外来客。

从 1978 年开始，仪器、技术和数据采集方法的改进，让天文学家能够"好风凭借力"，对银晕中暗淡的恒星的金属丰度和运动速度进行更加准确的测量。他们证实

半人马座 ω 看起来像一个球状星团，但它果真是这样吗？它混杂了各种年龄、各种化学成分的恒星。因此天文学家认为半人马座 ω 是一个矮卫星星系的星系核残骸。几十亿年前，它从银河系身边经过，因为靠得太近而被银河系强大的引力剥走了外侧的恒星，沦为银河系的阶下囚并最终被后者吞噬。所以，太阳周围的恒星中可能混进了从另一个星系来的异客！

资料来源：NASA/ JPL-Caltech/NOAO/ AURA/NSF.

了远至 10 万秒差距的球状星团和恒星都缺少化学丰度梯度。[69] 斯隆数字化巡天也发现了"物质碎片"的最佳候选对象——金属极度匮乏、体质孱弱的矮卫星星系。有些最贫瘠的矮星系，质量还不及球状星团的质量大，但仍被一团巨大的暗物质晕包裹着。还有一些矮星系显现出有选择性的化学增丰，含有较多 B^{2}FH 定义的 $r-$ 过程元素。这些元素都是很久以前发生的中子星并合和超新星爆发喷洒出来的。也许，有些形如幽灵的矮星系刚一转向落入银晕中，便被剥走了气体。

如果外晕中的恒星真是银河系在捕获矮星系时抢来的，那么这些暴力事件必定会留下作案痕迹。在 20 世纪 50 年代末，第一个掠夺迹象浮现于世。埃根天生记忆力好，能够记得恒星数据的细枝末节。他注意到，有些并不相邻的恒星不仅光谱特征相似，还以同样的速度在银河系中穿行。[70] 他试探着追踪到这些恒星的发源地——一个已经土崩瓦解的星团。虽然自己的主张没有得到大家的广泛接受，埃根还是继续为自己标记的"移动星群"收集证据。科学家们如今认为，这些移动的星群是过去发生的星系吸积事件的遗迹。这些恒星的运动学特征为我们理解银河系的形成打开了一扇新的研究窗口。ELS 论文的第一作者埃根无意间竟然找到了支持竞争对手瑟尔－辛模型的证据，这真是命运的捉弄。不过，这个发现的全部含义仍有待于现代星系考古学研究的发掘。

意大利面加工厂

天文学家最近发现，银晕中有长长的星流穿梭、缠绕，为瑟尔和辛提出的银晕吸积模型提供了有力的证据。有些星流似乎是被从矮星系里生拉硬拽出来的。银河系正在吸积的人马矮星系就是这样一个例子。有些星流带着上亿颗恒星成员，绵延几十万光年，环绕着整个银河系。银河系除了撕碎、吞噬卫星星系，连自己的球状星团也不放过。

1950 年，巴德在检查 48 英寸施密特相机拍摄的照片时，发现一个名为帕洛玛 5 的星团正遭受着潮汐力的折磨。天文学家当时认为帕洛玛 5 是星系际空间里的天体，并不受银河系约束。1977 年，桑德奇根据 200 英寸望远镜拍摄的照片证实，帕洛玛 5 虽然身处荒芜之地，但确是银河系成员无疑。它与太阳相距 2.3 万秒差距，在远离银盘的地方围绕银河系运动。帕洛玛 5 不像典型的球状星团那样坚实、致密、成员众多（动辄几十万），它结构松散、延展，只有区区 1 万名成员。但它却是天文学家找到的第一个直接证据，证明有些球状星团会逐渐丢失物质，形成潮汐流。

自帕洛玛的 200 英寸望远镜投入运行，它在头 30 年取得了如下成果：估算出银河系的大致年龄，提出第一个简洁的银河系形成模型——原初星系气体云的快速坍缩，还有与之截然不同的银河系吸积多个卫星星系的形成模型。[71] 虽然后续的研究工作为这些开创性的研究结果提供了有力的支持，却从没有从根本上改变它们。

卫星星系被银河系的引力拉扯得四分五裂，恒星也被生生地从星系中拽出来，形成如意大利面条一样细长、盘绕的星流。银河系的外晕就是在这样的吸积事件中形成的，我们看到的这一切就是令人信服的明证。目前的星系形成模型显示，在几十亿年的演化中，绝大多数矮星系都会损兵折将。这些被剥走的物质将会环绕在银河系周围，在复杂的轨道上运动。有些质量较大的卫星星系甚至会一头撞向星系核。所有的矮星系迟早都会彻底融入银河系的核球和银晕中。为这些矮星系构建轨道模型能让天文学家估算出银河系的质量，也能帮助他们探测银河系的暗物质晕。银河系可能早已吸积、吞噬好几十个矮星系了。而且正如我们目前所见，它还在啃噬着 150 个球状星团。我们由此可以想象，在更早的时候，它可能会更加积极主动地、变着法儿地聚集物质。

我们现在已经清楚，银河系的形成并非发生在遥远过去的单一事件，而是一个连续不断聚集物质的过程。在过去的几十亿年里，原来围在银河系身边打转的球状星团和个头娇小的矮星系，有不少都已被银河系吞噬了。天文学家发现，银河系手中还控制着至少三十多个矮星系，有些矮星系的个头只有银河系的千分之一大小。银河系如今似乎正朝着仙女座星系撞过去，它们俩最后将合二为一，组装出一个更大的星系。

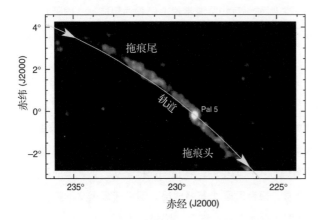

帕洛玛 5 在靠近银河系和远离银河系的两侧，感受到的引力并不一样大，由此产生的潮汐力把恒星一个个地从星团里拽走。有些恒星跑到了星团的前头，有些跟在星团的身后，就像掉落在地上的饼干渣。漂流在外的恒星比留在星团里的恒星还多，拖曳出的痕迹横跨天空近 25 度角（1.3 万光年）。计算模型显示，帕洛玛 5 每次穿过银盘向轨道的另一侧运动时都会产生激波。这些拖痕就是激波的杰作。这或许是它有生之年最后一次穿过银盘。再过大约 1 亿年，它将被彻底摧毁。天文学家根据帕洛玛 5 的位置、距离和径向速度，重建了它围绕银河系运动的轨道（如箭头所指）。

资料来源：M. Odenkirchen et al., *Detection of Massive Tidal Tails around the Globular Cluster Palomar 5 with Sloan Digital Sky Survey*. Image: M. Odenkirchen and E. Grebel.

控制圆顶旋转的幽灵

05

第五章

星系间的暴力事件——
碰撞与并合

在本地宇宙里，发展成熟的星系中为什么大都有旋转的恒星盘和气体盘，只有少数质量相似的星系由一堆年老恒星构成，没有明显的结构，看上去依稀像一堆足球？天文学家花了近一个世纪的时间才收集到充足的证据，弄明白了星系形态两极分化之谜。解开这个谜的钥匙，就是这种成双结对出现的外形扭曲的盘星系。4000 万年前，两个旋涡星系擦身而过，由此生出了引力纠葛。在纠缠过程中，恒星和气体被活生生地从星系中拽出来，拖出 10 万光年长的细丝。天文学家如今知道，也许 10 亿年以后，这对旋涡星系有可能聚合成一个巨大无比的椭圆星系。

资料来源：NASA/ESA and The Hubble Heritage Team (STScI).

天体物理学家兹威基在 1971 年（在其去世前三年）曾争辩说，盲目推理简直就是"无脑行为""纯属浪费时间"。[72] 在兹威基刚开始搞研究时，手头没有多少可用的研究工具，只能依靠理论物理学和天体物理学知识去破解宇宙的奥秘。这段经历让他明白，搞研究光靠理论是不够的，还必须有实际观测的支持。在后来的职业生涯中，他牢记这一点，投入大部分时间和精力进行观测、编制目录，以及研究宇宙万象。他的所见所得让他站到了保守天文学家和理论学家的对立面，去抨击对方阵营盛行的观点。面对对手坚决的质疑，兹威基锲而不舍，最终引领天文学家看到了一个截然不同的宇宙。

丑陋的星系

几个世纪以来，天文学家一直假设星际空间里空无一物。这么想也不是不合理，毕竟，除了明亮的天体，我们也确实没看到还有其他东西存在，远处的宇宙空间似乎也是透明的。然而兹威基凭借天马行空的猜测，相信星系际空间并非是空空如也，而是"散落着恒星、星群、尘埃，还有气体"。[73] 在施密特相机还没有出现在帕洛玛山顶的那段日子里，兹威基缺乏充足的工具去为天体编制目录，研究宇宙的物质构成。等到 20 世纪 50 年代中期，兹威基热情地拥抱先进的深空广角成像技术，开始发现数千个相互连接在一起的成对星系、多星系系统、星系群，还有星系团。从一些外形扭曲的星系延伸出丝丝缕缕的明亮物质，好像拉长的太妃糖丝，粘在其他星系的身上，甚至还有一些稀奇古怪的环形星系也都登场亮相了。把星系连接到一起的桥状结构看上去大多偏蓝色，像是由年轻的恒星构成的。这些奇奇怪怪的结构毫无秩序可言，完全不可思议。

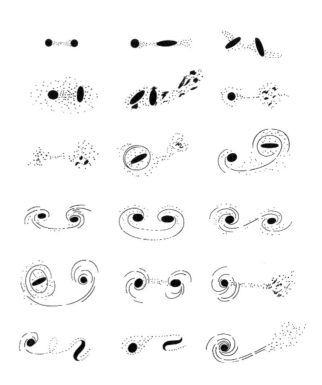

兹威基用帕洛玛的一众望远镜为形状特殊的星系拍照。这是兹威基为它们画的草图。在两个彼此相邻的星系之间，有模糊的明亮细丝把它们连接到一起，或者环绕着它们。这说明这些丝状物是星系多次相互作用的产物。为这些模糊结构拍照十分困难，兹威基为了把它们的形象收入论文发表出来，只能对着照片亲手绘出它们的草图。

资料来源：Figure 5 from F. Zwicky, "Multiple Galaxies," *Handbuch der Physik* 53 (1959): 373. Reprinted by permission of Springer.

兹威基相信，这些复杂的结构是揭秘星系和星系群演化的重要线索，值得展开更详细的调查研究。兹威基不仅是一位工作专注、仔细认真的观测者，他凭借着扎实的物理基础，也能预测并解读绝大部分观测结果。他站在物理学家的角度去分析自己拍摄的照片，注意到有许多看似"受损"的星系要么成对出现，要么结成小团体。他看到有明亮的丝状物从星系相对的两侧冒出来。这提示他，在星系的近距离交会中，引力一定发挥着作用。恒星和气体被从星系中拉出来，被驱赶到星系际空间，这是引力潮汐干的好事。比如月球的引力在地球相对的两侧引发海潮，星系间的引力潮汐与之类似，但可比前者大多了。

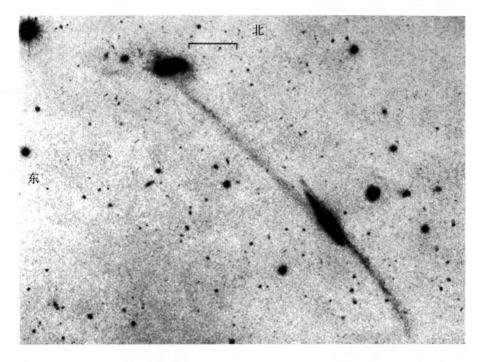

　　这个系统异常庞大，个头比银河系大了4倍。兹威基认为它是自己早期巡天观测中最引人注目的发现。这是他用200英寸望远镜拍摄的照片，显示两个星系之间有一条狭窄的恒星桥相连，桥的跨度达25万光年。此外，还有一条伸向右下方的长长"拖尾"。这两个特征都是上一次星系交会时潮汐引力留下的印记。兹威基推测，尽管这两条明亮的细丝看起来是窄窄的一条，但这是从正面看的效果，若从侧向看，它们很可能是延展的曲面。

　　资料来源：F. Zwicky, "Multiple Galaxies," *Ergebnisse der exakten Naturwissenschaften* 29 (1956): 344–385. Reprinted by permission of Springer.

兹威基仿照达尔文的做法，进一步分析他收集的相互作用星系。他假设星系间的所有细丝无论形状看上去多么奇怪，无一例外都是潮汐相互作用的结果。为了说明这一点，他想象一个椭圆星系与另一个旋涡星系彼此擦身而过。在这场交会中发生了什么，才会在两个星系之间架起一座桥呢？

兹威基的好奇心永无止境，直觉敏锐、深刻。他凭借这些天赋，往往能够迅速抓住天体物理现象背后的本质并做出预测，表现出惊人的预见性。尽管如此，在他有生之年，他的研究成果大都没有得到天文学界的关注。举个例子，他曾在论文中说自己在丝状物的光谱中看到了恒星的吸收谱线，这证明这些细丝是由恒星构成的。但是，当他试图说服同事，让他们相信星系际空间并非空无一物时，却碰了一鼻子灰。大家全都不相信他的话。相对于背景夜空，潮汐力产生的细丝状结构既模糊又暗淡。只有用小焦比望远镜进行深度曝光，才能拍摄到它们的图像。但绝大多数观测者未曾这么做过，所以他们无法接受兹威基的研究结果。兹威基的有些死对头甚至声称，兹威基拍到的根本不是细丝的光谱，而是月亮的光谱。兹威基——还有另外几个和兹威基一样机敏的人——不得不拼力抗争几十年，才让同事们开了窍。

公平地讲，若没有施密特相机，天文学家仍然难以施展手脚，只能一小块一小块地拍摄天区，一个接一个地测量天体。哈佛天文台的巡天观测覆盖了大部分天空，令人心生敬意，但它的观测极限只到 16 个星等，看得不够深，探测不到暗淡的星系外围。大型望远镜，如威尔逊山顶的 60 英寸和 100 英寸反射式望远镜，视场较小（口径一般不超过月球视直径的一半），并不是专为拍摄暗淡、延展的结构而设计的。而且它们的焦距都比较长，另外早期的光学照相底片感光度较低，因此让它们拍一张深度曝光的照片，有时要拍不止一个晚上。此外，还有很多其他障碍：有些观测者忘记帮望远镜挡掉干扰光，结果照片上一片模糊；镜子表面的灰尘和高低不平的金属涂层会导致更多散射，浪费掉一部分入射光子；附近城市的灯光污染愈发严重，常常淹没最暗天体的微弱光芒。

兹威基对著名的涡状星系梅西叶 51（M51，也叫 NGC 5194/5195）的解释就是最好的例子。众所周知，M51 是一个典型的旋涡星系，距离我们不远。在其北旋臂的末端有一个小星系陪伴在侧。二者被视为相互作用星系的原型。在伴星系的北部还有一些明亮的"触角"，而 M51 的南旋臂穿过星系间的空白区域伸向伴星系，似乎要搂住它。兹威基正确地解释了这一南一北两个惹眼的旋臂的由来。他提出，在这对星

　　兹威基用 200 英寸望远镜为一对相互作用的星系拍照。这是他根据照片手绘的草图，展示了这样一次星系交会的情景。兹威基想象两个星系在近身交会中因为相互推操产生潮汐。星系中的物质受到潮汐力的拉拽，形成旋臂。他用这种方法来研究不同类型的星系如何碰撞，希望最终能够解释旋涡星系和棒旋星系的由来。

　　资料来源：F. Zwicky, " Multiple Galaxies," *Ergebnisse der exakten Naturwissenschaften* 29 (1956): 344-385. Reprinted by permission of Springer.

系上一次近距离交会时，伴星系在 M51 的星盘中引发了"潮汐力"与"反潮汐力"，这对旋臂正是两种潮汐作用的体现。[74]

　　威尔逊山的天文学家米尔顿·赫马森在 200 英寸望远镜的主焦上为 M51 拍摄光谱。在光谱中既可以看到伴星系内部的电离气体产生的发射线，也能看到连接两个星系的恒星细丝产生的吸收线。兹威基据此得出结论，星系桥和拖尾中的明亮物质"呈蓝色，相比于星系核球的颜色，更接近模糊不清的旋臂的颜色"。[75]换句话说，潮汐细丝中的恒星与星系盘中的恒星十分相似。因此，构成这些细丝的物质肯定来自星系盘。

　　在兹威基的相互作用星系宝库里，最有吸引力的一个要数他在 1941 年拍摄到的"独特星云"。这个天体位于玉夫座，在天空中的位置十分偏南。18 英寸施密特相机几乎要水平放置才能拍到它。这个天体其实是一个混合物：中心是一个暗星系，"从它身上伸出一条条旋涡状恒星流，向外盘旋形成一个大环。环上聚集着许多明亮的恒星，就好像是离心作用把它们驱赶到那里似的"。[76]兹威基敏锐地领悟到这些结构都是引力潮汐的杰作，展示了他对物理学的深入理解。然而从引力角度看，环状结构并不稳定。既然如此，星系又怎会形如一个环呢？当时即使是聪明绝顶的天体物理学家也无法解答这个问题。

梅西叶 51（M51），也叫
涡状星系，已经被天文学家拍
摄和仔细查看过无数次了。但
还是施密特相机最先揭示出
散落在星系周围的明亮物质。
1953 年，兹威基为涡状星系手
绘的草图作为文章配图，登上
了《今日物理》杂志封面。兹
威基在文中一边娴熟地阐述自
己的观点，一边穿插展示各种
奇形怪状的星系的照片和详细
的手绘草图。

资料来源: From F. Zwicky,
"Luminous and Dark Forma-
tions of Intergalactic Matter,"
Physics Today 6, no. 4 (1953):
7. Reproduced with the
permission of the American
Institute of Physics.

到了 20 世纪 50 年代，兹威基基本确信，星系周围的细丝大部分是引力拉扯、潮
汐及反潮汐作用的产物。即使他有时也会好奇，它们会不会是某种内部黏滞力或者磁
力造成的。兹威基潜心研究特殊星系二十多年，有力地证明了星系间的密近交会能帮
助我们深入理解旋涡星系和棒旋星系的形成机制。他在 1956 年和 1959 年分别发表
了两篇综述。在这两篇里程碑式的论文中，兹威基提出，有些星系激烈地打斗，导致
大量物质碎屑散落到星系际空间成为星际介质。[77] 起初，它们形成"云、细丝和恒星
喷流"，后来逐渐消散在星系周围的广袤空间里。

当时，天文学家才刚弄明白恒星演化和核合成问题，星系演化模型和宇宙模型还
没被开发出来。兹威基在这种情况下就能有如此深刻的见解，真可谓洞察力非凡。然
而，兹威基的理论十多年来一直被搁置一旁，无人理会。这一方面是因为他没有拿出

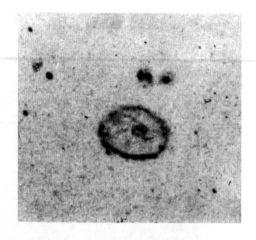

在兹威基眼中,他在1941年拍摄的这个天体是"结构最错综复杂的天体之一,有待于恒星动力学理论给出解释"。但是直到几十年后,才有人做出了解答。可惜兹威基没能等到这个解释,在1974年去世了。天文学家如今已经找到了有力证据,证明当一个小星系从一个大星系的星盘中一贯而过时,就能产生这样的环状结构。

资料来源:From F. Zwicky, "Contributions to Applied Mechanics and Related Subjects," in *Theodore von Kármán Anniversary* (Pasadena: California Institute of Technology, 1941). Courtesy of the Archives, California Institute of Technology.

足够多的定量分析来支持自己的论点,另一方面是大多数天文学家假定星系相隔遥远,彼此发生相互作用实属罕见,也不会产生多严重的后果。200英寸望远镜获得的一系列发现让已知宇宙的范围扩大了两倍,然后是四倍,让大家对这个流行的观点更加坚信不疑。因为宇宙的范围扩大四倍,意味着星系之间的距离也比以前认为的增加了四倍。本来就已满腹疑惑的天文学家们现在越发怀疑,星系相撞的机会是否真有那么大,大到足以解释他们看到的那么多个特殊星系。或许他们没怎么注意到,已经有充分的观测证据表明,大多数星系并不喜欢与世隔绝的独居生活。

在兹威基看来,出现在自己拍摄的几百张照片中的丝状结构暗示着物质聚合。他把这些结构视作证据,认为它们反驳了这样的观点,即星系以每秒几百千米的速度彼此靠近,然后迎头相撞,贯穿对方之后还不会扰动或者驱散恒星。到了1953年,兹威基已经充分掌握了星系间的引力相互作用的要点,然而大多数天文学家对引力在宇宙尺度上展现出的强大威力却还懵然不知,还要再等差不多20年,他们才能追赶上来。

认知"盲点"

让我们以星系 NGC 5128 为例。这是一个特别有趣的椭圆星系，因为它的腰间有一道倾斜的黑色裂痕。1826 年，澳大利亚悉尼的詹姆斯·邓洛普（James Dunlop）最先观测到它。后来，科学家发现它是一个射电源。沃尔特·巴德和鲁道夫·闵可夫斯基一下子就被它深深吸引住了。海耳望远镜拍摄的照片显示，那道裂痕实际上是一条光吸收带，外形扭曲，还内带某种结构。48 英寸施密特相机的观测揭示出，在裂缝的外侧聚集着成群的恒星。这些恒星与旋涡星系里的恒星十分相似。它的扭曲外形提示了两位天文学家，这不单纯是光学叠加的效果，其中一定有潮汐引力在

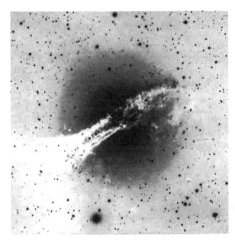 

这是 200 英寸望远镜为椭圆星系 NGC 5128（半人马座射电源 A）拍摄的照片（左）。莱曼·小斯皮策和沃尔特·巴德解释说，有一个旋涡星系正在与 NGC 5128 发生相互作用。我们现在知道这一整个结构其实是两个星系并合的结果。这场并合发生在大约 1200 万光年远的地方，最终形成一个巨椭圆星系。在星系的中心有本地宇宙中最活跃的星系核。两个肇事星系至少有一个携带着气体和尘埃。这些物质最后也在巨椭圆星系中稳定下来，形成一个不停旋转的盘。右侧的合成图显示星系中心的黑洞发射出粒子喷流和成对的射电瓣。每个射电瓣的展幅达 100 万光年，覆盖了边长 10 度的天区面积（比月球的视直径还大 20 倍，远远超出了这张照片的边界）。

资料来源：Left: Figure 11 from W. Baade and R. Minkowski, "On the Identification of Radio Sources," *Astrophysical Journal* 119 (1954): 215. © AAS. Reproduced with permission. Right: ESO/WFI (optical); MPIfR/ESO/APEX/A; Weiss et al. (submillimeter); NASA/CXC/CfA/R.Kraft et al. (X-ray).

捣鬼。于是巴德和闵可夫斯基提出，在这个椭圆星系的前方还有第二个星系——一个携带了大量尘埃、（在我们看来）几乎呈侧向的旋涡星系。它可能正与身后的椭圆星系发生相互作用，所以才部分地遮挡了后者的光芒。[78]

巴德为了搞清楚这个怪异系统的动力学性质，与普林斯顿大学的理论学家莱曼·小斯皮策（Lyman Spitzer Jr.）组队展开研究。后者是恒星系统动力学研究领域的专家。他们一起正确地计算出当星系穿过彼此时，它们的恒星成员相撞的几率很小，因为恒星之间的平均距离远远大于恒星的个头。他们在 1951 年发表论文称，在NGC 5128 里，恒星的速度和位置变化太小，因此星系的形状不会发生明显改变。[79]这让他们与兹威基起了争执。不仅如此，他们还称星系间的碰撞不会把恒星或者星际气体扫地出门。巴德和小斯皮策最后总结说，NGC 5128 可能是一个极罕见的例子：一个旋涡盘星系横穿过一个椭圆星系，竟然毫发无损地穿出，被我们抓了个现行。他们在论文中这样写道："对身处碰撞星系中的恒星而言，这样的撞击对它们不构成任何威胁。"

这些主张无疑惹恼了兹威基。他公开警告说，这两位天文学家对星系相互作用的动力学解释简直错得离谱。当时，巴德是美国西海岸著名的观测天文学家，而小斯皮策是东海岸知名的理论学家。两人的名气都比兹威基的高，他们的观点自然也赢得了更多人的关注。然而令人惊诧的是，斯皮策身为动力学研究领域的专家，竟然无视了引力相互作用和动力学摩擦对整个系统产生的重要影响。事实上，由于两个星系相对运动，引力势场不断变化，这让恒星的运动轨道发生明显的偏转，星系盘的外侧也被扯得稀烂。兹威基甚至猜测，交会的星系"可能彼此离得十分近，甚至迎头相撞，给两个星系造成相当大的破坏，更有甚者会让它们并合为一个整体"。[80]

在相当一段时间里，天文学家都没能认清此类星系背后的真相。他们在 20 世纪五六十年代提出了各种机制来解释这些星系的特殊行为，包括"新物理"、磁场、排斥力，甚至大星系把小星系整个踢出去，就是没想到引力潮汐。1963 年类星体的发现给天文学家带来灵感，让他们想到星系中心有可能发生灾难性的爆炸事件。剑桥大学的天文学家伯比奇夫妇与理论学家弗雷德·霍伊尔一道，把某些模糊的恒星流解释成一种"管状物"。就好像分娩时婴儿经产道离开母体，星系也是经这些"管道"从星系际介质中凝聚成形的。阿兰·桑德奇感觉受到了挑战。他利用海耳望远镜的光电观测和成像观测结果，表明这种认为星系刚形成没多久的观点根本站不住脚。[81] 他对推测认为的年轻星系进行观测，测量其星系核的颜色。他的测量结果明确指出，星系核里聚集着成群的年老恒星。他的测量和解释经受住了时间的考验。

巡天掘金

国家地理学会加入帕洛玛天文台的观测项目帕洛玛巡天（Palomar Observatory Sky Survey，POSS）后，事情开始出现转机。这次巡天从 1949 年开始至 1956 年结束，历时 8 年，用新建的 48 英寸施密特相机对着天空拍摄了 1758 张照片。POSS 的任务是对天空展开测绘，为海耳望远镜寻找有趣的观测目标。经过许多双眼睛（包括兹威基的）对照片的仔细查看，POSS 找到了一批新天体。"特殊星系"的数目从几十个跃升为几千个。

一些天文学家率先用 POSS 数据对独特星系展开系统搜寻，其中就有莫斯科的斯特恩伯格天文研究所的 Boris。他于 1959 年发表了《相互作用星系图集和目录》[82]，收录了 356 个独特星系的观测数据。这些星系或拖着尾巴，或有桥相连，或"置身于一团云雾中"，并（或）有卷曲的尘埃带。这个图集很快激起了帕洛玛天文台的观测者们的兴趣。

阿尔普尽管从 12 岁起就梦想成为一名哲学家，但在哈佛大学读书时他还是决定先去学习天文，以便"厘清事情的来龙去脉"。[83] 在他即将毕业之际，他的指导教授力劝他去加州理工学院读研究生，因为"那里新建了一台 200 英寸望远镜"。所以，1949 年秋，阿尔普以最优等成绩从哈佛大学毕业后，就成为了加州理工学院的首批天文学研究生。他想寻找一种核心不知何故非常明亮且能量强劲的星系，以此作为自己的博士论文研究课题。他的导师，巴德和闵可夫斯基，仔细看过他的研究计划后告诉他："别研究这个，它没有什么意义。你应该研究球状星团。"直到十年后，一次偶然的机会才让阿尔普再度捡起自己最初的研究兴趣。

到 20 世纪 60 年代初，阿尔普已经成为威尔逊山和帕洛玛天文台的职员。他说自己原本没打算去开拓一个天体物理学研究的新领域。但当时，加州理工学院的天文学家集体对类星体着了迷，私下里互传坐标数据，争夺 200 英寸望远镜的观测时间。后来竞争日趋激烈，天文学家们对内、对外都开始隐瞒坐标数据。阿尔普意识到获取类星体数据无望，便想到去观测另一种星系。这些星系不是著名的哈勃星系分类定义的那种外观对称的"正常"星系。阿尔普希望通过研究它们来增进对星系形成和演化的理解。

阿尔普的朋友兼同事桑德奇花了十多年的时间完成了《哈勃星系图册》[84]，以此向他的前导师哈勃（在图册出版前就去世了）致敬。哈勃曾想找到各类星系的原型，给它们拍照，希望从中找出它们的演化关系。《哈勃星系图册》选取的都是发育良好、形状和结构对称的星系，不符合条件的星系全都被归入"特殊"一组，附在图册的后面。由于这些星系"数目极其有限"，哈勃（还有桑德奇）推断，即使在这次初步巡天中忽略它们也没什么问题。[85]

阿尔普的原话是："我在 200 英寸望远镜的主焦观测室里待了好几年，为特殊星系拍摄限时曝光的高清照片。我一点也不觉得无聊，因为我会想着我的研究课题，让想象力天马行空，尽情发挥。不过我肩上的责任也重如泰山，因为想用望远镜的人那么多，观测时间格外宝贵。既然观测申请得到了批准，我认为，我就有责任去做重要的事、有价值的事。我在观测时总会随身带一个硬纸盒子，里面装着赤经 0～24 小时的天体位置坐标。所以不管天气如何、大气视宁度是否良好，我总能找到我认为重要的天体去观测。一想到随时把手伸进盒子里都能掏出需要观测的东西，我就满心欢喜。"（作者对阿尔普的私人采访，2009 年）

但是阿尔普却对这些不常见的星系产生了兴趣。它们身形扭曲，身边常伴有招展的明亮星流。哈勃根据形状把星系简单地分为椭圆星系和旋涡星系。前者"外形平整，没有明显的结构"，后者"身形扁平，被繁星密布的旋臂盘绕着"。阿尔普对这种传统线性分类方法提出质疑。在他看来，这些经典的星系类别似乎太过简化，忽视了星系的恒星形成、化学组成以及形态不规则等细节信息。

人们通常认为特殊星系虽然有趣但数目稀少，缺乏统计学意义。阿尔普对此奋起反击，争辩说多研究这种星系有助于我们深刻理解星系的运动学特征和物质构成。横在他面前的第一道障碍，就是时任威尔逊山和帕洛玛天文台台长的艾拉·鲍恩。鲍恩一开始并不赞同再另搞一个大型光学巡天计划，但最终还是被能说会道的阿尔普说服。

阿尔普对他说："如此宏伟的海耳望远镜可是您最杰出的工程成就，需要拍摄壮观的照片来彰显它的强大实力。"[86]

为了收集奇形怪状的星系，阿尔普梳理了新发表的星系目录，向同事借了文件柜里存放的底片，还检查了 POSS 的资料，然后便常驻帕洛玛山顶，开始用海耳望远镜，偶尔也用施密特相机，系统地给它们逐个拍照。他期待着在望远镜的目镜中看到它们明亮的身影，却常常只能看到一团暗淡模糊的光斑。他大胆地让底片持续曝光几个小时，也不知道这样能收集到多少光。只有等他在暗室里把照相底片冲洗出来，才能知道自己拍到了什么。他打开暗室的灯箱，看到底片上突然显现出了各种奇妙的细节，比如细丝、桥及其他外部结构。

阿尔普用肉眼比较了每个星系的形态特征，然后凭经验把它们归入不同的群组。例如，有明亮喷流的划为一组，有同心环、圈、尾、桥、有长丝相连或者旋臂末端有伙伴的都各成一组。阿尔普以其不同寻常的分辨能力，描绘出这些星系的特征，以及不同群组之间的差异。他想弄清楚星系的内部物理机制，包括潜在的物理过程。他希望自己收集的这些外形扭曲、身边有奇怪的丝状连接物的星系，最终能让人们更好地理解宇宙万物的运行规律。阿尔普认为，研究特殊星系或许能帮天文学家分析出星系的真实本性。这个观点在科学家，尤其是年轻的天文学家中间引起了广泛的共鸣。

另类星系图集

相互作用星系的高质量照片不是任何人都可以随意查看的，这是被获准使用大望远镜观测的少数天文学家才享有的特权。所以阿尔普决定慷慨地将自己收集的照片公布出来，与全世界的人分享。他在 1966 年出版了一本《特殊星系图集》[87]，每页放6 张照片，一共展示了 338 张高清照片，并全部用光面纸印刷。这本图集堪称星系怪咖的盛会，引起了大家的强烈兴趣，世界各地的天文学家纷纷索取复印件。它让特殊星系在大家眼中显得越发重要，值得花力气去研究一番。

天文学界正经历着一场革新旧观念的十年大发现：1963 年发现类星体，1965 年探测到宇宙背景辐射，以及 1967 年的脉冲星。许多天文学家毫无困难地接受了这些令人脑洞大开的新发现。兹威基和阿尔普各自独立检查了 POSS 的照相底片，从中精

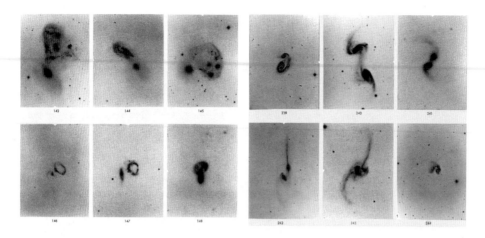

这是阿尔普出版的《特殊星系图集》的第 25 页（上 6 图）和第 41 页（下 6 图），展示了他依据形态给星系分类的天赋。"有些星系看起来与众不同，但若仔细检查的话，每个星系都有其特殊性。"他写道。用引力相互作用去解释星系形态的成因，为我们今天理解星系演化打下了基础。每张图片边缘上的凹痕指向北方。

资料来源：H. Arp, *Atlas of Peculiar Galaxies* (Pasadena: California Institute of Technology, 1966), with kind permission of Dr. Arp.

挑细选出一群奇形怪状的星系。兹威基凭直觉认为，无论是被撕碎的星系，还是姿态优美的涡状星系，都是星系碰撞和引力潮汐的杰作。阿尔普的看法与兹威基相左，他仍然相信不同寻常的引力作用和非常规的物理过程才是幕后推手。他认为，形成星系桥和星系尾的"所谓经典碰撞"要求满足"理想的条件"，而这些条件极难实现。[88]于是，他调用磁场、内部爆炸、热等离子体气体，以及从星系核喷涌而出的物质流等过程，把星系拆毁，在它周围布下星流。这倒与一帮俄罗斯天体物理学家的想法不谋而合。阿尔普还接受了另类观点，认为类星体可能就是本地星系的抛出物。他在偏离主流观点的道路上走得太远，许多同行都不再相信他了。

1969 年，天文学家开始彻底改变对相互作用星系的看法。物理学大家阿拉尔·图姆尔（Alar Toomre）趁着休假，从麻省理工学院来加州理工学院访问。他是科班出身的数学家，也是星系盘动力学研究领域的世界级专家之一。他期待与彼得·戈德赖希（Peter Goldreich）、马尔腾·施密特、阿兰·桑德奇，还有唐纳德·林登-贝尔（从剑桥大学来加州理工学院访问的天体物理学家）进行学术讨论。他把这些人视作"南加州天文圈的英雄"。[89]尽管如此，让世人认识到特殊星系身上那耐人寻味的复杂性，打开通向相互作用星系研究领域大门的，却是兹威基和阿尔普。

> "很多人来到这儿，尽情欣赏这些星系的照片和图姆尔兄弟的模拟结果，看它们如何相撞，看引力怎么把它们搅合得一团乱。"但我对图姆尔兄弟的工作却没有热情地予以回应。当被问到如果一切重来他是否还会这么做，阿尔普大笑着回答："当然，当然，但我想他们不会再让我这么做了！"（作者对阿尔普的私人采访，2009 年）

据图姆尔说，遇见阿尔普是他这次休假中最意想不到的收获。阿尔普体格健壮，散发着迷人的魅力，自带一种类似克拉克·盖博⊖的气质。这两位性格截然相反的科学家很快就结成了网球搭档，常常为谁的发球技术更好而争个不休。图姆尔早就听说兹威基拣选了一批古怪的天体，阿尔普的"滑稽星系"图集更是激起了他的兴趣。在加州理工学院的天体物理学图书馆，阿尔普把《特殊星系图集》里的图片堆放在长长的橡木书桌上，向图姆尔发起挑战，让他挨个解释星系形态的成因。在来加州理工学院访问前，图姆尔原本认为桑德奇的《哈勃星系图集》是"仅次于切片面包的最好发明"⊖，但是现在他却开始欣赏起阿尔普的《特殊星系图集》，觉得它与前者一样让人过目难忘。这本图集将会对他的科学观念产生较大影响。[90]

基于以前的理论研究，图姆尔十分清楚，当一个星系从另一个星系身旁擦过时，会引发怎样惊人的激烈潮汐。对这些他称之为"疯癫形态"的形成过程，他了然于心。[91]不过，是否就连外形优雅的涡状星系也如兹威基在 1953 年提出的那样，是星系近距离飞掠的产物？作为世界知名的盘星系动力学专家，图姆尔有足够的能力和经验对此展开研究。他与自己的弟弟、空间研究所（纽约）的天体物理流体动力学专家朱里·图姆尔（Juri Toomre）组队攻关，还被获准使用当时世界上最快的计算机。

⊖ Clark Gable，美国电影男演员。——译者注
⊖ 美国习语，用来形容省事、省力的好发明。——译者注

阿尔普不得不用肉眼从众多图像中筛选外形受损的星系作为研究样本，而图姆尔兄弟选择构建星系模型，用计算机进行模拟实验。他们的星系模型在尽可能贴近真实的前提下被刻意简化：恒星、尘埃和气体都用测试粒子代替，于是星系就被描绘成一个中心质点，外面环绕着一个由无质量测试粒子构成的盘。[92] 在碰撞模拟实验中，两个模型星系沿抛物线轨道互相靠近，感受到对方的引力拉扯。通过盘中测试粒子的运动，追踪两个星系的联合引力场随时间如何变化，怎样影响恒星的轨道运动，因而改变两个相互作用星系的形态。计算机根据计算结果一步步移动粒子，生成两个星系的"快照"，展示潮汐结构在星系交会过程中和之后的运动学演化。图姆尔兄弟改变如星系的质量比值、轨道参数、自旋，还有碰撞次数和观察方向等模拟参数，前前后后进行了数百次碰撞模拟。在此过程中，朱里负责模拟结果的可视化，阿拉尔负责编写计算机程序。两人有时通过特快专递发信，有时搭乘灰狗巴士⊖，来来回回地跨州交流，互通消息。

他们没有模拟那种虚构的、一般的星系碰撞，因为当时已经有好几个竞争对手在做这样的事了，而是以高超巧妙的技能重建了阿尔普《特殊星系图集》展示的那些相互作用星系的真实形态。这个策略使他们的模拟实验在科学界赢得了相当大的信誉。由于星系间的潮汐作用只是转瞬即逝的、单纯的运动学现象，即使形状最奇怪、扭曲得最厉害的星系也无需磁场、气体压强或者"全新的物理过程"来帮忙维持稳定。当然，在天体物理学领域，"转瞬即逝"也只是相对而言。在现实中，星系相互作用造成的破坏可以持续几亿年甚至十亿年之久。

涡状星系和它的伙伴

图姆尔兄弟并不是第一个吃螃蟹的。以今天的标准看，他们的相互作用星系模型也过于简化。然而，他们的模拟实验展现出的扭曲星系的魅力，给人留下深刻印象。他们的模拟显示，星系间缓慢展开的近身碰撞威力最大，仅靠引力单独行动，就足以在星系盘的外侧拉拽出带状的潮汐桥和潮汐尾，或者发展出对称的旋臂。

以涡状星系梅西叶 51（M51）为例（兹威基为它画过草图，后来它被收录进阿尔普的《特殊星系图集》，编号 85）。这对相互作用星系的形态十分复杂：伴星系明显被模糊的星流环绕着，主星系则新发展出了旋涡结构。要复原它们的形貌和观测到的相

⊖ 美国跨城市的长途汽车客运服务。——译者注

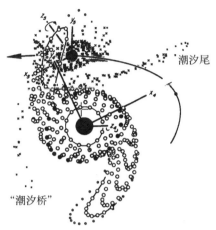

潮汐尾

"潮汐桥"

涡状星系和它的伙伴是大个头盘星系与质量比自己小 4 倍的星系近身交会的实例。从它们身上我们可以看到，由这场持续 1 亿年的碰撞激起的引力潮汐，对星系的形态造成了什么样的影响。

资料来源：Left: Figure 21b from A. Toomre and J. Toomre, "Galactic Bridges and Tails," *Astrophysical Journal* 178 (1972): 623-666. Reproduced by permission of Alar and Juri Toomre. Right: Copyright Jon Christensen.

对运动速度可不容易。图姆尔的模拟实验表明，如果碰撞发生在两个质量不同的星系身上，就能产生牢固的又窄又致密的潮汐桥。[93] 图姆尔兄弟在为 M51 建模时选择了 4:1 的质量比，让两个星系盘沿逆时针方向旋转，然后让它们各自沿着抛物线轨道靠近对方。

在这个碰撞模型里，两个星系头一次接近对方就激起了强烈的引力潮汐，把物质从星系盘相对的一侧抛了出去。之后，随着两个星系开始贯穿彼此，恒星和气体被从盘中扯了出来，形成长长的潮汐尾和细丝，向外延伸到离盘很远的地方。等两个星系开始分离，从靠近对方的那一侧涌起物质潮，然后演化成窄窄的潮汐桥，把两个星系连接起来。在远离彼此的那一侧涌起的潮汐翻卷成一条漂亮的反向旋臂，在逐渐拉长的过程中变得越来越稀薄。因碰撞而流离失所的恒星，要么被伴星系捕获，要么又掉落回原来的"家"。[94] 最近为涡状星系拍摄的彩图证实了模型预测出的种种结构，如各种星流、近乎对称的强壮旋臂，以及向着伴星系延伸出去的潮汐桥。

天线星系（NGC 4038/4039）

天线星系（有时也叫阿尔普244）是已知距离我们最近的并合星系之一。大约2亿年前，两个星系擦身而过，因为离得太近，引发了强大的潮汐。如今，一对潮汐尾形如细丝，好像昆虫的触须；潮汐桥则因为太短小，几乎看不见。根据图姆尔的模拟实验，相比于大星系和小星系之间的碰撞，如果碰撞发生在质量相近的星系之间，会产生更多壮观的潮汐尾。这种实力不相上下的星系碰撞产生的破坏力也很大，会让两个星系的运动轨道迅速衰减，最后并合到一起。天线星系的潮汐力显然比涡状星系的潮汐力强大得多，后者的模拟实验采用的星系质量比是1:4。

图姆尔兄弟在复原天线星系相互交叉的潮汐尾时遇到了困难。他们遍寻合适的模型参数而不得，直到朱里想出一个聪明的主意：在碰撞发生时改从轨道的上方去看。这让他们从另一个方向查看模拟的效果，全新的景象浮现出来，而且更贴近这对星系真实的几何形状。

肇事逃逸

不搞理论研究的人很难想象潮汐引力的破坏力有多么极端。人们非常熟悉的海潮对此提供不了什么有用的信息。星系间的潮汐作用往往比海潮猛烈多了，这是因为：（1）星系虽然体型庞大，却能彼此靠得非常近，比地球和月球靠得还近；（2）潮汐力的强度与物体间距离的立方成反比。举个例子，如果月球跑到距离地球更近的地方，比如，二者的间距缩小10倍，那么在纽约城一天两次的涨潮中，5英尺高的海浪就会涨到近1英里⊖高。既然如此，为什么星系涌起的物质潮总像抽出的长丝一般？一个原因是旋涡星系在自转，另一个原因是强大的潮汐力在较短的时间里生拉硬拽。星系的密近交会可能只持续几千万年，在此过程中会引起猛烈的潮汐。然而在碰撞过后，随着星系日渐分离，潮汐拉扯出的恒星和气体不断膨胀，形成明亮的细丝，即使在碰撞过去后很久依然可以看到。

⊖　1英里=1609.344米。

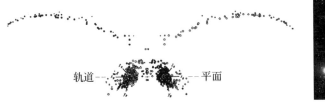

轨道 - - - - - - 平面

如果质量相近的两个星系擦身而过会发生什么？左图是计算机的模拟结果。从空间中某个方向看过去（如图所示），潮汐尾彼此交叉，与从地球上看到的天线星系十分类似。右图是地面望远镜为天线星系拍摄的照片。

资料来源：Left: Figure 23 from A. Toomre and J. Toomre, " Galactic Bridges and Tails," *Astro-physical Journal* 178 (1972): 623-666. Reproduced by permission of Alar Toomre and Juri Toomre. Right: Courtesy François Schweizer.

　　模型显示，当两个星系挨得最近的时候，彼此靠近的那侧引起的潮汐会把一方盘中的物质拉向另一方的星系盘。与此同时，两个中心质点都感受到一股把自己拉向对方的强大力量，它似乎要与盘远侧的物质分离，后者则被拉扯成长长的反向旋臂或者潮汐尾。对相互作用星系的相对速度差和旋转方向的最新测量结果证实了模型的预测。

幽灵幻影般的环状星系

　　阿尔普在《特殊星系图集》中还塞进了一个标着"带环星系"的星系类别，里面只有三名成员。多年以来，天文学家一直想知道，如此古怪且引力不稳定的环状结构究竟是如何形成甚至演化的。但他们始终不得其解，直到 1974 年哥伦比亚大学的研究生约翰·泰斯（John Theys）找到了第一个线索。泰斯注意到离得最近的那些伴星系看上去"明显喜欢"沿着环的短轴分布。[95]

　　阿尔普用 200 英寸望远镜为一个名叫 II Herzog 4 的环状星系拍摄了大比例尺照片，提供了另一条线索——在明显的环状结构旁边可以看到某种特征的痕迹。基特峰国家天文台（Kitt Peak National Observatory）的罗杰·林德斯（Roger Lynds）重拍的照片证实，那是与第一个环相连的第二个环，而且第二个环还有一个不太明亮

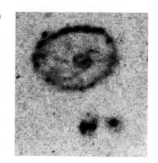

环状星系（上图是计算机的模拟结果，右图是兹威基拍摄的照片）

资料来源：Above: Figure 5 from R. Lynds and A. Toomre, "On the Interpretation of Ring Galaxies: The Binary Ring System Ⅱ Hz 4," *Astrophysical Journal* 209 (1976): 382-388, © AAS. Reproduced with permission. Right: From F. Zwicky, "Contributions to Applied Mechanics and Related Subjects," in *Theodore von Kármán Anniversary* (Pasadena: California Institute of Technology, 1941). Courtesy of the Archives, California Institute of Technology.

的核心。在阿拉尔·图姆尔看来，这是两个盘星系两度迎头相撞的"确凿证据"。他在回忆自己的碰撞模拟实验（见下图）时说："这么做似乎十分疯狂，一个盘星系正好沿着另一个盘星系的自转轴撞了上去。"[96] 令人惊讶的是，只有迎头相撞才会把星系的核球置于环的中心。如果撞过来的星系没有对准中心，核球就会被猛扯到一侧，留下一个中心空空如也的环。

　　虽然同为引力相互作用的受害者，环状星系和被潮汐破坏的星系还是稍有不同。阿拉尔·图姆尔用一个简单的模型——兹威基的"独特星云"（现在叫车轮星系）——做了说明。当一个致密的物体击穿一个粒子盘，施加在粒子身上的引力会迅速增大。当两个盘彼此分离，盘中的引力又会恢复如初。由此引起的反弹改变了盘中粒子的运动轨道，促使它们沿径向聚集，形成强烈的环状密度波。波在盘中由内向外传播，如同小石子丢进水塘激起一圈水波，由此形成的星系形态与兹威基在 1941 年发表的星系图像十分吻合。[97]

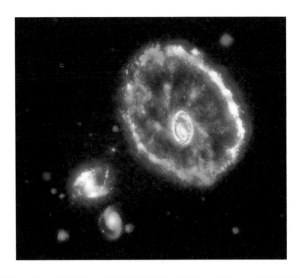

　　车轮星系离我们大约 5 亿光年远。虽然靠外的那个环看上去不大，视直径还不及月球视直径的10%，但实际却有 15 万光年长，足以装下整个银河系了。大约 2 亿年前，两个小星系中的一个（左下角）可能迎头撞向了一个较大的旋涡星系。碰撞产生的密度波在盘中沿着径向一路向外传，激起了沿途遇到的气体和尘埃，并把它们清扫一空。（Toomre，"Interacting Systems,"in Large Scale Structures in the Universe［Dordrecht: Springer, 1978］）激波催生出数以百万计的大质量年轻恒星。后者发出的强烈辐射反过来点亮并电离了周围的气体，照亮了形如一弯新月的激波。由于恒星随着年龄增长会改变颜色，在不少环状星系身上都可见到明显的颜色梯度变化。最年老（最红）的恒星位于星系的中心区域，最年轻（最蓝）的处于密度波的波峰。在某种意义上，恒星的一步步演化就写在环状星系的脸上。点缀在外环上的明亮蓝色斑点是几百个恒星形成区，年龄全都不超过 2000 万年。在星系中心和外环之间还有暗淡的旋臂或称"辐条"，可能是车轮星系原来的旧旋臂留下的遗迹。这幅彩图是用 X 射线（紫）、可见光（绿）、紫外（蓝）和红外（红）四个波段的照片合成出来的。

　　资料来源：NASA/JPLCaltech/P. N. Appleton (SSC/Caltech).

打造新范式

　　1972 年，图姆尔兄弟发表了题为《星系桥与潮汐尾》[一]的里程碑式的论文，介绍他们的模拟实验结果。他们的模拟不仅为星系相互作用提供了简单的理论解释，也开启了一个更宏大的研究课题——碰撞在星系演化中的重要作用。当时，没有几个天文学家会想到，暗物质才是这些庞大的恒星系统背后真正的主使。

───────────

　　⊖ Galactic Bridges and Tails.

虽然一般最受关注的是单独成对的相互作用星系，但引力相互作用并不仅限于此。星系还喜欢聚集成三联体、小团体，甚至拥有几千名成员的大星系团。在有限的空间里，星系越多，它们发生相互作用的机会也就随之增大。这就引出了一些有意思的问题：多次碰撞对星系演化到底有多大的影响？能否通过"法医鉴定"确认星系在碰撞前的基本情况，构建出星系会聚的完整理论？

在大星系团中，星系以每秒几千千米的速度互相驱赶。虽然如此快速的运动能使它们避免并合到一起，但碰撞能够把星际气体扫除得干干净净，并造成相当程度的潮汐扭曲。相比之下，置身于小群体的星系相对速度比较低，更容易发生强烈的相互作用和并合，生出星系桥和潮汐尾。

兹威基、Boris、阿尔普等人在 20 世纪 70 年代中期编制的星表和图集，提供了丰富的相互作用星系实例以供研究。然而当加州理工学院的研究生保罗·希克森（Paul Hickson）开始对孤立的小星系群展开研究（他的博士论文题目）时，却发现无法用这些数据进行统计分析。这些星系样本是依据可见的相互作用迹象挑选出来的，可能存在某种未知的选择性偏差。这样一来，推测出的星系性质反映的主要是选择标准而非真实情况。作为补救措施，希克森又收集了一批新样本。他制定了严格的选择规则，手持放大镜对 POSS 的所有红色底片展开系统的搜寻。希克森最终筛选出 100个"致密星系群"，每个群一般有 4 ～ 6 个星系，并在 1982 年把这些星系编成目录发表出来。[98] 这些星系群的成员带有大量的潮汐扭曲迹象，说明它们之间确实实存在物理关联，绝非偶然重合。

希克森的致密星系群引起了约书亚·巴恩斯（Joshua Barnes）的注意。当时巴恩斯正在普林斯顿高等研究所从事理论天体物理研究。在他看来，若以这些星系为跳板去研究星系的演化，大有成功的希望。在图姆尔兄弟展开模拟实验的年代，星系模型还很简化，不过是一个简单的质点，再加上一个由彼此没有相互作用的测试粒子构成的盘。自那以后，这个领域已经发生了天翻地覆的变化。1973 年理论学家开始推行这样的观点：无论是独居的盘星系、成对的星系，还是星系群，都需要体量巨大的暗物质晕来为它们的长久稳定保驾护航。因此，尽管兹威基早在 20 世纪 30 年代就已提出了暗物质概念，尽管仙女座星系等几个旋涡星系里的恒星和气体的旋转运动支持暗物质晕的存在，但不知何故，它始终不被人接受，直到理论模型提出非它不可。到了20 世纪 80 年代中期，天文学界已经形成这样的共识——暗物质在宇宙中无处不在。它们远比发光的物质要多得多，操控着星系的一举一动。

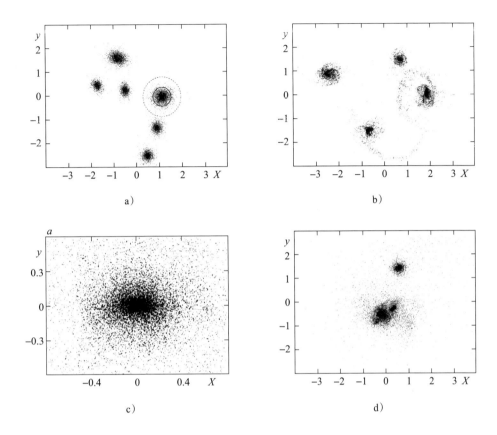

a)
b)
c)
d)

　　巴恩斯在 1988 年发表了成对星系的并合模拟之后，转而以希克森的致密星系群为蓝本，构建了由六个盘星系抱团形成的一个松散星系群的演化模型。在模型中，每个星系都被一团暗物质晕包裹着。在左上图中，实线圆圈和虚线圆圈勾画出的区域分别囊括了 50% 和 90% 的暗物质。六个模拟星系每个都有核球、盘和暗物质晕，其中暗物质比发光物质多四倍，使用的模拟粒子超过 6.5 万个。图 a、b 和 c 展示了星系群的动力学演化过程：成对的星系接连并合。在碰撞遗迹中可以看到由此产生的潮汐尾。图 d 描绘了并合的最终产物——一个巨大的"恒星堆"。从光学轮廓和动力学特征看，它与椭圆星系十分相似。

　　资料来源: Figures 1a, 1b, 1d, and 3 in J. E. Barnes, "Evolution of Compact Groups and the Formation of Elliptical Galaxies," *Nature* 338 (1989): 123-126. Reproduced by permission of J. E. Barnes.

虽然我们凭肉眼和望远镜无法直接看到暗物质，却能利用我们掌握的物理知识，还有计算机、软件方面的重大创新来探测它。巴恩斯的相互作用星系模拟头一次把星系置于大质量暗物质晕中。除此之外，他的三维星系模型还包括了核球和星系盘。巴恩斯对有暗物质晕参与和没有暗物质晕的模拟结果进行比较，发现前者明显更贴近实际观测。既然星系模型需要暗物质的帮助，才能产生实际看到的长长的潮汐尾，那么真实的星系很可能也是如此。巴恩斯于 1989 年发表了他的研究结果，[99] 还敦促其他人也去观测和研究希克森的致密星系群。

暗物质的出现最初曾让一些学者感到震惊，这其中就有阿拉尔·图姆尔。他们认为在星系模型中引入暗物质会让一切变得更加复杂，惹人心烦。后来才发现这是因祸得福。暗物质一举解决了星系模型的好几个矛盾之处。这些问题曾让这个简单模型倍受折磨。例如，巴恩斯的模拟显示，当两个相互作用星系靠得足够近，与星系内部的物质运动引起共鸣时，暗物质晕贡献的这部分额外的质量会增大星系的相对运动速度，激起更多的潮汐尾，与我们实际看到的情形相似。暗物质晕还是星系相撞事故中最有效的刹车器，它能吸收星系的轨道能量，让它们走向并合。

巴恩斯为希克森的星系群建立的模型抓住了维拉·鲁宾（Vera Rubin）的眼球，她是在华盛顿特区卡内基研究所地磁系工作的著名天文学家。身为四个孩子的母亲，鲁宾一直立志从事天文学研究。为了避免自己的研究方式或者方法遭到别人的质疑，她选择的研究课题都游走在流行的边缘。[100] 所以，当别人似乎都在窥探星系内部的时候，她却对星系的外围下了一番功夫。1964 年，她的研究事业刚开始蓬勃发展。在一次国际会议上，桑德奇走到她身边，建议她去申请帕洛玛望远镜的观测时间。于是，她在 1965 年递交了 200 英寸望远镜的观测申请。没想到台长一口回绝，回复说："由于资源有限，我们不接受女性的观测申请。"矗立在帕洛玛山顶的天文台只有一栋宿舍楼，大家戏称为"修道院"。由于住在里面的都是男子，这个称号也算是名副其实。

20 年后，鲁宾根据星系的旋转曲线的形状，确认星系确实置身于暗物质晕中。这项研究让她出了名，最后她终于被获准使用海耳望远镜观测了。她和两名同事带着 20 个希克森致密星系群的位置坐标，一同登上了帕洛玛山顶。由于星系群太暗，鲁宾的团队前前后后花了近 7 年时间观测，才获得了约 50 个星系群成员的图像和光谱。对这批数据的详细分析结果，在很大程度上证实了巴恩斯的一些预测：身处星系群中的星系因为频繁发生潮汐相互作用，无法长久地保持独立。它们最终会全部并合成一个更大的恒星系统，这个系统与普通的椭圆星系多少有些类似。兹威基提出并第一个看见的卷须状物质结构，最后都会被抹得一干二净。

如今，星系碰撞和并合已被公认为是星系演化的重要推动力，但还有不少问题有待回答。比如，这些事件与孤立的旋涡星系里更低调的恒星形成活动有何关联？与其他动力学过程相比，如星系的气体和尘埃在星系落入星系团时被剥走，又会如何？最后一个问题，星系碰撞是否随时间变化？有些大质量星系似乎在很早以前就已会聚成形了。当时的宇宙可比现在拥挤多了，星系间的碰撞和并合也更加频繁。为了探测这些星系的演化过程，天文观测者必须向更高的红移推进。时至今日，天文学家仍在努力解答这些问题，但他们也意识到星系演化极有可能是多过程参与、联合发力的结果。

银河系演化的早期观点后来变成什么样了？银河系是一个比较紧密的星系群体——本星系群的成员。天文学家现在认识到，随着时间流逝，银河系肯定吸积过好几个伴星系了。如果真如所料，那么再过几十亿年，银河系将与它最大的邻居——仙女座星系撞到一起。它们俩最终会合并成一个类似椭圆星系的巨大"恒星堆"。NGC 7252 是一个星系并合遗迹，绰号叫"原子能和平用途"（Atoms for Peace）。它距离我们有 2.2 亿光年远。两条长长的潮汐尾一直延伸到 50 万光年远（投影）。大约 7 亿年前，两个大旋涡星系相撞形成了这样一个恒星堆积物。星系会聚暂时算是大功告成——直到有更远的星系邻居跑过来与它并合。

资料来源：ESO.

尽管这些问题至今仍没有答案，但星系间的引力相互作用与并合已经成为星系会聚和演化的新范式。而这一切都始于兹威基，他似乎能见人之所未见，最先发现明亮的细丝和恒星流，并推断出它们的成因和发展过程。若非天文学家在过去几十年再度发现眼见并不为实——宇宙中遍地都有暗物质，图姆尔兄弟的模拟实验最终也不会让大家认识到星系相互作用的重要性。虽说工欲善其事必先利其器，但也正是兹威基、阿尔普等人努力寻求新见解，锲而不舍地质疑样本偏差，才推动了星系会聚、形态转变和演化的理论发展。

百丽耐热玻璃的碎片

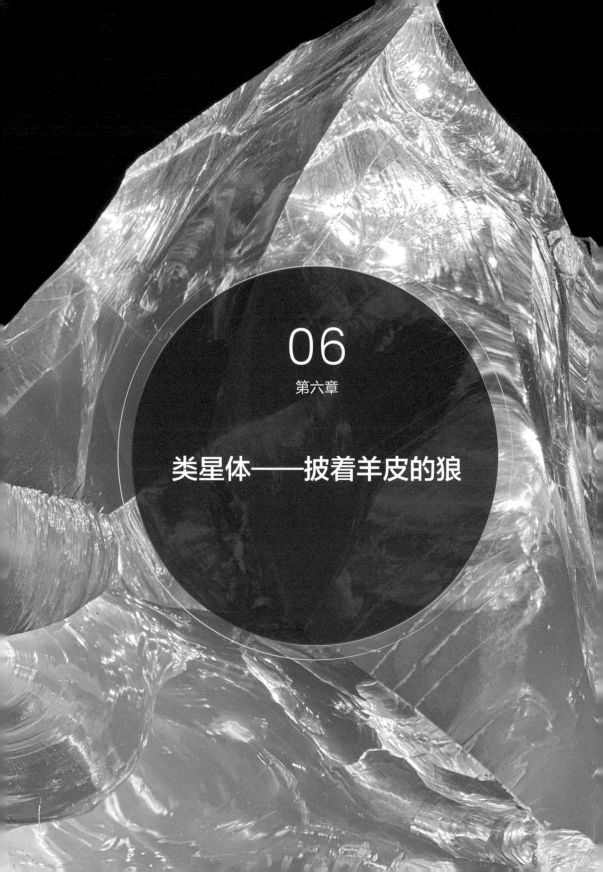

06

第六章

类星体——披着羊皮的狼

从这个陷入混乱的星系马卡良 231 中心发出一道蓝光，这是类星体的标志。类星体是中心极其明亮的遥远星系。为它提供能量的是超大质量黑洞。类星体周围的明亮物质可能是两个相撞星系，几乎就要并合为一体。猛烈的恒星形成暴，掀翻物质的强劲疾风，还有中心黑洞疯狂吞食落入口中的气体。这一切制造了我们看到的那些结和弧状结构。类星体的炫目光芒让天文学家能够探测到更深处的宇宙，解释其巨大能量的来源时又引入了超大质量黑洞这个现代天文概念。

资料来源：NASA, ESA, the Hubble Heritage Team (STScI/AURA)-ESA/Hubble Collaboration, and A. Evans (University of Virginia, Charlottesville/NRAO/Stony Brook University).

切都始于银河系发出"嘶嘶声"。1932 年，贝尔电话实验室的射电工程师卡尔·詹斯基（Karl Jansky）接到一项任务。当时跨大西洋无线电通信总是受到某种静电干扰，詹斯基要追查这个恼人噪声的源头。结果他惊讶地发现，在太阳系外、人马座方向（银心）有一个强烈的射电源。詹斯基全然不知这个发现将会"一石激起千层浪"，很快便去执行其他任务了。他发表论文介绍自己的发现，却没有继续跟进。

从本地的嘶嘶声到远方的咆哮

幸运的是，一位十分顽强的年轻射电工程师对詹斯基的发现着了迷。1937 年，26 岁的格罗特·雷伯（Grote Reber）急切地想要弄清楚这个射电源背后的基本物理过程。他专门为此设计建造了一架直径 50 英尺的射电抛物面天线。在第二次世界大战结束之前，雷伯是世界上惟一的射电天文学家。他探测到太阳、银盘、银心、两个超新星遗迹，还有最重要的天鹅座射电源发出的非热辐射。1944 年，他把自己的发现和射电波段的天图发表在《天体物理学报》上。这些结果将会改变天体物理学的发展进程。无论是预见到 200 英寸望远镜的海耳，还是预测用这台望远镜能带来什么发现的天文学家，全都没想到颠覆传统的变革性发现即将出现。

新生的射电天文学研究一开始进展缓慢。第二次世界大战结束以后，在英国的剑桥、曼彻斯特和澳大利亚的悉尼，巨大的射电天线如雨后春笋般纷纷出现。射电天文学家用这些天线巡视天空，发现了一团团射电发射源。他们认为这些源不过是银河系里性质奇特的恒星。然而，若找不到它们的光学对应体，天文学家就无法证认出它们是什么，也弄不清楚它们的性质。所以，发展迅速的射电天文学给刚刚完工的 200 英寸望远镜和 48 英寸大视场施密特相机提出了第一个意想不到的挑战。天文学家巴德和闵可夫斯基向来以观测技术精湛而名声在外。射电天文学家请他们为射电源拍摄深度曝光的照片和光谱，这是寻找光学对应体所不可或缺的。剑桥、曼彻斯特和悉尼的三队人马激烈竞争，每一方都要求巴德和闵可夫斯基答应为他们保密，才敢偷偷地把自己的射电源坐标表发给他们。

搜寻射电源就像在黑灯瞎火中敲键盘。望远镜的口径与观测波长的比值，决定了它的分辨能力是高还是低。例如，200 英寸望远镜在光学波段的角分辨率按理说是 0.01 角秒，但在实际观测中，由于大气视宁度的限制和快门的影响，角分辨率只能达到 1 角秒。与之相比，当时的射电望远镜的分辨率真是糟糕透了。虽然射电望远镜的盘面直径只比 200 英寸望远镜的口径大几倍，但射电波长比光学波长大了几千甚至几百万倍。因此，射电源的位置误差一般能达到 0.5 度，和月球的视直径差不多大。

在为射电源寻找光学对应体的过程中，巴德和闵可夫斯基有时候不得不在挤满了数千颗恒星和暗淡星系的天区中奋力挣扎。这就好比大海捞针，成功率都一样低。到了 1950 年，67 个已经登记在册的射电源，只有 7 个暂时得到了光学证认，得到确切证实的则连一个都没有。射电天文学家随后又多次展开射电巡天——每次都采用更先进的技术，并把结果公之于众，其中有不少次巡天是由剑桥大学的射电团队完成的。三个射电团队各自采用独创的技术，最后都提高了自己的观测精度。他们为数百个射电源编制目录，把它们的位置坐标列入《第 3 剑桥射电源表（修订版）》[*Third Cambridge Catalogwe（Revised）*，简称 3CR]发表出来。[101] 这个表很快就成了射电源位置坐标的标准参考。

起初，光学天文学家对宇宙中的射电源并不怎么关心，有些源多年以来无人问津。直到从天鹅座里一个极小的区域发出能量强劲的射电辐射，这才最终引起了天文学界的注意。当时没人知道这个源离我们有多远，也没人知道它到底是什么……

雷伯最先发现的天鹅座 A 与大多数其他射电源都不同。虽然它是天空中第二明亮的射电源，但天文学家想明确找到其光学对应体的所有努力最后均告失败。为了提高

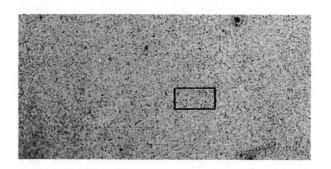

在这片拥挤不堪的天区里，前景布满了银河系的点点繁星和发光气体，背景中还有为数不少的暗淡星系，天鹅座里最明亮的射电源——天鹅座 A 的光学对应体就隐身其中。这几千个天体，哪一个才是天文学家寻找的对象？在这张 48 英寸施密特相机拍摄的底片上，巴德画出一个 18×10 角分的矩形区域。相互激烈竞争的三个射电团队各自偷偷发给他的射电源位置坐标，就在这个范围内。他随后发现，天鹅座 A 位于一个富星系团里，正好与星系团里最亮的那个星系成员的位置重合。

资料来源：Figure 10 from W. Baade and R. Minkowski, "Identification of the Radio Sources in Cassiopeia, Cygnus A, and Puppis A, " *Astrophysical Journal* 119 (1954): 206. © AAS. Reproduced with permission.

射电望远镜的分辨率，剑桥大学的格雷厄姆·史密斯（Graham Smith）在 1951 年把两台射电望远镜连接到一起，终于把天鹅座 A 的位置坐标限制在一个小误差框内。[102] 巴德一收到这个新坐标，立刻动用 48 英寸施密特相机对着那块天区拍照。由于天鹅座 A 离银盘很近，在它的位置误差框里挤满了恒星和星系。在深度曝光的照片里，巴德终于在天鹅座 A 的所在位置挑拣出一个 17 星等的暗淡光斑。这个射电辐射是一个遥远富星系团里最亮的一个星系发出来的。

下一步就是在 200 英寸望远镜的主焦点上拍摄大比例尺照片。巴德堪称天文观测和摄影大师，能够感知什么样的天气条件有利于减缓望远镜镜面的温度变化，然后充分利用这些机会进行时间最长、难度最高的观测。如此一来，他总能拍出极其清晰锐利的长时间曝光图像，为此备受赞誉。在这张大比例尺照片中，模糊的光斑似乎被一小条空

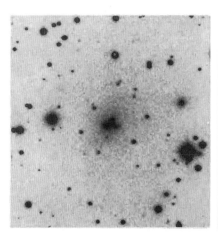 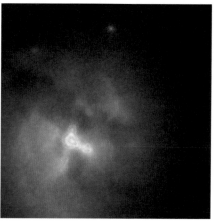

左图：在这张 1952 年拍摄的照片里，这个似乎由两部分构成的暗淡的模糊光斑就是射电源天鹅座 A 的光学对应体。天文学家认为这是两个星系正在相撞。黑暗的条纹是尘埃带。别看天鹅座 A 在光学照片中显得十分暗淡，它在射电波段可是全天第二明亮的源。右图：天鹅座 A 的现代光学照片显示，它的中心区域一片混乱。现在认为，以前被看作是星系的两个部分，实际上是一个双锥形的明亮发射区，揭示了在天鹅座 A 中心的厚厚尘埃中隐藏着一个类星体。2003 年加州大学河滨分校的天文学家加比·卡纳利佐（Gaby Canalizo）发现天鹅座 A 有一个星系伙伴，在这个伴星系的内部都是年老的恒星，天鹅座 A 可能正处于两个星系并合的晚期。

资料来源：Left: Figure 11b from W. Baade and R. Minkowski, "Identification of the Radio Sources in Cassiopeia, Cygnus A, and Puppis A," *Astrophysical Journal* 119 (1954): 206. © AAS. Reproduced with permission. Right: Keck NIRC2 from G. Canalizo et al., "Adaptive Optics Imaging and Spectroscopy of Cygnus A. I. Evidence for a Minor Merger," *Astrophysical Journal* 597 (2003): 823–831. © AAS. Reproduced with permission.

缺一分为二，外面还有一圈椭圆形的光笼罩着，这个天体似乎很难归类。

在闵可夫斯基为天鹅座 A 拍摄的光谱里，可以看到处于高激发态的气体发出的多条宽谱线。通过测量这些谱线，闵可夫斯基得到了一个"非常大"的红移——近乎 1.7 万千米 / 秒。由当时的红移—距离关系推断，天鹅座 A 距离地球约 1 亿光年远（目前的距离估值是 8 亿光年）。这意味着天鹅座 A 成为当时观测到的最遥远的星系之一。闵可夫斯基对自己拍摄的光谱了如指掌，一生致力于用单目显微镜解读光谱。由于长期使用一只眼睛工作，他的双眼协调能力退化得十分厉害，必须进行特殊的矫正练习。

在天鹅座 A 的这个例子中，他凭经验判断宽谱线（气体的快速随机运动导致的）和一分为二的图像是星系相撞的标志。两个星系原本带着几十亿颗恒星"各自独立生活"，后来十分罕见地撞到了一起。二者都是旋涡星系，但形状极度扭曲。既然天鹅座 A 如此遥远还能被我们看见，那么不管其中发生了什么，必定能够产生巨大的能

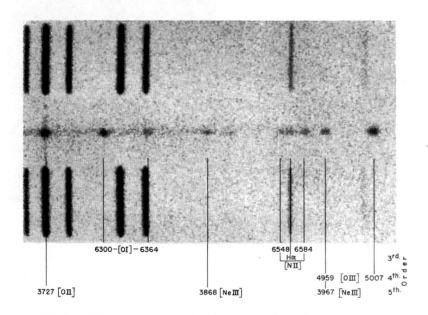

在这张富有颗粒质感的照片中，横在中间的那一长串块状物就是天鹅座 A 的光谱。星系的连续谱勉强可见，明亮的团块是叠加在勉强可见的星系连续谱上的宽发射线。位于上下两侧的竖直谱线是实验室谱线。在天鹅座 A 光谱中出现了一次电离和二次电离的氧、氮和氖原子发射的"禁线"，表明在天鹅座 A 中有处于高激发态的稀薄气体。这个光谱是由闵可夫斯基在 1953 年用 200 英寸望远镜拍摄到的。

资料来源：Figure 12 from W. Baade and R. Minkowski, "Identification of the Radio Sources in Cassiopeia, Cygnus A, and Puppis A," *Astrophysical Journal* 119 (1954): 206. © AAS. Reproduced with permission.

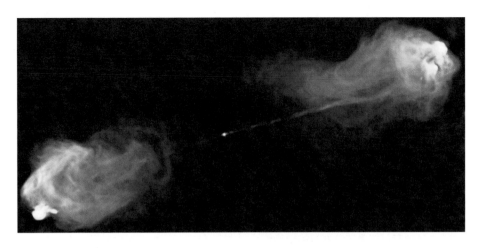

　　在这张现代射电图像中，天鹅座 A 的两个射电瓣非常明亮，但在光学波段它们却隐于无形。天文学家如今知道，在这个备受干扰的星系中心，窝藏着一个超大质量黑洞。辐射流和粒子流从黑洞中喷涌而出，膨胀形成射电瓣。在喷流的末端，电子和质子撞击周围的气体形成明亮的"热斑"。

　　资料来源：NRAO/AUI.

量——比整个银河系的射电能量还大 100 万倍。

　　没过多久，射电天文学家便发现大部分射电辐射并不是从光学对应体中发出来的，而是出自两团巨大的等离子体。这两个射电瓣各从星系的一侧冒出，延伸到大约 20 万光年远。巴德和闵可夫斯基认为，要维持如此巨大的射电瓣需要储备惊人的能量，这样的能量源的体量令人极其兴奋。

　　巴德和闵可夫斯基把他们的突破性研究结果整理成两篇论文发表出来。在这两篇现在堪称经典的文章中，他们对射电源目前的状态展开调查。他们还提醒说，更进一步的确认有赖于射电天文学家能否把位置误差范围控制在远低于 1 度的水平。[103] 有些射电天文学家之前曾经怀疑射电源是附近的耀星⊖。可是天鹅座 A 的光学对应体被明确地证认为是一个遥远星系，推翻了先前的猜测。突然之间，把遥远的射电星系当作工具去探索宇宙的几何性质的大门被推开了。

　　"伙计，巴德能让 200 英寸望远镜熬夜工作到求饶！"（作者对 T. A. 马

修斯的私人采访，2013 年）

　　⊖　一种变星，在短时间内亮度突然增大，而后又逐渐恢复正常。——译者注

巴德和闵可夫斯基凭借不可思议的预感，想到这些明亮射电源最具威力之处就在于即使远在天边也依然能被探测到。以天鹅座 A 为例，它在射电波段到底明亮到什么程度呢？即使把它放到比实际距离还远 10 倍的地方，当时的射电望远镜依然能够看到它。然而它在光学波段却完全是另一副模样，变得暗淡至极。就算只把它放到 2 倍远处，想要辨认它的身影也是难上加难，更别提为它拍光谱了。显然，射电望远镜能够轻而易举地探测到更大范围的宇宙，这一点即使是当时帕洛玛山上的巨大望远镜也望尘莫及。不过，要想在这片广阔的新领域里深入开拓，更多努力和技术创新都是必不可少的。

1954 年，巴德和闵可夫斯基随口提到，"也许机会渺茫，但通过观测月球掩食（射电）源就有可能确定这些源的精确位置"[104]。结果他们再一次预言了未来。不到十年，这样一次掩食观测就把天文学界一下子推到了远超出所有人想象的新领域。

随着射电望远镜的潜在价值逐渐显现，杰西·格林斯坦决定让加州理工学院也拥有一个属于自己的射电天文台。澳大利亚的一个研究团队的带头人、著名的英国"射电物理学家"约翰·博尔顿（John Bolton）被请来帮忙建造。1955 年 1 月，博尔顿到达加州，开始四处寻找没有射电干扰的地方，作为建立永久性射电天文台的台址。他在帕洛玛山上临时架起一座 32 英尺长的射电天线，站在 200 英尺望远镜的圆顶里就能看到它。然后，天文学家和电子器件专家设计出一台射电干涉仪（把两个独立的天线连接在一起）。他们要求这台仪器的角分辨率和灵敏度必须达到能够分辨剑桥射电源表中的射电源的水平。1959 年，加利福尼亚州的欧文斯山谷里竖起了两架 90 英尺可转抛物面天线，这两架天线大大提高了射电源的位置测量精度。

当时，由于背景天光的干扰，想要测量遥远星系光谱里的吸收线实属不易。即使 200 英寸望远镜拥有强大的聚光能力，最远也只能让天文学家测量到红移 0.2（对应的退行速度是 6 万千米 / 秒）的星系。天文学家从观测天鹅座 A 中得到的经验是：射电源凭借其强烈的发射线，成为夜空背景中格外醒目的天体，为识别遥远星系提供了一条前景无限的新路径。3C 295 就是这样的一个射电源。1959 年博尔顿证认出它是一个射电源，然后把坐标发给闵可夫斯基。3C 295 的个头比天鹅座 A 小了 10 倍，这表明它可能是一个与后者类似但非常遥远的星系。闵可夫斯基退休前最后一次在 200 英寸望远镜的主焦上观测时，在射电源的所在位置发现约有 60 个非常暗淡的星系挤作一团。他为星系团里最明亮的那个星系成员拍摄了光谱。令他高兴的是——也让同事们为他举杯祝贺，光谱里有许多氧的禁线。他根据这些明亮的谱线计算出星系的红移是 0.46。假设距离与红移成正比，那么这个新发现的星系就比天鹅座 A 还远 8 倍。这个距离纪录保持了 15 年之久。我们如今知道，我们现在从地球上接收到的天鹅座 A 的光，其实是它在大约 7 亿年前发出来的，而 3C 295 的光则早在 46 亿年前就已经向着地球出发了。

射电星？

1953 年，刚毕业同时也刚结婚的哈佛博士托马斯·A. 马修斯（Thomas A. Matthews）来到了橙花香气弥漫的帕萨迪纳，准备在威尔逊山和帕洛玛天文台开展自己梦寐以求的博士后研究工作。等他到达位于圣芭芭拉街的天文台总部，把随身物品放到分配给他的办公室之后，正赶上天文台为哈勃举行追悼会（前不久哈勃因心肌梗死而去世）。[105] 马修斯兼有可见光天文和射电天文学习背景，自称是杂交培育品种。这种"左右开弓"的能力让他迅速发动了一场天体物理学变革。

他在博尔顿领导的射电天文组工作了两年以后，便与英国和澳大利亚的射电研究团队建立了合作关系，后者定期为他提供射电源的位置坐标。在仔细检查了天鹅座 A 的特征后，马修斯断定那些强烈的微小射电源很可能是非常遥远的星系。亨利·帕尔默（Henry Palmer）"非常重视 3CR 表"[106]，他给能干的马修斯一张清单，上面列出了 30 个无法分辨的射电源。帕尔默团队把三架便携抛物柱面天线移动到一系列基线位置上，好与英国乔德雷尔班克射电天文台（Jodrell Bank Observatory）的 250 英尺射电天线进行干涉。马修斯用欧文斯山谷的干涉仪完善了这些源的位置坐标，然后就开始全力以赴地为它们挨个寻找光学对应体。没过多久，他便催促帕洛玛的天文学家也来加入这场迷人的探索。一方面原因是，这些使人困惑的源发出的射电辐射能量高得令人难以置信。作为一级近似，这部分能量相当于被加热到 1000 万 K 的物体发出的热辐射——那里显然正在发生着某些不同寻常的事。

1959 年，马修斯的合作呼吁引来了阿兰·桑德奇的回应，他开始把 200 英寸望远镜对准马修斯列出的射电源。截至当时，已经有几个射电源被证认为银河系里的超新星遗迹和河外星系。因此，头三个射电源的奇特模样引起了桑德奇的注意。桑德奇直接在照相底片上围绕这些源画出一个 10 角秒宽的误差框。从照片上看，每个源都是一个类似恒星的光点，直径还不到 1 角秒。其中一个源，编号 3C 48，看起来就像是一颗被"斑点状条纹"环绕着的 16 星等的暗淡恒星。这些条纹非常暗，只有从几近侧向的角度去看照片才能看到。

这些源看似射电星，但它们真是吗？桑德奇看到自己为 3C 48 拍摄的光谱，认识到这是一个匪夷所思的发现。恒星发出的辐射通常是黑体辐射，因此，其连续谱的形状取决于恒星自身的温度，而且恒星的连续谱通常还夹杂着吸收谱线。然而 3C 48 的光谱却只显现出几条宽发射线，桑德奇识别不出那是什么谱线，这个天体的光谱特征让人摸不着头脑。

桑德奇对这些射电源非常感兴趣，又用安装在 200 英寸望远镜上的光电光度计测量了它们的亮度和颜色。他发现，与普通的主序恒星相比，这些源在紫外波段格外明亮。更令人费解的是，3C 48 的亮度每晚都在剧烈变化。桑德奇是出了名的观测狂，他的观测结果毋庸置疑：这个反常的亮度变化似乎确有其事。桑德奇推断，体型庞大如星系的东西是不可能让自身的性质变化得这么快、这么剧烈的。

所以，他一结束观测就跑下山，两眼放光地宣布 3C 48 肯定是一颗恒星。然而，他的困惑并没有就此消失。整整三年，他捂着数据不公布，等着哪一天自己茅塞顿开，打破这个僵局。

> "人人都兴奋不已，因为以前从未想到过的事，现在正以飞快的速度突然冒出来。类星体就是例子！每当有人从山上下来，大家就会兴奋好一阵。人人都关注的焦点是：'这些至今身份不明的射电源到底是何方神圣？'"（作者对桑德奇的私人采访，2007 ~ 2010 年）

能量危机

年轻聪明的天文学家马尔腾·施密特生于荷兰，一直对银河系动力学和恒星形成感兴趣。1960 年，鲁道夫·闵可夫斯基退休，施密特十分巧合地接手射电源的证认工作。当时，威尔逊山和帕洛玛天文台的台长艾拉·鲍恩把闵可夫斯基的一帮同事全都找来，问有没有人愿意轮流着把闵可夫斯基留下的工作继续做下去，因为这项工作"似乎十分重要"。闵可夫斯基毕竟是才华卓越的光谱学家，曾与巴德共同研究天鹅座A。所以，施密特心甘情愿全盘接下了闵可夫斯基的观测计划。

带有巨大射电瓣的邻近射电星系那不寻常的能量来源，让越来越多的人心生疑窦。不断积累的证据表明，有能量高达 10^{60} 尔格的高能粒子，还有磁场参与其中。这份能量大致相当于像银河系这样的大星系（光度为每秒 10^{43} 尔格）从宇宙诞生到现今发出的能量总和。施密特认为这份巨大的能量储存在"云"里，或者别的什么东西里面，他猜不透能量从何而来。

除了现有计划，施密特还开始用 200 英寸望远镜为射电源拍摄光谱。马修斯为施密特提供射电源的位置坐标，这些数据有些是他用欧文斯山谷的射电望远镜观测到的，有些是他从 POSS 的资料中寻来的，有些是他在检查桑德奇应他要求拍摄的照片时测量出来的，还有一些是英国和澳大利亚的射电团队提供的。他发现，误差框里的源有时候会再度变成像恒星一样的光点。这些天体中有三个（包括 3C 48）都已被天文学家研究过了，它们的光谱和恒星光谱没有半分相似。它们之中有一个带有暗淡的条纹，另一个有强烈的发射线，而第三个连一条发射线也没有。光谱特征如此贫乏，这促使施密特不得不在《天体物理学报》上发表了一篇他现在称之为"投诉信"的论文，报告说射电源缺少可证认的光谱特征。[107] 但他全然不知，头等大奖——编号 3C 273 的射电源（并不在马修斯的优先观测目标名单上）——已经近在眼前了。

如前所述，20 世纪 60 年代初，许多离散的射电源的坐标误差常常只有 10 角分——满月视直径的 1/3。为它们寻找光学对应体有时候几无可能，尤其是在繁星点点、暗星系遍布的拥挤天区。这时，一件非常值得注意的事发生了：月球连续三次遮掩 3C 273（天空中第七明亮的射电源）。这为澳大利亚的天文学家提供了一个极难得的机会，去完善他们用 210 英尺帕克斯射电望远镜测量的 3C 273 的位置坐标。由于月球边缘在任一时刻的准确位置是可以预知的，所以只要知道被月球遮掩的射电源消失和再出现的准确时间，就能推算出源的具体位置、大小和结构。

射电观测数据表明，3C 273 的结构十分复杂，由相隔 20 角秒的 A 和 B 两部分构成。澳大利亚的射电天文学家西里尔·哈泽德（Cyril Hazard）把新坐标发给马修斯，请他在帕洛玛天文台对它展开光学追踪观测。马修斯又把数据发给了施密特。马修斯还请桑德奇用 200 英寸望远镜为 3C 273 所在的天区拍一张照片。从照片上看，3C 273 表现出两个光学特征：第一个特征是一个类似喷流的丝状物，它似乎是从一个蓝色的大体发出来的，末端正好与 A 部分重合，这个天体很像是一颗 13 星等的恒星；第二个特征是"恒星"自己与 B 部分位置一致。[108]

在第二次世界大战期间，荷兰的格罗宁根市为了免遭盟军空袭而实行灯火管制。有无数个夜晚，还是小男孩的施密特就在自家阁楼上用望远镜观看月亮如何遮掩星星。20 年后，在 1962 年 12 月，施密特已是一位经验老到的光谱学家。他带着哈泽德通过掩食观测测出新的 3C 273 坐标，走进 200 英寸望远镜的主焦观测室。观测室里被

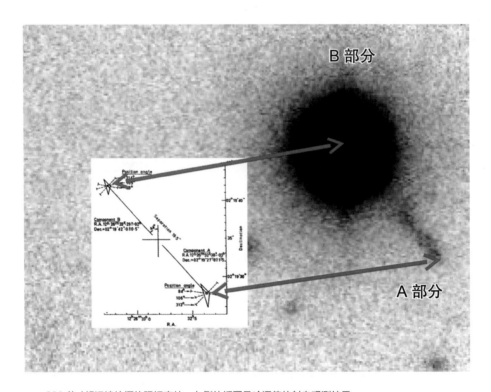

200 英寸望远镜拍摄的照相底片。左侧的插图是哈泽德的射电观测结果。

资料来源：https://www.cambridge.org/core/journals/publications-of-the-astronomical-society-of-australia/article/sequence-of-events-that-led-to-the-1963-publications-in-nature-of-3c-273-the-first-quasar-and-the-first-extragalactic-radio-jet/F6346CE5AB08C825BA5D-F7AD1D7FB7C7.

虽然 3C 273 看起来很像一颗恒星，但它却是探索遥远宇宙的关键所在。这是哈勃空间望远镜对准 3C 273 的中心拍摄的照片。从照片中可以明显看出，有一股物质喷流似乎正从"恒星"中涌出。

资料来源：ESA/Hubble and NASA.

各种仪器用具塞得满满当当，这里面有一台分光仪、一把金属椅、夜宵饭盒、热水瓶、一团团电缆线、与观测助手联络用的电话、一个装着未曝光的照相底片的避光盒子，还有最重要的保暖装备——一套电加热式空军飞行服。身处其间的施密特一定觉得自己就像一名空军试飞员，把身体塞进小小的驾驶舱，如同托马斯·沃尔夫（Thomas Wolfe，20 世纪 30 年代的美国著名现代派小说家）在《真材实料》（*The Right Stuff*）里说的那样："你无法坐进去，只能像穿衣服一样钻进去。"[109]

身材高大的马丁·施密特蜷缩在主焦观测室拥挤狭窄的小空间里，觉得自己与宇宙有了直接接触。观测室位于镜筒的顶部，几乎碰到圆顶的最高

海耳望远镜的素描［拉塞尔·W. 波特（Russell W. Porter）绘］。

处。镜筒的底部是 200 英寸的反射镜。在观测时施密特仰望星空，尤其是在观测室这样位置独特的地方，这让他强烈地感受到某种神秘感。他弯腰驼背，蜷坐在一把又小又硬的金属椅上，一坐就是好几个小时，全身都冻透了。在大部分时间里，施密特都要盯着目镜中的十字线，随时调整望远镜的指向，让它对准观测目标。偶尔，他也会向上扭头凝视天空，一方面是为了判断天气状况，一方面也是从连续几小时为望远镜导向中解脱出来，休息一下。在施密特看来，在主焦观测室里工作是一种美妙甚至浪漫的体验。在离地面那么高的地方，只有他自己，冰冷宇宙冒出的寒气直吹他的脖颈。

施密特认为恒星不可能是射电源。所以，他立即断定那颗 13 星等的蓝色天体不是碰巧出现的前景恒星。他决定先给它拍张光谱，"只是为了不再把它列入考虑范围之内"。在为夜间观测做准备的过程中，他发现射电源附近的条纹暗得要命，除非挡住旁边恒星的散射光，否则很难看到它。

施密特主张要把这世界上最大的望远镜的探测能力发挥至极限，让它去观测非常暗的天体。夜间观测的工作内容通常是为一个明亮的天体拍 2 个小时的光谱，再花 8～10 个小时为一个暗天体拍光谱。在午夜时分，施密特会停止曝光，乘电梯下到观测平台。观测助手则接手继续观测大约 40 分钟，让施密特缓口气，休息一下。从

1969 年起，施密特就再没有在主焦观测室里观测过了，这让他十分怀念以前在那里度过的时光。

施密特习惯了观测暗几十倍的星系，所以在拍摄蓝色"恒星"的光谱时误判了曝光时长，导致十分严重的过度曝光。尽管如此，他仍然看到光谱在紫外波段突然截断。会不会是谱线比正常情况下的还要锐利？若是如此，那意味着什么？因为对光谱还没有充分理解，他等了两个晚上，又重新拍了一遍。第二次拍摄的曝光时间更短，曝光量也就更小，揭示出在偏蓝色的连续谱上还叠加着五条宽发射线。这些谱线的波长没有一个与恒星光谱中常见的那些发射线的波长相同，于是，施密特请同事 J. 贝弗利·奥克在波长更长的波段观测这个天体。奥克正好马上要用威尔逊山上的 100 英寸望远镜观测，他的光电扫描仪可以记录波长 3300 埃～ 8400 埃的近红外光子，在这个波段，照相底片毫无用武之地。

奥克的光电扫描不仅确认了施密特拍下的蓝色连续谱和发射线，还在 7590 埃（近红外波长）发现了另一条强发射线。光谱的形状比较平坦，与黑体谱毫无相似之处，也不同于普通恒星的光谱。奥克称"光学连续谱至少有一部分源自同步辐射"，这是当时已知能产生这种能量谱的惟一物理过程。[110] 加利福尼亚州的两大望远镜经过数小时的观测，在施密特拍摄的偏蓝色光学连续谱上发现了五条发射线，在奥克扫描的近红外波段又发现了一条谱线，总计六条具有历史意义的发射线。

这就是截至 1963 年 2 月时的现状。澳大利亚的射电天文学家决定把 3C 273 的掩食观测结果发表在《自然》杂志上，力劝施密特与他们联名发表，尽管后者还没搞清楚这颗看似恒星的天体产生的发射线到底是什么。[111] 迫于撰写论文的压力，施密特又把光谱重新检查了一遍。他一开始查看，就发觉自己发现的三条谱线，加上奥克发现的那条谱线，表现出一种变化趋势：从红色光到蓝色光，谱线靠得越来越近，也变得越来越暗。

这引起了施密特的研究兴趣。他用圆形滑尺计算谱线波长的比值，谁知却在其中一步计算中不经意间出了错，没有获得什么有价值的发现。他又选择了第二条路，把它们的波长与离它们最近的氢巴耳末线系的波长做比较，看看谱线排布是否具有明显的规律性——毕竟氢是宇宙中第一丰富的元素。奥克的谱线（7590 埃）与实验室里最偏红的巴耳末线 Hα（6562.8 埃）的波长之比是 1.158，而他自己的三条谱线与下一组巴耳末线的波长比也是 1.158。施密特这时才意识到，他看到的发射线

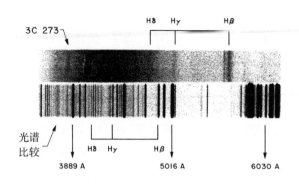

这是一个 13 星等的蓝色类恒星天体的光学光谱。它后来被证实为一个类星体，编号 3C 273。与灯光谱（下方窄条）中静止光源产生的氢谱线比较可知，类星体光谱（上方窄条）中较宽的氢发射线（负片中的黑色竖线）向红光方向移动。谱线变宽是气体在高速运动的结果。1962 年 12 月 29 日，马丁·施密特用 200 英寸望远镜的主焦分光仪在半英寸长的玻璃底片上拍下了这条光谱。

资料来源：Photograph courtesy of Maarten Schmidt.

其实是高度红移了的氢发射线。现在是庆祝一番的时候了，这下，一切都真相大白了。最简单的解释显然就是"蓝色恒星"正在以飞快的速度（达到光速的 16%）远离地球。

施密特被自己的这个发现惊得目瞪口呆，这还不仅仅是因为他测出了如此大的红移，毕竟闵可夫斯基不久前刚刚宣布，射电源 3C 295 的红移达到光速的 46%，人人都认为这是宇宙膨胀的结果。真正让施密特感到震惊的是，闵可夫斯基所指的天体非常暗，只有 20 ～ 21 星等，而且显而易见是一个星系。但是，3C 273 的光学对应体是一个 13 星等的蓝色天体，比前者明亮近 1000 倍，而且看上去像一颗恒星。如果它的红移真是宇宙膨胀造成的，那就意味着它正以 4.7 万千米／秒的速度远离地球，这个速度比恒星在银河系引力场中的逃逸速度大 100 倍。这还意味着，即使远在 20 多亿光年外，3C 273 发出的光依然能够照射到施密特的光学底片上，让它感光成像。这颗"蓝色恒星"比普通星系明亮 100 倍！

这让施密特有点动摇。他把同事杰西·格林斯坦找来检测自己的想法。格林斯坦刚提交了一篇论文，讨论射电源 3C 48 的光学对应体。格林斯坦取来一份波长测量结果的复印件，两位天文学家经过计算发现，3C 48 与地球相距 35 亿光年，而且正以光速的 37%[112] 离我们远去。格林斯坦立即撤回自己的论文，因为他在文中错误地否定了 3C 48 光学光谱的高红移解释。

就在那天下午，施密特、格林斯坦，还有后加入进来和他们一起大声热烈讨论的贝弗利·奥克，在施密特办公室的黑板前，花了好几个小时遍寻摆脱高红移解释的出路。他们反复尝试用其他可行的离子谱线去解释 3C 273 的谱线，但都没有成功。他们琢磨着这个红移有没有可能是天体自身的引力导致的，而非宇宙膨胀造成的，但施密特用光谱数据进行论证，表明可以把引力红移排除在外。

三位天文学家翻遍了所有的天体物理学知识和理论，思考如何解释在光谱中看到的平坦的连续谱，推测出的一直延伸到紫外波段的同步辐射，计算出的磁场强度，还有桑德奇记录的 3C 48 的快速光变。观测推断的极高的气体密度和巨大的能量需求，都是天体物理学需要解决的新问题。但是，3C 48 和 3C 273 的光学对应体肯定都有极高的红移，这个结论稳如泰山。宇宙学假设最终胜出。到了 1963 年，在海耳望远镜完工后仅仅 14 年，它就达到甚至超出了人们对它探测遥远宇宙的潜力的最乐观预期。

痛苦与狂喜

随着向《自然》杂志投稿的最后期限（1963 年 3 月 16 日）的临近，大家决定由施密特来宣布 3C 273 的红移测量结果，奥克公布在 3C 273 的近红外光谱里发现的谱线，格林斯坦和马修斯则撰文论述 3C 48。桑德奇曾和马修斯一起发现了 3C 48，也在早些时候和格林斯坦分享过他的观测数据——3C 48 的照相底片、光电测光结果及光谱，还与施密特分享了 3C 273 的照相底片，没想到现在却被他们排除在外了。格林斯坦是天文学系的系主任，可能会找借口说自己做出这个决定是想让加州理工学院的天文系和这个变革性的声明一起名扬四方，而不想和其他研究所或者天文学家分享荣誉。[113]

施密特给论文起的标题是《3C 273：高红移的类恒星天体》⊖。这个题目直截了当，简洁有力，透露出作者对光谱数据的高度自信。为了减轻激进结论的冲击力，施密特在文中这样写道："高红移的成因是宇宙学的，这似乎是最直接、异议最少的解释。"他坦承自己在投稿后的那一周非常紧张，夜夜辗转难眠。他想了一遍又一遍，问自己有没有做没有根据的假设或者犯下"愚蠢"的错误。他是不是给自己挖了一个

⊖ *3C 273: A Star-like Object with Large Red-shift.*

坑？果真如此，人们会认为他"发了疯，不适合再待在帕洛玛山上了，更不会相信那个 13 星等的恒星离我们有 20 亿光年远，而且还在以光速的 16% 飞快地离地球而去！"[114]但他也无须多虑：数据很有说服力。等到他不那么担心的时候，与生俱来的探索精神又让施密特想到，在更高的红移处肯定还有神奇的东西等着人们去发现。一念及此，他又精神振奋起来。[115]

桑德奇是在向《天体物理学报》提交了自己与马修斯合写的论文《3C 48、3C 196 和 3C 286 的类恒星光学对应体》[116]以后，才听到了施密特取得突破性发现的消息。他并不想置身事外，也想和施密特等人联名发表那些得之不易的测光和光谱数据。他坚持认为 3C 48 可能是银河系内离我们不远的射电星，于是和马修斯在论文中又加上了几段话，讨论——但不接受——这个新证据。他们写道，如果施密特测量的红移是正确的，那么 3C 48 的能量需求"就会大到令人不安"，超过了已知所有星系的能量需求；更何况，3C 48 的亮度还在变化。辐射发射区的范围不能超过光变过程中光传播的距离，否则光度变化就会因为互相重叠而被抹掉。

没过多久，一切就变得越发令人不适了。从 19 世纪末开始的定期巡天拍摄的底片都储存在哈佛天文台。天文学家对这些底片进行检查后发现，3C 273 的亮度也在变化——光变周期短至 1 个月。[117]这个发现令人震惊却也似曾相识：这个源的直径只有一个光月，还不及典型星系直径（10 万光年）的百万分之一。由于光的传播遵循距离平方反比定律，科学家据此可以计算出 3C 273 的辐射总量。虽然从地球上看 3C 273 比较暗淡，但它却是宇宙中最强劲的辐射源之一：它持续发出的辐射，相当于 100 个星系发出的辐射总和。什么样的天体会如此紧凑却又呈气态，还比我们的太阳明亮几万亿倍呢？

起初，施密特对这个天体红移的前卫解释并没有引起太多关注。天文学界需要时间来消化这个激进声明产生的离奇后果。1965 年 4 月，一切都改变了。施密特在《天体物理学报》发表了一篇题为《五个类恒星天体的高红移数据》的论文，报告说发现了另一个射电源，红移是 2.01。[118]这下，不仅天文学家，就连公众也对这个事实惊愕不已：200 英寸望远镜接收到的光子竟然来自年龄只有当前年龄的四分之一时的宇宙，远在地球形成之前。忽然之间，大众媒体涌现出各种故事，讲述这些遥远的天体如何撼动了天文、物理和哲学范式。报纸以整版篇幅介绍这个高红移纪录，向读者解释为什么观测遥远的天体就意味着探索更早期的宇宙。《时代》周刊开始对施密特展开一连串的采访、拍照和深夜电话访问，直到他一幅沉思模样的照片出现在 1966 年 3 月 11 日那期杂志封面上。杂志里有一篇题为《山上的人》的文章，让施密特因为自己的开拓性工作而出了名。从那时起，这些天体开始被称为类星体（Quasars）。[119]

宇宙的新物质成分

射电源的位置坐标依然不够准确，这让天文学家无法在繁星密布的天空里找到它们的光学对应体，桑德奇对此感到无比沮丧。在颜色单一的照相底片上，类星体——除了几个带有条纹的——看起来和恒星一模一样。桑德奇才刚发现头几个类星体都异常偏蓝，便想出了搜寻它们的新招数。他把 200 英寸望远镜逐一指向射电源表里的源，然后对一张底片曝光两次。第一次让光透过一个蓝色的滤光片后照到底片上，然后稍稍移动一下底片，再让光通过一个紫外滤光片照进来。这项技术能让颜色最蓝的类星体因为具有较高的紫外光—蓝光比值而凸显出来。桑德奇惊奇地发现，用这种办法看到的天体比原先预期的多出好几倍。但令他困惑不解的是，这些天体大多数和射电源表中的射电源位置坐标不符：它们看起来像类星体，但在射电搜寻中却没有被发现。他确信自己发现了一种全新的天体——看上去像蓝色的恒星，却没有强烈的射电辐射，数目还比类星体多。桑德奇详细记录了自己的观测结果并火速写成论文，赶在 1965 年 5 月 15 日向《天体物理学报》投递出去。从论文的致谢部分可以看出他当时是多么忙乱："我很高兴在此向……Helen Czaplicki 顶着巨大压力用打字机录入（这里 typing 误拼为 tying）文稿表示感谢。"杂志编辑则跳过了必不可少的同行评议环节，立即就把桑德奇的论文发表出来。[120]

这篇论文最初让大家兴奋不已，但随着他的主张逐步渗透进天文学界的各研究领域，桑德奇得到了惨痛的教训：他忘记说明在银河系内还有其他众所周知的、同样呈蓝色的明亮天体。的确，后续的光谱观测揭示，在桑德奇的样本中有不少是附近的白矮星和蓝离散星。尽管样本受到附近天体的污染，桑德奇的基本发现还是守住了自己的阵地：并不是所有已得到证实的类星体都会发出强烈的射电辐射。事实上，射电宁静的类星体比大家熟知的强射电类星体多 10 倍。桑德奇把这种新天体称为"类恒星天体"（Quasi-Stellar Objects，QSO）。类星体最初是因为发出强烈的射电辐射才被挑选出来加以研究的，没想到它们也只不过是冰山一角。桑德奇采用不同的滤光片给天体拍照的技术，大大加快了新类星体的证认工作。有了这项技术，天文学家就可以大批量地直接搜寻类恒星天体，不必再依赖并不十分可靠的射电源位置坐标去挨个寻找了。天文学家将会发现，射电宁静的类星体远不如射电源明亮。他们后来才弄明白其中的缘由。虽然桑德奇不知道这些点源（point source）到底离我们有多远、本身有多亮、个头又有多大，但他确确实实发现了一类数目众多的新天体。

这些新发现的天体并不是恒星，尽管在照相底片上它们看起来很像点源。在 1964 年发表的一篇论文里，马尔腾·施密特和托马斯·马修斯使用了"类恒星射电源"这个稍显笨拙的描述性术语。然后，桑德奇发现了与之相似却没有强烈射电辐射的天体，并给它们起名叫"类恒星天体"。这让天体物理学家邱宏义感到十分恼怒，他在 1964 年发表在《今日物理》的一篇综述文章中自创了一个新词"类星体"（Quasar），让所有人都如释重负。然而，古板的《天体物理学报》过了好些年才接受了这个新术语。如今，人们往往把原本分属两类的天体混为一谈（本书也是如此），它们要么被冠以一般的绰号"类星体"，要么用首字母缩写"QSO"来指代。

科学家为类星体拍照近一个世纪之久，看到它们形如点源——与银河系里的蓝色恒星类似，却一直识别不出其为何物，这真让人有点羞愧难当。现在，天文学家能够在更宽的波段范围接收天体的辐射。从紫外波段到射电波段，他们看到了截然不同的景象，也获得了提示：宇宙中可能有比恒星中心的核反应熔炉还要强劲的能量源。施密特承认：这"就像我们看见了一个几乎全新的宇宙，我们以前压根不知道它的存在。"[121]闻所未闻的天体一个个地全都蹦了出来。

桑德奇最感兴趣的是恒星演化和宇宙学，对射电源和类星体进行证认和测光一开始只是他的"副业"。然而把哈勃图拓展到越来越遥远的星系身上占用了他大量的工作时间。他很快便想到射电星系能助他一臂之力，让他画出遥远星系的红移一星等图。他希望从图中解读出宇宙空间的曲率。于是，他继续测量光电星等和颜色，只是不仅

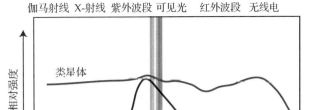

伽马射线 X-射线 紫外波段 可见光 红外波段 无线电

类星体

黑体

相对强度

波长 (Å)

类星体光谱的形状与恒星光谱的不同。从射电波段到远紫外波段，类星体都是明亮的辐射源，然而恒星的亮度却存在峰值。恒星的表面温度决定了它的辐射能量峰值出现在哪个波长。类星体的辐射能量分布却与温度无关，所以科学家认为类星体是"非热"辐射源。恒星大多是从蓝光到可见光以及红外波段的主宰者，类星体则是天空中最明亮的低能量射电源，也是高能量的 X 射线、伽马射线源。这种差异让天文学家能够通过多波段巡天来搜寻类星体。

资料来源：Courtesy R. Schweizer.

针对类星体，也对普通射电星系展开测量，直到把《第 3 剑桥射电源表》里的射电源几乎全都证认了一遍，也没忘测量它们的红移和光度。

模糊、虚弱的就是类星体

对射电源展开光学证认的初步尝试引出了类星体的概念。这个变革性的概念在天文学界呼啸而过，惹得媒体大肆宣传报道。到了 20 世纪 60 年代末，天文学家仍没有搞清楚类星体和星系到底是什么关系。虽然有些类星体看起来像恒星，但还有许多类星体被模糊的东西和条纹环绕着。只是这些结构太暗，天文学家想测量而不得遂愿。追索类星体的本质十分重要，原因有二：如果类星体是遥远星系，那么类星体的高红移就是宇宙膨胀的结果；有助于天文学家理解类星体及其宿主星系的物理性质和动力学关系。

类星体的高红移一经曝光，天文学家首要讨论的就是它们到底是什么。打那开始它们的距离问题就一直悬而未决。有些顽固分子相信，类星体离我们不远，它们可能就是银河系内的天体，否则如何解释它们拥有如此巨大的能量。天文学家发现，在一些可以看得十分清楚的邻近星系里，星系核的亮度在变化。虽然这个发现削弱了类星体是本地天体的可信度，但在 20 世纪 70 年代初，加州理工学院的天文学家吉姆·冈恩拿出了更确凿也更直接的证据。他在给一个类恒星天体定位时发现，它似乎位于一个小星系团内。他用 200 英寸望远镜为它拍了光谱，证实它确实是一个类星体——因为类星体的颜色和光谱特征在它身上都可看到。他还发现它的红移与星系团里最亮的那个星系的红移完全相同。[122] 另外，概率论证也让他相信，这一切不是巧合。因此，在这个星系团里"至少有一个真正的类星体"，所以它的红移（距离）具有宇宙学意义。

第二个更直接的证据来自卡内基研究所的天文学家杰罗姆·克里斯蒂安（Jerome Kristian）。他在 1973 年发表论文，报告了自己通过细致严谨的观测获得的研究成果。他注意到，若以光谱、颜色还有光变性质作为判断依据，类星体似乎是邻近的 N 星系⊖和赛弗特星系⊖的星系核极端版。他决定检测一下这种相似性，看看"星系核里是否也有类星体"。桑德奇已经对星系的视直径随距离变化的关系进行了校正。[123] 于是，克里斯蒂安对 200 英寸望远镜的照相底片上的 26 个炫目的类星体展开测量。要想在照片上显影，类星体的宿主星系就不能比类星体还小。对于较近的类星体（红移小于 0.3），他预测 200 英寸望远镜应该能轻而易举地探测到大小正常的宿主星系那模糊的外围。但对更远处的类星体，宿主星系的外围可能会淹没在类星体的耀眼光芒中。

为了检验自己的假设，克里斯蒂安让 200 英寸望远镜的分辨率达到极限，然后在卡塞格林焦点上为类星体拍照。在简短的论文摘要中，他用优美的文字总结道："预言有宿主星系的类星体就有，而预言没有宿主星系的那些便没有。"[124] 如此一来，克里斯蒂安就让大家看到了普通星系的中心有类星体的可能性。类星体的强烈光芒能够掩盖模糊不清的星系外围。举个例子，13 星等的类星体 3C 273 比它的宿主星系（19 星等）明亮 250 倍。于是问题就变成了：类星体与星系的这层关系是否普遍存在？

虽然克里斯蒂安拿出了坚实的证据，他的同事托德·博罗森（Todd Boroson）和

⊖ 有激烈活动的河外星系，与类星体相似，但有云状外壳。——译者注。

⊖ Seyfert Galaxy，活动星系核的一个亚型，拥有非常明亮星系核的旋涡星系或者不规则星系。——译者注。

贝弗利·奥克仍然觉得，模糊的星系外围与类星体之间的联系只是基于间接证据而非光谱证据建立起来的。例如，3C 48 的周围也有模模糊糊的东西，但与普通星系相比，这团东西大得出奇，也太过明亮，而且没有证据表明其中有恒星——如果有，就表明那团模糊的东西就是星系。幸运的是，在 20 世纪 70 年代末，观测技术出现了一次大飞跃——奥克和冈恩给 200 英寸望远镜安装了一台"双路摄谱仪"。这台仪器能够用一个 CCD 探测器同时记录红色和蓝色光谱，达到较好的天光减除效果和高信噪比，直到今天仍在使用。[125]博罗森是加州理工学院新来的博士后，他提议在这台分光仪的首秀中，用 3C 48 练练手，希望它可以把类星体的光和其周围暗淡的模糊结构分开。诀窍是为 3C 48 的明亮核心以及北侧、南侧的模糊结构拍摄高质量数字化光谱，然后想办法去除类星体溢出并污染模糊结构的光。

1982 年，在一个视宁度极佳的夜晚，大气特别宁静，博罗森和奥克开始行动起来。3C 48 的光谱显示，那团模模糊糊的东西就是一个星系，而且和类星体处于同一个红移。[126]毫无疑问，类星体是星系里特别明亮的部分。但天文学家也惊奇地发现，模糊团块的光谱里竟然有强烈的氢吸收线——这是新出生的年轻恒星才有的光谱特征。他们后来才知道这是一个备受干扰的星系。就在几亿年前，它刚经历了一场大规模的恒星形成暴发。这团模糊的东西非常明亮且有强烈的氢吸收线，由此看来 3C 48 的宿主星系显然不是他们以前认为的普通的椭圆星系。

它压根就不是一个普通的星系——环绕 3C 48 的模糊团块展现出恒星才有的吸收线。这个发现成为连接类星体、活动星系核及扰动星系的关键一环。不过，这层关系也引出了另一个问题：星系和类星体，孰先孰后？

遍布宇宙各处的类星体

类星体的发现完全改变了施密特的研究重心。有太多问题需要研究，这让他对类星体着了迷，还开玩笑说："看来我是被它们缠上了。"[127]在随后的几年里，他逐渐停止了其他领域的研究工作。星系内部的恒星形成、物质循环和化学增丰，这些问题都被一个让他沉迷其中无法自拔的新问题所取代：类星体在宇宙空间中的分布。截至 1965 年，已知最遥远的类星体是 3C 9，红移为 2.01，比上一个纪录保持者射电星系 3C 295 红移 0.46 还大 4 倍（1960 年闵可夫斯基测得 3C 295 的红移是 0.46）。

摆在天文学家面前的是一个大得令人生畏的广袤宇宙，它的边界一直延伸到距离地球100亿光年远。即使如此，类星体仍不多见。天文学家不辞辛劳地一点一点证认类星体。他们很快便明白了，除非帕洛玛的天文学家打出王牌——用大视场相机巡天，否则他们就只能这样没头没脑地盲目寻找类星体了。

1959年出版的《第3剑桥射电源表》（修订版）列出了北天区低至一定流量极限的约300个射电源。其中一些源现在已被证认为类星体，最暗的达到18.5星等左右。施密特的经典天文学知识功底非常扎实。他没有在零零散散的射电源身上浪费时间，而是决定从已知的类星体中挑选出一批统计上可控的样本来研究。他这么做不是为了认识它们的物理性质，而是想搞一次普查，不去管它们是什么，只是看看它们在宇宙空间里的分布情况。

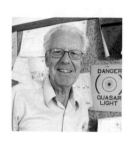

"有时候，我在听艺术家解释他的作品时，发现自己并没有醍醐灌顶的感觉，因为能够真正打动人的还是艺术品本身。而且，不知怎么地，我不愿去尝试解释（对自己工作的）感受，因为我不确定我真的知道。我觉得事情本身就足以说明一切。走过了约60年的研究生涯，我现在已经不再问自己为什么去研究了。因为总是一个答案：宇宙就在那里，所以我必须去研究它。"（作者对施密特的私人采访，2007～2010年）

施密特根据自己与桑德奇的光谱和测光观测，对33个类星体的空间分布展开统计分析，得出了惊人的结论：类星体的空间数密度随着红移的增大，也就是朝着更早期的宇宙在急剧攀升。而且增加的还不止一点点：在红移为1时，也就是60亿年前，在所谓的单位"共动"⊖体积内，类星体的数目比今天（红移为0）的数目多了大约30倍。[128]类星体的数密度随红移一路攀升是否或者在哪个红移会达到顶峰？施密特对此毫无头绪。显然他需要更多样本。

⊖ 共动坐标系是相对于宇宙膨胀保持静止的坐标系。在共动坐标系下，天体的位置不随宇宙膨胀。——译者注

可喜的是，施密特指导的一个研究生理查德·格林（Richard Green）决定在1972 年对明亮的类星体展开第一次全天巡查，作为自己的博士论文研究课题。虽然施密特提醒他说，这个项目太过庞大，但格林仍然满怀热情地每晚都坐在 18 英寸施密特相机（就是兹威基曾让其声名大噪的那台施密特相机）的导视镜前。他拍摄的天区面积最终覆盖了银纬 30 度以上全天面积的四分之一（共计 10 714 平方度）。他充分利用了施密特相机 8.5 度宽的大视场，以及桑德奇的发现——虽然绝大多数类星体并不发出射电波，但它们全都偏蓝色。格林搜寻类星体的技术正是兹威基在近 30 年前寻找暗淡的蓝星时率先采用的。

格林一共拍摄了 266 张照片。每张照片分别用紫外滤光片和蓝色滤光片各曝光一次。他用这种办法证认出 1874 颗蓝色的类恒星天体。由于照片的比例尺比较小，他无法区分恒星和遥远的小星系。于是，他和施密特花了许多个夜晚用 200 英寸望远镜为他们感兴趣的天体追拍光谱，以便对它们进行分类。他们每过几周就会新发现一"堆"类星体，这是对他们辛苦观测的回报。格林和施密特就这样十年如一日不辞辛劳地搜寻着，这份坚定的意志和顽强的精神实在令人敬佩。他们在搜寻中不仅找到了更多明亮的类星体——没有几个是在射电巡天中发现的，还看到了其他奇异又有趣的天体，如蓝星、双星、磁变星，以及各种新类型天体的原型。他们把自己的观测结果整理成《帕洛玛—格林星表》[129]，并在 1986 年出版。这个星表至今仍是天文学家使用的资源，而这个星表的子集《帕洛玛明亮类星体巡天》是当时最大规模的类星体巡天。

1983 年，施密特和格林对收集来的一大堆明亮类星体样本进行统计分析，证实了施密特早前的发现，即类星体的数密度朝着宇宙早期急剧增大。不仅如此，高光度类星体数目攀升的速度比低光度类星体还快。[130] 这个结果出乎意料之外，至今仍没有解决。虽然看似违反直觉，但平均来讲，最亮的类星体比较暗的类星体更早形成。这成了证明宇宙的物质成分在演化，而且是以出人意料的方式在演化的早期证据。

在宇宙大爆炸后的头几十亿年里，类星体是如何演化的？它们的数目是否仍在随红移继续增加？大家都在盛传，在高红移有一个神秘的"类星体截断"。然而，高红移类星体太难寻找了。天文学家就没找到几个红移大于 2 的类星体。施密特渴求更多的数据，他想用 200 英寸望远镜进一步探索类星体和更深处的宇宙。这一次，他不打算寻找明亮的类星体，因为格林已经找过了。他想搜寻最远的类星体，向往着自己能够看到它们刚刚形成的样子。

类星体的兴衰

大约就在 20 世纪 80 年代初，施密特、冈恩和唐·施耐德（Don Schneider，冈恩以前的学生，现在是施密特的博士后）用 200 英寸望远镜对较暗的类星体展开全天搜索。冈恩发明的 CCD 成像分光两用仪派上了用场。冈恩把这台仪器视为自己的智慧结晶，命名为主焦通用河外探测仪（Prime Focus Universal Extragalactic Instrument，PFUEI）。巡天观测需要有一大批遥远类星体做样本，并且它们的性质在统计上必须是完备的，可是类星体并不多见。此外，PFUEI 的 CCD 芯片视场非常小，所以巡天观测进展得很慢。有一天晚上，三位天文学家正在"修道院"里吃饭。施密特问道："有什么办法能让这台仪器找到真正遥远的类星体？"然后他接着说："我在想，我们为何不让望远镜停下来，由着夜空中的天体从望远镜面前飘过？"[131] 冈恩坐在那里，用手掌根按着额头，身体来回摇晃，琢磨着施密特的提问。过了约有两分钟，他自信地回答说："可以这么做。"他重新设置 PFUEI 的电子设备和软件，还创造性地提出了凌星巡天的想法。不到两个月时间，一切就已准备就绪。

在凌星巡天中，天文学家不必给每一块天区单独拍照，只需要把望远镜摆好位置停在那里，让天空中的天体从头顶上方经过。关掉望远镜追踪天体周日运动用的驱动马达，油泵也要关掉。这样一来，圆顶中就再也听不到那种令人心安的马达轰鸣声，而代之以既陌生又怪异的寂静。在持续数小时的观测中，CCD 一直处于连续读数模式，记录下天体周日运动拖出的长长星轨。地球的自转如同无需马达驱动的追踪引擎，比人造的马达精准多了。冈恩在分光仪中插入了一块棱栅，在其一侧表面上带有衍射光栅，能够对同一视场进行成像和分光。

然后他们把恒星、星系和类星体发出的光分解成一段一段的光谱。在一卷卷磁带每晚记录的几千个光谱中，数类星体的光谱最是惹眼。在类星体的蓝色连续谱上往往叠加着强烈的宽发射线，特别是莱曼 α 线系。这项分光技术与格林和桑德奇使用的双色成像完全不同。

在此期间，冈恩正在研发一个他称为"4-Shooter"的大视场相机的地基原型机。这台相机最终将被哈勃空间望远镜带入太空。4-Shooter 的特点是在它的主焦面上交叉叠放着 4 面镜子。这些镜子把入射光分解，然后使其偏转照射到 4 台 CCD 探测器上。它能拍摄的毗邻天区的覆盖面积是 PFUEI 的 4 倍。PFUEI 凌星巡天的大获成功让冈恩受到启发，从一开始就把 4-Shooter 设计成采用凌星模式的仪器。4-Shooter 研制完成后就被安装到 200 英寸望远镜的卡塞格林焦点上。

在凌星模式下拍摄的照相底片中，观测数据混杂在一起，很难辨认：每个天体从望远镜面前经过时都会留下一道轨迹。但由于 CCD 探测器的读数速度和天体图像漂移速度相同，软件能够抵消天体划过视场的运动效果。这项巧妙的技术是空军科学家们为了军事目的而发明的，比如，让间谍卫星或者飞机在飞行过程中拍摄从相机下方飞驰而过的地面情况。幸运的是，它也适用于天文观测。

施密特、冈恩和施耐德不仅要寻找高红移类星体，还要描述它们的光学性质、空间密度分布和射电辐射强度。他们并肩工作十几年，经过持续努力，终于找到几百个红移为 2.7～4.9 的遥远类星体。他们对这批数据进行了详细的统计分析，并于 1995 年发表了研究结果。[132] 他们没有发现传闻中的"类星体截断"，反而找到了坚

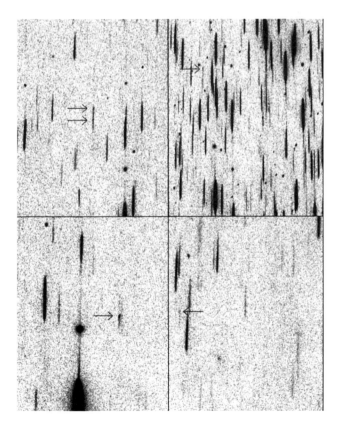

这是 4-Shooter 在棱栅凌星巡天中拍摄的 4 个天区。每块天区覆盖 4 角分 ×5 角分的扇形面积（240×300 像素）。在众多的恒星和星系之中夹杂着一个高红移类星体。照片中的点源是零阶图像，条纹是点源的光谱。箭头标出搜寻程序找到的类星体的发射线——显眼的莱曼-α 谱线。每帧图像都经过精确定位，上方指东，右方指北。天空从上向下飘移，光谱的蓝光区域位于顶方，红光区域位于底部。

资料来源：Figure 2 from D. P. Schneider, M. Schmidt, and J. E. Gunn, "Spectroscopic CCD Surveys for Quasars at Large Redshift. 3: The Palomar Transit GRISM Survey Catalog," *Astronomical Journal* 107 (1994): 1245-1269. © AAS. Reproduced with permission.

实的证据，表明类星体的空间数密度在红移 2.5 左右达到最高，然后又随着红移的增加而缓慢走低。不过，它们的空间数密度并没有降到 0。红移 2.5 对应的宇宙年龄只有当前年龄的 1/5。类星体的数密度在那个时期达到峰值，说明大多数类星体当时都很活跃。按照我们现在的理解，当时宇宙既年轻又致密，富含气体的星系频繁碰撞、并合，这可能是类星体表现活跃的驱动因素。

然而，故事到此还没结束。理解类星体数密度的升高、达到顶峰、然后下降，以及它们与星系的关系，是星系形成与演化理论需要解决的重大挑战。为什么最明亮的类星体要比较暗的类星体更早出现？类星体的形成和星系形成有何关联？

1995 年那篇重要的论文发表后没多久，对这些问题的解答就纷至沓来。当时，哈勃空间望远镜刚一开工就暴露出来的光学缺陷已经得到纠正，开始为遥远宇宙拍摄极深的照片。在地面上工作的新一代 8 米～ 10 米口径望远镜，也开始记录红移大于 6 的天体的光谱。

自那以后，大量研究不仅证实了马尔腾·施密特及其同事的开创性发现，还为驱动类星体活动的神秘引擎提供了更广泛、更深入的见解：围绕超大质量黑洞的吸积气体盘不断旋转，被加热，受电磁力的驱动喷出能量强劲的相对论性等离子体喷流。

清洗 200 英寸镜面时留下的水滴

07

第七章

穿透银河系的"迷雾"

　　这是哈勃空间望远镜拍摄的银河系中心，那里有曲折蜿蜒的黑暗云团。这些吸光物质是宇宙探索的绊脚石。天文学家在可见光波段观测时，无法看到 30 星等的消光物质背后的天体：它们发出的光只有万亿分之一能够穿透前方的吸光物质。然而，在 20 世纪 50 年代末、60 年代初，两项新观测技术极其难得地在帕洛玛山顶汇合。射电天文变革还只不过是 10 年前的事，而一队物理学家已经撬开了探索的第二扇窗口——红外波段。这个全新的观测波段的美妙之处就在于它以全新的视角展现物理过程。红外波段好似一架桥，一头连着光学波段，一头连着射电观测。与光学观测相比，它至少有如下三点优势：第一，它揭示了低温物质的所在，包括处于低温环境中的分子和固体，比如行星表面、正在孕育恒星的分子云，以及某些恒星的大气；第二，红外辐射无惧尘埃云的遮挡，让我们看到躲藏在云背后的恒星育儿所、年老恒星和活跃的类星体；第三，宇宙膨胀使遥远星系的紫外辐射红移到更长的波长。这样一来，地面上的望远镜就能接收到这些辐射，所以红外天文学家能够借此有利条件研究刚形成的星系和早期宇宙。

　　资料来源：ESO/F. Char.

在帕洛玛山顶，一些人对着100亿光年远的类星体穷追不舍，另一些人却因为看不到银河系中心（银心）而沮丧、懊恼。毕竟，银心距离我们只有2.6万光年远，比那些遥远类星体近50万倍。在可见光波段，有些类星体比整个银河系还要明亮1000倍。但是事实并非完全如此。银盘里堆积着厚厚的尘埃，造成严重的消光效果。因此，身处在银盘中的太阳和我们的地球也都被这些宇宙"烟雾"笼罩着。在可见光波段，从银河系的明亮核球发出的光子在银盘中四处寻觅出路时，要么因为星际尘埃云的散射而改道，要么被尘埃云吸收掉了，最终所剩无几，只有不到万亿分之一的光子能够走到地球。波长较长的光子在穿透尘埃方面表现更佳：银心在红外波段2.2微米波长处发出的光子，每十个里就有一个能够到达地球。或者把望远镜指向垂直于银盘的方向，也能获得更清晰的视野，看到更遥远的天体。然而，大自然一计不成再生一计，再次密谋阻挡我们：遥远天体发出的光经过长途跋涉最终走到我们眼前时，已经移动到更长的波长上去了，让现有的仪器探测不到它们。这就是20世纪60年代初天文学家面临的状况，好在这一切即将改变。

目光长远

1963年，加州理工学院的物理学家罗伯特·雷顿（Robert Leighton）和格里·诺伊格鲍尔（Gerry Neugebauer）被当时在红外波段看到的为数不多的几个天体所吸引，认为它们大有前途。他们想看看北半球的天空在2.2微米波长是什么模样。这两位敢于进取的物理学家往一个旋转的大缸中注入环氧基树脂，待它冷却成形后精心制作了一面直径62英寸的抛物面天线。他们还为新建造的天线配备了一个接收阵列。这个阵列由八台硫化铅探测器排布而成，对近红外辐射十分敏感。然后，他们俩与一大帮研究生把望远镜拉到威尔逊山山顶。他们在波长2.2微米处把北半球的一大块天区扫视了一遍，"只是想看看那里有什么"[133]——这是雷顿和诺伊格鲍尔的标志性理由。两位物理学家与学生和技术人员获得了超过预期的成功。虽然心存疑虑的光学天文学家已经预言，这种巡天只能发现已知的恒星。但他们在1969年发表的《2微米巡天》星表却列出了五千多颗天体，其中有大约100颗从未被收录在任何的光学星表里。[134]在三十多年的时间里，这个星表一直是红外天文学家使用的惟一数据源。

在红外波段开始常规观测之前还要克服诸多障碍。从技术上讲，探测器的灵敏度和滤光片的透光率必须与地球大气的透明度相匹配。此外，还要给望远镜降温，减少其自身产生的红外辐射。在管理方面，红外天文学家必须从多少有些愤慨的光学天文学家手里挪用宝贵的望远镜使用时间，才能完成他们的观测。在当时那种情况下竟也能开展红外天文观测，一些观测老将现在回想起来，也觉得不可思议。

在地球上，除了两极附近和高纬度地区，处处都比较温暖，包括我们每天呼吸的空气，也包括天文学家观测用的望远镜。地球上的室温大约为 300 开，而物体和人体的辐射能量在 10 微米左右达到最大。在 30 微米～ 300 微米波段，由于天体发出的辐射无法穿透地球大气，所以在地面上很难进行观测。如果天体的温度为 300 开～ 3000 开 (太阳表面温度的一半)，它辐射的能量便会集中在 1 微米～ 10 微米。望远镜的圆顶、周围的树木，甚至还有观测者和夜间观测助手散发出的热量就足以淹没天体发出的微弱辐射了。在这种情况下进行红外观测，就好比把红外探测器放到熔炉里去观测一样。

如果在 1 微米～ 2.5 微米波段观测，情况会稍好一些。诺伊格鲍尔和雷顿就是在这个波段展开巡天观测的。但是即使在这个波段，天空、望远镜，以及圆顶的辐射干扰依然挥之不去。科学家为此发明了波束转换技术，用来去掉不想要的前景辐射，获得行星、恒星和星系发出的微弱红外信号。为了减少漫辐射，开拓进取的红外天文学家学会一招：在 200 英寸望远镜光路中的关键位置摆放遮挡物。他们还把仪器放置在液氮中降温，并重新排布光学系统，好让红外探测器只能探测到冰冷的仪器表面和天空。最后，在对着天区拍摄时，除了那些镜子，望远镜一点都不能出现在探测器的视野里。

即使如此，在校准现代红外探测器和图像处理方面，天文学家仍需多费些巧妙心思。通常情况下，观测者接收到的辐射只有一小部分来自目标天体，所以他们必须仔细小心地把背景辐射去除干净。地面上进行红外观测的天文学家能看的最暗天体，可能比头顶上的大气辐射还要暗 100 万倍。这就和在阳光明媚的白天用望远镜观测暗星系一样难！尽管面对重重困难，红外天文学家还是持续地努力观测，终于揭露了宇宙那不显于人前的一面，给天文学研究带来持久的推动力。

原恒星：星系的真空吸尘器

1966 年冬天，一些理论天体物理学家预测气体云在自身引力作用下坍缩会形成什么样的恒星。碰巧加州理工学院的研究生埃里克·贝克林 (Eric Becklin) 正在寻找这样的"原恒星"。他从自己的物理学教授雷顿那里听说了这些假想天体。雷顿告诉他，猎户座星云里有不少年轻的恒星，在那里最有希望找到原恒星。但是，星云发出强烈的辐射，掩盖了并不明亮的原恒星。因此，若想看到原恒星，就要用一台小光束光度计挡住星云的耀眼光芒。2.2 微米巡天时曾用过一台红外测光仪来跟踪天体，贝克林把它借来，安装到了威尔逊山的 60 英寸望远镜上。

如果在可见光波段观测猎户座星云，那么透过望远镜只能看到一些炽热的、明亮的恒星，比如，四边形星团里的那些恒星和被星光照亮的尘埃云。然而一用上红外探测器，贝克林就毫不费力地看到了猎户座大星云的红色光芒，以及在光学波段看不到的一堆天体。他把望远镜的指向从四边形星团的北部移动到被尘埃遮挡的黑暗区域，那里更有希望找到原恒星。他对着那里来来回回、上上下下地扫视，突然遇上一个异常明亮的源，其亮度和四边形星团里的恒星不相上下。虽然新发现的这个红外源将会是除行星以外天空中最明亮的源，但当贝克林直接用目镜去看时，却没有发现它的光学对应体——在那个红外源出现的位置上看不到任何恒星。

观测结束后贝克林回到帕萨迪纳，把自己拍摄的明亮红外源照片拿给天文学家吉多·明希（Guido Münch）看。贝克林清晰地记得明希当时惊呼道："我的天哪，埃里克！这是我见过的最重要的东西了！"[135] 明希立即安排了一次观测，他要用 200 英寸望远镜看看那里到底发生了什么。望远镜马蹄形架台的东臂是中空的。他与贝克林把同一台光度计安装到东臂里，然后在更宽的波段范围（1.65 微米、2.2 微米和 3.5 微米）观测这个天体。他的同事吉姆·韦斯特法尔（Jim Westphal）也用东臂在 10 微米波段进行扫描。这些观测至关重要，它们无可置疑地证实了贝克林发现的天体是一个特别明亮的红外点源，位于四边形星团的西北方 1 角分处。它到底是什么呢？

明希是恒星形成领域的专家，帮助贝克林对扫描结果进行分析。据估计，这个天体的个头和太阳系差不多，温度只有 700 开（比地球上的室温高 2 倍）。不仅如此，它的红外光度比太阳的光学光度还高 500 倍。它看上去既不在星云的前方，也不在后方，而是深埋在星云里。它会不会就是一颗小小的原恒星？或者是一颗非常红的年轻恒星？明希催促贝克林赶紧把他的分析讨论写成论文，因为已经有人开始说它是一颗背景恒星了。1967 年，贝克林与他的导师诺伊格鲍尔发表了一篇很有说服力的论文，说这个奇怪的红外天体似乎是一颗质量较大的原恒星，仍被冰冷的尘埃云笼罩着。[136]这个天体很快就被称为"贝克林的恒星"或者"贝克林—诺伊格鲍尔天体"。

促使附近气体尘埃云坍缩，形成贝克林—诺伊格鲍尔天体的"罪魁祸首"，可能是四边形星团里的恒星产生的辐射压。从那时开始不断积累的观测和理论证据表明，尘

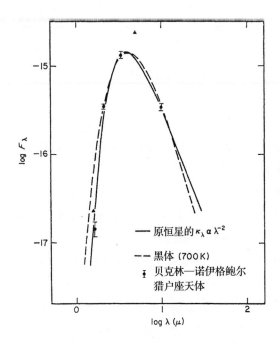

就在贝克林寻找原恒星的同时，明希的博士研究生理查德·拉森（Richard Larson）正在研究气体云坍缩形成原恒星的动力学过程。根据他的模型，在恒星形成之初——核反应还没点火，向内掉落的气体和尘埃加热了原恒星的星核。与此同时，原恒星的外层物质因为吸收了星核发出的能量而升温，发出远红外辐射。因此，虽然正在形成的恒星仍被层层尘埃包裹着，这个尘埃茧却发出明亮的红外辐射，成为恒星形成的先兆。拉森计算出正在坍缩的原恒星在不同波长处的辐射能量（实线），并与贝克林和诺伊格鲍尔的测量结果（实心圆点）、一个温度为 700 开的黑体辐射谱进行比较。即使考虑到模型的理想化处理和观测误差，数据分布和两条曲线依然惊人地相似。贝克林一诺伊格鲍尔天体确确实实是处于形成初期的原恒星。

资料来源: Figure 7 from B. Larson, " The Emitted Spectrum of a Pro-to-star," *Monthly Notices of the Royal Astronomical Society* 145 (1969): 297, by permission of Richard Larson.

埃遮挡、强风（包括电离氢的超音速气流）、延展的激波，羟自由基（OH）与水脉泽、冷分子云都有可能助力原恒星的形成。

步入演化晚期的恒星：星系的烟囱

贝克林（当时还未毕业）对 2.2 微米巡天收录的天体进行跟踪观测，结果又发现了一个有趣的红外源 IRC+10216。在 5 微米处，它比太阳系外的一切天体都要亮。这让贝克林兴奋不已，以致在电话里向诺伊格鲍尔描述这个天体时有点语无伦次。与贝克林一诺伊格鲍尔天体相比，这个天体位于银盘上方一个没有气体、尘埃和年轻恒星的区域。此外，它还出现在阿尔普用 200 英寸望远镜拍摄的对红光敏感的照片底片上，看起来外形略长，有些模糊。[137] 他把 1969 年阿尔普拍摄的底片与 1954 年

POSS 的底片放到一起比较，看看天体的位置有无改变，结果没有发现它沿横向运动的证据。这意味着这个天体离我们至少有 100 秒差距远。它到底是银河系内的天体，还是河外天体？

　　凑巧的是，在 1970 年至 1971 年的冬天，月球将会两度掩食 IRC+10216。贝克林和诺伊格鲍尔赶紧抓住这个机会，等它从月球身后出现时测量它的亮度变化。根据测量结果，再结合一些几何知识，他们推算出这个天体的真实大小和形状。由于 IRC+10216 的亮度在缓慢地下降，它可能有一个致密的、温暖的小内壳，外面还包裹着一个不那么致密的冰冷外壳。[138] 两位天文学家由此得出结论，IRC+10216 可能是一颗碳星——一种处于演化晚期的红巨星，等它把布满碳化合物尘埃的大气物质吹走后，就会变成一颗白矮星。

　　后续观测让天文学家认识到，贝克林—诺伊格鲍尔天体和 IRC+10216 看起来相似，却代表着两种非常不同的尘埃壳。虽然它们同为明亮的红外源，光谱也没什么特

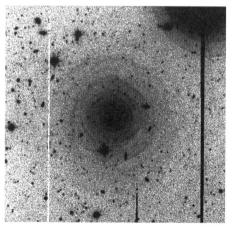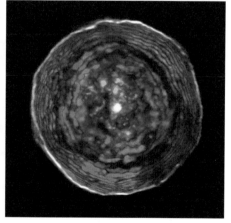

　　气体不断循环、化学增丰，就像这里展示的两个例子一样——两颗碳星喷出富含多种元素的气体。左图：IRC+10216 每隔 300 年左右就会向外喷出气体。图中的几个壳层就是多次气体喷发留下的痕迹。有些壳层并不完整，只出现一段，说明这些气体是在不同时期、从恒星表面的不同地方喷出来的。这张照片的视场是 3.2×3.2 平方角分。右图：唧筒座碳星在大约 2700 年前喷出的一层物质正在飞快地向外膨胀。这是用多波段三维数据合成的图像。

　　资料来源：Top: Leão, *Astronomy and Astrophysics* 455 (2006): 187–194, reproduced with permission, © ESO and Izan Leão; bottom: Atacama Large Millimeter Array [ALMA] (ESO/NAOJ/NRAO), F. Kerschbaum.

征，还都被 700 开的尘埃云笼罩着，却是截然不同的两类天体。贝克林—诺伊格鲍尔天体是原恒星，脱胎于气体尘埃云的坍缩。IRC+10216 则是恒星，它的尘埃云是自身演化的产物。日后，这两类天体将会以不同的面貌出现在世人面前。原恒星会吹散周围的尘埃壳，在可见光波段闪亮登场。IRC+10216 中心的年老恒星则把一团团混杂着碳、氮、铁和硅等核燃烧产物的气体喷出去，因此不断损失着质量。随着气体冷却，这些化学元素最终会凝聚成不透光的尘埃，为未来的恒星形成提供原料。类似 IRC+10216 这样的晚期恒星"喷云吐雾"，是星际介质的主要"污染源"。事实上，今天星系中近半数的"烟尘"都是由这些年老恒星贡献的，另一半则是被大质量年轻恒星的星风和超新星爆发吹出来的。

银心啊，你到底在哪

1963 年类星体的发现，使科学家对其他星系中心区域的各种物理过程产生强烈的好奇。然而，对银河系中心（银心）的光学观测却令人绝望。由于受到尘埃的重重遮挡，从银心发出的每 1 万亿个光子里只有 1 个最终能够平安到达地球。不过，要是从更长的波长去看，银河系就会变得更加一目了然。射电天文学家已经对中性氢在银河系内的分布情况进行了测绘。在他们定义银盘时，在银河系的动力学中心附近，发现了一个明亮的非热射电源——人马座 A。[139] 要想确定银河系的大小、恒星密度、形态类型和质量，找出银心的精确位置十分关键。把银河系的这些基本参数，再加上银心的恒星年龄和化学成分，与其他星系的参数做一番比较，有助于我们构建星系的形成和演化模型。

诺伊格鲍尔和雷顿意识到，如果在红外波段观测，就能获得银心的清晰图像和亮度信息。他们深知找到银心精确位置的潜在价值，然而，他们不幸搞错了坐标，没能在 1964 年和 1965 年的第一次 2.2 微米巡天中找到银心。研究生贝克林再次灵机一动，想出一个聪明的办法。他先是把团队的红外光度计安装到威尔逊山天文台的 60 英寸望远镜上，用它扫描我们的邻居仙女座星系（M31）的核球，在 2.2 微米测量它的亮度。然后，他假设银心和 M31 的核球在亮度上相差无几。扣除地球和银心之间的消光效应后，他相信自己能在 2.2 微米看到银心。虽然诺伊格鲍尔并不鼓励他这么做，但贝克林还是决定挑战一下，于是在 1966 年 8 月回到威尔逊山上去扫描人马座 A 附近的天区。就在望远镜接近人马座 A 时，一个亮光突然出现，胜利的时刻降临了。贝克林意识到自己是第一个在红外波段看到银心的人。据他描述，银心是"最有意思的区域，是银河系内一切活动的中心所在"。[140]

这个重要的发现为贝克林和诺伊格鲍尔赢得了 200 英寸望远镜的观测时间。这台望远镜在角分辨率、目标追踪能力和数据信噪比方面都表现出众，用它观测是他们梦寐以求的事。两人弯着腰，眼睛盯着光度计的输出结果，看着它前前后后反复扫描人马座 A，画出大批带状图。虽然这些带状图还只是初步结果，但它们的追踪痕迹显示，

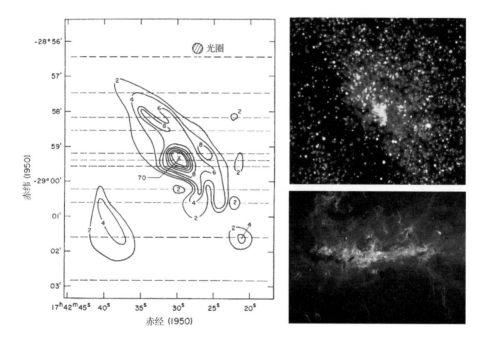

经过 40 年的观测、研究，我们对银心有了更深入、细致的认识，看到那里展现出大量的物理结构和现象。左图：在 2.2 微米观测的等高图，揭示了银河系中心区域的辐射强度随赤经（虚线）、赤纬的变化。扫描口径是 15 角秒。这是贝克林和诺伊格鲍尔在 1966 年首次看到银河系中心 1 角分范围内的结构。恒星似乎越靠近人马座 A，密度越高。等高图的中心的源用叉号标记，正好与银河系中心的强烈射电源重合。右上图：35 年后，天文学家用分辨能力更好的 256×256 像素现代探测器阵列，在同一波长、对着同一区域又扫描了一次。右下图：在 8 微米看到的银心全景（大约 440 角秒宽）。图中可见三种尘埃云：被年轻的大质量恒星照亮的反射星云，不透光的黑暗尘埃球，还有被辐射加热的尘埃云。

资料来源：Top: Figure 6 from E. E. Becklin and G. Neugebauer, "Infrared Observations of the Galactic Center," *Astrophysical Journal* 151 (1968): 145. © AAS. Reproduced with permission; middle: Courtesy of 2MASS/UMass/IPAC-Caltech/NASA/NSF; bottom: NASA/JPL-Caltech.

人马座 A 正好与银河系中心又亮又致密的区域——银心的假定位置——重合。为了更好地认识被遮挡的银心，观测仙女座星系的核心是当时的最佳办法。桑德奇、贝克林和诺伊格鲍尔在扫视仙女座星系和银河系时，看到它们具有相似的光度轮廓，还注意到仙女座星系的中心区域比银河系的中心区域暗 2.4 倍。[141] 桑德奇一看到这些扫描结果就评论说，"巴德肯定愿意不惜任何代价去做这种测量"。[142]

在接下来的几年里，贝克林和诺伊格鲍尔分别在 2.2 微米和 10.1 微米，用更高的分辨率继续对人马座 A 周围进行扫描。他们在 1975 年发表论文，[143] 宣布银河系的中心有更复杂、更超乎预料的结构。如今的射电、X 射线和红外观测显示，在银河系中心有一个超大质量黑洞。这个黑洞拥有 400 万倍太阳的质量，有数千颗恒星以高达 1 万千米／秒的速度环绕着它。其他星系的中心也挤满了恒星，就连目光锐利的哈勃空间望远镜也无法把它们一一分辨出来。

帕洛玛观测关注的焦点是某些星系核心发出强烈红外辐射背后的物理机制。这是恒星和热尘埃发出的热辐射？还是像许多天文学家所认为的那样，是一个非热辐射源产生的？比如，一次激烈的事件导致在磁场中运动的带电粒子被加速到相对论性速度。若真是如此，这样的高速粒子就会发出同步回旋辐射。诺伊格鲍尔、贝克林还有仪器专家基思·马修斯假定，银河系核心的大小和光度轮廓是理解这一切的关键所在。也就是说，点源可能产生非热辐射，而面积延展的源发出热辐射。然而，就在他们开始动手研究时却收到了大自然的告诫：它有时候会强行把热辐射物质（如热尘埃）和冷恒星放在一起，致使它们的能量谱混在一起，形似回旋同步辐射或者其他非热辐射的能谱。

NGC 1068 离我们不远，还有一个极其明亮的核心，似乎是这个假设的最佳测试物。诺伊格鲍尔为 200 英寸望远镜建造了一个单口径光度计，用它在 10 微米观测这个星系的核心。恒星发出的紫外辐射和可见光在这个波长都不见了。他们预期星系核心发出的光会因此占了上风。他们的扫描揭示在星系的中心有一个展源。从那里发出的辐射比恒星的辐射高出近三个数量级。[144] 他们因此得出结论，这个辐射可能是温热尘埃发出的热辐射。

这些观测提供了有力的证据，证明尘埃对星系中心的物理过程会产生不可忽视的作用。在诺伊格鲍尔看来，这些偶然发现，比如，贝克林—诺伊格鲍尔天体、IRC+10216、银心的性质，还有 NGC 1068，无一不表明有必要展开一次无偏差的红外巡天观测。让望远镜不仅指向单个的大有希望的源，还要调查天空的红外辐射。

美国航空航天局准备在红外波段测绘全天，在策划这个全新的太空项目时提到了上述发现，作为项目的科学理由。

从怪胎到 LIRG

在红外空间观测项目的筹划阶段，科学家们尤其留意 20 世纪 60 年代研究射电源时的经验教训。当时，射电天文学家无法提供光学证认所需的射电源的准确位置。于是，当红外卫星还处在实验设计阶段时，科学家就把高精度列为首要目标。这将会为项目实施后快速从红外源身上获得科学发现铺平道路。为了实现这些具体的目标，加州理工学院的工程师、物理学家和天文学家每天早上带着他们的"行军命令"、可交付的成果和进度表等一切与项目有关的东西，徒步走到不远处的喷气动力实验室。若按照 NASA 的做事风格来执行任务就需如此。

就这样，美国、荷兰和英国联合开发的红外天文卫星（Infrared Astronomy Satellite，IRAS）在 1983 年发射升空。它围绕地球转了 10 个月，在 10 微米～ 100 微米扫描了全天面积的 96% 以上，因此对温度在 30 开～ 300 开的天体或者尘埃最敏感。等到观测结束，已知的河外红外源的数目从几十个跃增到 3 万个。其中绝大多数在可见光波段因为太暗，没有被收录在以前的光学星表里。因此，天文学家最先要做的就是匹配坐标——尽可能地从 POSS 的光学数据中为新发现的红外源寻找光学对应体，然后用 200 英寸望远镜展开后续跟踪观测，测量它们的红移和性质特征。

1978 年，红外天文学家汤姆·索伊费尔（Tom Soifer）加入了加州理工学院"红外军团"研究组。用世界上最大的望远镜研究美国宇航局的新卫星发现的天体，这个想法一直诱惑着他。当时，"让望远镜对准任何有意思的天体"的观测模式虽然仍受欢迎，但慢慢地不再流行。索易夫知道马尔腾·施密特在 20 世纪 60 年代曾经用统计方法推导出类星体的光度函数（一批明确定义且亮度有限的样本），还要纠正偏差。索易夫将要开展的研究工作和施密特的工作具有十分相似的边界条件。施密特研究的是类星体——在射电波段发现的一种新天体，他用光学观测技术测量它们的物理性质，获取可靠的测量结果。

1984 年，随着 IRAS 数据的大量涌现，索易夫和加州理工学院新雇的博士后戴夫·桑德斯（Dave Sanders）开始循着施密特的研究路径向前迈进。他们的目标是分析明亮的红外星系的特性，特别是它们的发光机制。在获得光学光谱之前，他们首先要从 IRAS 的星表中挑选出一批样本。这些源必须符合如下条件：①在 60 微米处非常明亮；②既不是恒星，也不是太阳系天体；③在帕洛玛 48 英寸施密特相机的照相底片上有明确的光学对应体；④经讨星表的成员关系或者帕洛玛拍摄的类似星系的光谱证实是河外天体；⑤正好位于尘埃遍布的银盘上方或者下方；⑥数目众多，能够计算出空间数密度。

　　这个观测项目在帕洛玛拥有充足的观测时间，大大改变了科学家只能从文献中获取零碎样本的现状。在数不清的夜晚，索易夫、桑德斯与同事们用 200 英寸和 60 英寸望远镜测量了 324 个河外红外源的红移，并为它们补拍照片。[145] 由于这些源足够明亮、离得又近，他们可以用传统的光学观测技术测量它们的距离和红外光度总量。理解产生红外辐射的物理机制是他们观测的主要目标。他们此时还没有意识到，这些源的形态将发挥举足轻重的作用。

　　索易夫和桑德斯担心，除了也许有几个奇异的天体以外，这些源不会带来什么令人震惊甚至全新的信息——可能只不过是另一批统计完备的样本，然而在历史长河中渐渐销声匿迹，不再被人提起。所以，他们对数据仔细检查，想找出不同寻常的趋势和迹象。他们最初的研究目标之一，就是确定这些天体是否和明亮的射电星系、星暴星系、类星体一样罕见。但是，哪一次测量才是有意义的？新发现的天体发出的辐射主要集中在红外波段，而类星体发出的主要是可见光和紫外辐射。这些是电磁辐射谱上非常不同的区域。如果一方在可见光波段压根就不出现，那又怎么在那个波段对两方进行比较？

　　索易夫趁着休假去康奈尔大学访问，撰写论文描述团队的工作。在那里，他得知现在有一种更常用在恒星而非星系身上的物理测量量——热光度。这个物理量描述了天体在所有波段上的辐射总量。它适用于任何天体，无论它是恒星、类星体、由普通恒星构成的星系，还是被尘埃包围的星系。这个物理量的价值对索易夫来说显而易见。对红外波段的明亮星系来说，普通恒星对星系光度的贡献很小，这意味着星系的远红外光度本身就是其热光度的最佳近似。至于普通星系的热光度，只要把它的光学和近红外辐射全加起来也就足够了。做完这项"家庭作业"，索易夫按照施密特研究类星体的方法依葫芦画瓢，画出了红外明亮星系样本的热光度分布函数。

　　红外明亮星系出现在热光度函数图中的位置让团队成员大吃一惊：热光度最高的那些星系，其光度是太阳光度的 10～12 倍，正好落入类星体的光度范围，[146] 而且没有证据表明那就是星系热光度的最大值。这个发现带来的一个重要后果是，现有的

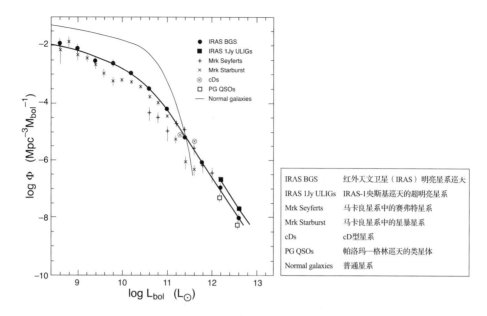

天文学家在 1986 年构想出的"热光度函数"图，改变了我们评估宇宙星系族群的方法。它展示了各种河外星系的空间数密度（纵坐标）与星系热光度（横坐标）的关系。这张图之所以引人注目，是因为它揭示出这样一个事实：某些红外星系的数目比本地宇宙的类星体还多，而且它们还和从帕洛玛—格林巡天中挑选出来的类星体一样明亮。

资料来源：(R. F. Green, M. Schmidt, and J. Liebert, "The Palomar-Green Catalog of Ultraviolet-Excess Stellar Objects," *Astrophysical Journal Supplement Series* 61 [1986]: 305—352.) Figure 1 from D. B. Sanders and I. F. Mirabel, "Luminous Infrared Galaxies," *Annual Review of Astronomy and Astrophysics* 34 (1996): 749. Reproduced with permission from D. B. Sanders, University of Hawaii.

星系分类依据需要修改，因为这些依据截至当时都是基于光学观测设立的。科学家发现的这些亮红外星系（Luminous Infrared Galaxies，LIRG）原来不仅是一群怪胎，还是一类新天体，在热光度方面可与类星体一较高下。

这个发现展示了使用更普适的物理量去测量和比较不同类型星系的必要性。马尔腾·施密特曾经把类星体定义成可见光光度最小的天体。索易夫和桑德斯在向施密特请教时告诉他，他们发现的那些最明亮的星系和施密特的类星体拥有相同的热光度。不仅如此，在同样大小的宇宙空间里，明亮的红外星系的数目比帕洛玛—格林巡天时看到的类星体还多 3 倍！。[147]事实上，我们如今知道，宇宙中特别明亮的星系发出的辐射大都集中在红外波段。因此，这些明亮的红外星系可能在星系演化中扮演着重要的角色。

施密特立即明白了这些发现的含义，而且想知道为什么红外星系要比类星体多。如果二者真有联系，他推测，那就说明类星体可能在很长时间里都被遮挡着。这是否表明亮红外星系在类星体形成中发挥着重要的作用？多年以前，唐纳德·林登－贝尔曾指出，如果早期宇宙出现大量类星体，那么在许多星系的核心都会藏匿着黑洞。但又是什么原因使一些星系发出耀眼光芒如类星体，另一些则懒散、没有活力呢？也许是因为在黑洞身边打转的恒星受到了潮汐的干扰？

极亮红外星系：摇滚巨星

随着更宽波长范围的观测数据不断出现，桑德斯发觉自己正难得地处在多个观测机会的交汇处。在一次午饭后，他决定从 IRAS 的明亮星系巡天中挑选一些最亮的天体——他异想天开地称之为"十大"极亮红外星系（Ultra Luminous Infrared Galaxies,ULIRG）——来分析一下。[148]这十个天体看上去没有明显特征：它们从未出现在任何星系表里，如 NGC 星表或者光学光谱巡天目录，却被弗里茨和玛格丽特·兹威基（Margrit Zwicky）选入了 1971 年出版的《致密星系和喷发后星系表》[149]，也被奇普·阿尔普收录在他的《特殊星系图集》中。在 POSS 的印刷品中可以找到它们的光学对应体。索易夫依据已发表的星系类别画出热光度分布函数图，而桑德斯决定重新定义星系的形态。他用帕洛玛 60 英寸望远镜为十个天体一一拍照，又用 200 英寸望远镜拍摄光谱，然后用图像重叠法在 48 英寸施密特相机拍摄的底片上证认它们的光学对应体。

桑德斯根据这些数据提出了一条从红外亮星系到类星体的演化路径。按照他的理论，当气体和尘埃被驱赶进红外亮星系的中心区域时，向类星体转变的第一阶段就开始了。在星系的中心可能有被尘埃包裹的恒星形成暴发，或是一个活跃的黑洞，又或者是一对正在并合的黑洞。星系的恒星形成区深埋于尘埃中，后者在吸收了恒星发出的紫外辐射和可见光后温度升高到 30 开～ 60 开。接下来在第二阶段，超新星暴发和辐射压刮起强风，把星系中心的尘埃一扫而光，隐藏在其中的类星体放出耀眼的光芒，淹没了正在减弱的星暴。就这样，一个"裸露"的明亮类星体出现在世人面前。

桑德斯根据 0.44 微米和 100 微米的观测数据[150]、帕洛玛和红外卫星提供的光尘埃在重塑星系的能量分布方面发挥的重要作用，在这张图中尽显无遗。在 IRAS 巡天中，星系阿尔普 220 一枝独秀，成为最明亮的红外源。它也是 20 世纪 80 年代初已知最明亮的 ULIRG。这张图比较了它与其他天体（包括著名的类星体 3C 48 和 3C 273）的辐射能量谱。天文学家认为阿尔普 220 的类星体星系核因为深埋于尘埃之中，所以发出强烈的红外辐射，而被尘埃包裹的类星体 3C 48——颜色特别红——正要破茧而出。类星体 3C 273 已经驱散尘埃云，露出明亮的星系核，主宰着紫外和 X 射线波段的能量谱。图中展示的能量谱数据覆盖了宽广的波长范围，来自多个波段的观测：IRAS 的红外观测、帕洛玛的光学观测，以及其他不寻常天体的射电和紫外测量结果。

资料来源：Figure 17 from D. B. Sanders et al., "Ultraluminous Infrared Galaxies and the Origin of Quasars," *Astrophysical Journal* 325 (1988): 74 - 91, reproduced with permission from D. B. Sanders, University of Hawaii.

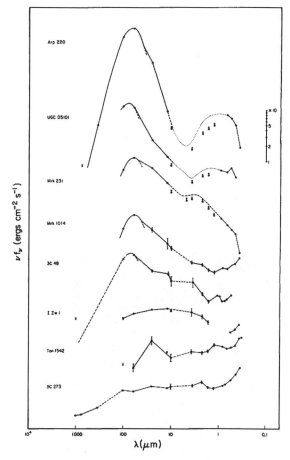

学和近红外测光数据，为他的十大极亮红外星系挨个画出能量谱。结果他吃惊地在图中看到，波长大于 40 微米的远红外辐射主宰着整个能量谱。此外，他还把 ULIRG 的能量谱按照光度从小到大的顺序依次画出。星系发出巨大的远红外辐射使能量谱在 100 微米附近明显鼓起一个"包"。桑德斯担心自己这么做太过冒险，于是加劲寻找介于红外极亮天体和光学类星体之间的过渡天体。这些天体由于周围有尘埃云遮挡，只能发出部分可见光。这些所谓的"温热"源似乎吹走了一部分气体和尘埃，露出包裹在里面的星暴。桑德斯在 1988 年发表论文介绍自己的这些想法，立即就受到挑战甚至嘲笑。但他的争辩十分有说服力，最终让人们接受了他的观点。

天文学家逐渐认识到，星系在红外波段越明亮，它越有可能表现出潮汐相互作用和并合的迹象。强烈相互作用或者并合星系在红外明亮星系中所占的比例，从低光度的大约 10% 上升到最高光度（如"十大"样本）的几近 100%，包括十大样本。最明亮的红外天体似乎正以比银河系快 10～100 倍的速度制造着恒星。桑德斯根据十大 ULIRG 的图像绘制出辐射强度等高图，结果发现有 9 个 ULIRG 都是面积延展的系统。从明亮的喷流、潮汐尾，以及图姆尔兄弟在 1972 年建立的相互作用星系模型推断，所有的 ULIRG 似乎都是处于星系并合后期的盘星系，正在激烈地厮打。

　　天文学家仍没有弄清楚的是，是哪些机制联合发力让星系有如此高的光度。桑德斯在帕洛玛的观测表明，星暴和类星体是这些星系的能量来源。天文学家花了几十年的时间，试图定量描述这两者对极高星系光度的贡献，但至今仍没有定论。

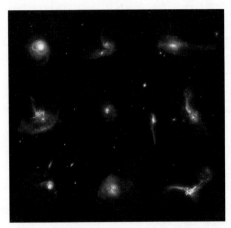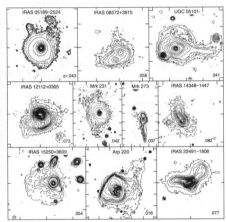

　　这张拼接图展示了"十大"极亮红外星系和成对星系的光学图像（左）及其对应的辐射强度等高图（右）。在 10 个 ULIRG 中有 9 个都带有特殊的大尺度结构，包括像潮汐尾或者桥这样的潮汐作用迹象（作者对贝克林的私人采访，2008 年～ 2019 年）。等高图细致描绘了 ULIRG 宿主星系的形态。它们表现出多种潮汐扰动的痕迹，提供了详尽、有力的证据，证明它们是正在并合的旋涡星系。

　　资料来源：Left: Mosaic kindly made available by Dave Sanders. Right: Figure 4 from D. B. Sanders and I. F. Mirabel, "Luminous Infrared Galaxies," *Annual Review of Astronomy and Astrophysics* 34 (1996): 749, reproduced with permission from D. B. Sanders, University of Hawaii.

清洁 200 英寸镜面，然后镀铝膜

08

第八章

星暴、超级星风和超大
质量黑洞

斯蒂芬五重星系是一个致密的星系群，里面上演着各种激烈事件，如碰撞、星暴、超大质量黑洞、大尺度激波，还有引力潮汐。群里的星系成员被相互的引力枷锁束缚着，反复卷入碰撞、擦身而过等相互作用过程。有些星系还以超声速飞快地贯穿彼此，剥掉对方的气体。碰撞让气体无法待在原地，而是形成一道比银河系还长的蓝色圆弧，悬浮在星系群的中心。弧形气体被激波加热到 600 万开，发出 X 射线辐射。在这张合成图中，气体的 X 射线图像就叠加在斯蒂芬五重星系的光学图像上。图中只显示了星系群里的四名成员，还有一位成员不在图中。位于左下方的星系是前景星系。

资料来源: X-ray (NASA/CXC/CfA/E. O'Sullivan); Optical (Canada-France-Hawaii-Telescope/Coelum).

其实，托马斯·马修斯和阿兰·桑德奇证认的射电"星"是类星体。马尔腾·施密特在 1963 年认识到这些天体非常遥远，为深入理解星系内部的超大质量黑洞打下基础。另一方面，兹威基和阿尔普率先找到证据，表明星系相互作用与并合十分重要，成为现代星系等级会聚理论发展的起点。尽管如此，天文学家还是花了几十年时间才彻底弄清个中细节，并充分认识到星系比我们想象的要活跃得多，彼此互动也多。它们并不像我们以前认为的那样，是只能通过内部的动力学过程来谋求发展的"岛宇宙"。

闪耀的星系和氦的起源

虽然兹威基和阿尔普已经认识到引力相互作用会扭曲星系的形态，但是阿尔普和瓦尔·萨金特（Wal Sargent）从光谱观测中找到了第一批线索，表明发生改变的并不只有星系的外观。潮汐作用还会使星系内的气体和恒星剧烈动荡，在碰撞与并合过程中，稀薄的气体受到碾压，几乎同时孕育出数百万甚至数十亿颗明亮的年轻恒星。天文学家把这类事件称为星暴。

阿尔普在编制《特殊星系图集》时就已注意到，在一些旋涡星系的旋臂末端往往伴有面亮度很高的星系。他挑选出六个这样的伴星系，用 200 英寸望远镜为它们拍光谱，并在光谱中辨认出三种特征：处于激发态的气体产生的发射线；年轻的 O、B 型恒星的蓝色连续谱；还有氢巴耳末线系的吸收线——这是年少的 A 型恒星特有的标记。阿尔普推断，这样的光谱可能是最近一轮恒星形成的产物。他在 1969 年发表的论文[151]中敏锐地指出，就在一场突然暴发的大规模恒星形成之后，炽热的大质量 O、B 型恒星产生蓝色的连续谱。随后，质量较小的 A 型恒星产生的巴耳末吸收线开始长期主导着星系的光谱。虽然兹威基[152]和萨金特[153]在致密的蓝色星系身上也看到了类似的光谱，但阿尔普显然是正确解释这种光谱成因——表明星系正处于活跃的恒星形成初期——的第一位观测者。他由此把这些 A 型恒星的光谱和现在所谓的"星暴后"星系联系起来。然而，他的那篇论文的主旨是想让读者相信，明亮的蓝色伴星系不知何故，被母星系一脚踢了出来。其他人则把它们视为星系内部发生猛烈的恒星形成活动的证据。这是在最近一次星系碰撞过程中，气体被倾倒入伴星系造成的后果。

萨金特对致密的河外天体产生了强烈的兴趣。他从同事兹威基经过长达 20 年的开创性观测编制的星表[154]中挑选了 141 个天体，用 200 英寸望远镜为它们拍摄光谱。

他在 1970 年发表论文，描述了兹威基观测的天体与传统的椭圆星系、旋涡星系和不规则星系是多么的不同。[155] 两个极端的矮星系（编号分别是 I Zw 18 和 II Zw 40，在兹威基私下流传的第一和第二星系表中排在第 18 和第 40 位）引起了萨金特的极大关注。他开始与卡内基研究所的天文学家伦纳德·瑟尔展开长期合作，致力于理解这些星系并为它们建模。由于两个星系本身都非常暗，两位天文学家用 200 英寸望远镜为它们拍摄了感光光谱和光电光谱，还为它们拍照，进行光电测光。

两个致密矮星系的星系核光谱既有蓝色的恒星连续谱，也有电离气体产生的大量发射线，与点缀在许多旋涡星系表面的大型电离氢区的光谱十分相似。[156] 据瑟尔和萨金特估计，要把在 II Zw 40 中看到的气体全部电离，需要有 1000 到 1 万颗炽热的、年龄不足 1000 万年的 O 型恒星。拥有这么多大质量年轻恒星是否意味着这两个矮星系也非常年轻呢？在 20 世纪 70 年代，天文学家没有能力在这样暗的星系里直接观测最年老的恒星，他们只能根据星系在红外波段的颜色来推断星系里是否有衰老的恒星，因为红外波段是红色年老恒星主宰的辐射波段。为了测量 II Zw 40 里的年老恒星的光度，加州理工学院的物理学家诺伊格鲍尔分别在 1.6 微米和 2.2 微米对它进行观测。在这两个波长处，年轻的蓝色恒星对星系的光度几乎毫无贡献。测量结果表明，在星系的可见光辐射中有 10% 是年老的红色恒星贡献的，余下的 90% 来自年轻的蓝色恒星。由此可见，蓝色的致密矮星系要么是彻彻底底的年轻星系，要么是气体储备丰富且恒星形成极其活跃的星系——类似于我们在质量更大的旋涡星系里见到的大质量电离氢区。

在 20 世纪 60 年代，宇宙学研究的一个核心议题就是在大爆炸后的最初几分钟里形成的原初氦，与之后在恒星内部合成并被超新星爆发撒播出去的氦的数量比值是多少。瑟尔和萨金特本能地感觉到，星暴矮星系可能会告诉我们答案。如果这些星系没有多少年老恒星，那么爆发形成的年轻恒星必然是星系的第一代恒星，如此星际介质或许还没怎么被污染，在化学成分上可能十分接近原初气体。事实也的确如此，I Zw 18 和 II Zw 40 的光谱显示，比氢和氦还重的元素含量极低。1972 年，瑟尔和萨金特宣布，这两个致密的矮星系是第一批已知拥有金属极度匮乏的气体和年轻恒星的星系。[157] 他们论证说，这两个星系里的气体肯定反映了氦的原初含量，因为与太阳周围的星际气体相比，它们的氧和氖的含量远低于后者（II Zw 40 的是 10%，I Zw 18 更低，仅有 2.5%，这是直到最近发现的氧的最低含量），氦的含量却和后者几乎一样。

这些致密的矮星系虽然在飞快地大批量生产恒星，但它们的化学丰度却很低。这个发现带给我们一个重要的启示。自从沃尔特·巴德把恒星分成了两大族群，星族Ⅰ和星族Ⅱ，天文学家就一直认为年老恒星（星族Ⅱ）的金属含量低，年轻恒星（星族Ⅰ）的金属丰度则接近于太阳的金属丰度。瑟尔和萨金特的发现告诉大家，事情并没有原先以为的那么简单。虽然两个蓝色的致密矮星系正在密集地形成恒星，星系却还没怎么被星风和超新星爆发吹出的金属所污染——就像银河系里发生的那样。因此，它们看上去还是一副没怎么开始演化的年轻星系模样。但是矮星系真的年轻吗？它们是否很早就已经形成，只是在过去从没有像现在这样飞快地生产恒星？又或者，它们的恒星形成与太阳系周围的恒星形成迥然不同，严重偏好制造质量非常大的恒星？

1973 年，瑟尔、萨金特与当时正在加州理工学院读研究生的威廉·巴诺洛（William Bagnuolo）联名发表了一篇极其重要的论文。他们在文中推断，贫金属致密矮星系不可能持续不断地形成恒星，使气体化学增丰。[158] 若星系以目前的水平不停歇地制造恒星，那么截至目前在星系中看到的中性氢气体很可能早就用完，甚至消耗殆尽了。因此，他们推断致密矮星系之所以呈现出非同寻常的蓝色，必定是星暴造成的。为了验证这个假设，他们构建起星系模型，模拟了各式各样的恒星形成历史，如极早的或者周期性爆发的恒星形成。他们通过把不同年龄的星团混合起来，大致模拟这些恒星形成历史。他们还根据恒星演化理论计算出星团的颜色，然后对混杂的星团年龄和化学成分进行调整，直到模型星系的颜色与观测到的蓝色致密矮星系的颜色相符。他们发现，虽然矮星系的光度目前是由非常年轻的恒星主导着，然而其恒星质量的主要贡献者似乎是已存在了 100 亿年的年老恒星。因此，致密矮星系很可能并不年轻，只是因为正在经历相对短暂且异常激烈的恒星形成才显得活力四射——萨金特和瑟尔称之为"青春乍现"。这些星暴事件并非连续，两次星暴之间是时间较长的宁静期。[159]

天文学家现在认为，矮星系是星系通过并合发展成更大星系的建筑构件，在星系形成和演化理论中扮演着举足轻重的角色。在萨金特和瑟尔打头阵之后，天文学家继续展开大量研究并进行更大范围的拍摄观测，其中部分拍摄是在帕洛玛完成的。天文学家的一个研究焦点是，在超新星爆发吹出的强风的共同作用下，矮星系是否为星系际气体的主要污染源。以萨金特为首的一些天文学家对兹威基的星系表里更极端的天体展开进一步的光谱巡天，结果却一无所获。事实上，直到最近，对贫金属星系的最新搜寻仍没有打破 I Zw 18 的低金属丰度纪录。

I Zw 18 颜色偏蓝，个头也不大，还发生星暴，伪装成在早期宇宙才有可能见到的非常年轻的星系。直到瑟尔和萨金特通过仔细的观测和建模，才识破了它的伎俩。I Zw 18 里那些质量最大、既炽热又年轻的恒星掀起猛烈的星风，爆炸形成超新星，并吹出一大团一大团的气泡。年轻恒星发出强烈的紫外辐射，照亮了它们周围的气体，形成了围绕中心区域的那些蓝色丝状物。

资料来源：NASA, ESA, and A. Aloisi (Space Telescope Science Institute and European Space Agency, Baltimore, MD).

表现出星暴迹象的不仅有青春乍现的蓝色矮星系，在阿尔普收集的特殊星系里也能找到不少。图姆尔兄弟在 1972 年发表了一篇题为《星系桥与潮汐尾》的论文。在这篇里程碑式的论文中，他们展示了四个具体的星系模型。这些星系都是从阿尔普的《特殊星系图集》中选出来的，显露出引力相互作用把气体导入星系中心的迹象。在那里，气体因为被压缩而密度增大，引发了一轮又一轮的恒星形成活动。耶鲁大学的两位理论学家理查德·拉森和比阿特丽斯·廷斯利想到，可以从正在碰撞的星系中寻找星暴的证据，对潮汐相互作用触发恒星形成的假设进行检验。碰巧 Gérard de Vaucouleurs 刚好在 1976 年发布了《第 2 个亮星系表》，提供了大批星系数据，包括全新的光电测光结果。天文学家因此可以展开系统的、定量的研究，看看潮汐相互作用是如何与恒星形成联系在一起。拉森和廷斯利画了两幅各自独立的实验图（见下图）。一幅展示相对孤立的"普通"星系的颜色，这些星系选自桑德奇在 1961 发布的《哈勃星系表》。另一幅展示了经常发生引力相互作用的特殊星系的颜色，这些星系是从阿尔普在 1966 年发表的《特殊星系图集》中挑选出来的。

　　为了弄懂这两幅图的含义，拉森和廷斯利计算了广泛的星系模型，改变了诸如星暴强度、时长之类的参数，模拟了从零星发生的快速星暴到随时间平稳减少的恒星形成对星系颜色的影响。为了模拟出接近阿尔普的图集中颜色最偏蓝的星系，他们在原有的年老恒星基础上又给星系添加了年轻的恒星。由于新加入的恒星非常明亮，只要它们的质量占到星系质量的 5% ～ 10%，就能复原观测到的偏蓝的星系颜色。模型显示，与相对孤立的星系相比，处于相互作用中的星系表现出更剧烈的恒星形成活动。拉森和廷斯利通过排除法得出结论，由潮汐相互作用触发的新出现或者正在减弱的星暴，是造成阿尔普的特殊星系颜色分布弥散的唯一原因。

　　这两位耶鲁大学的理论学家踏入了一个新领域，在阿尔普和萨金特发现的星暴与大家看到的星系密近交会和迎面对撞之间，建立起因果关系。许多处于相互作用中的星系都表现出如颜色偏蓝、面亮度较高、富含气体等特征，说明在此过程中有大量的星际气体流入星系内部。图姆尔兄弟把这个过程形象地比喻成"往炉子里添煤加炭"。继拉森和廷斯利的开创性研究之后，这个简单的想法得到了更多的观测和理论支持。

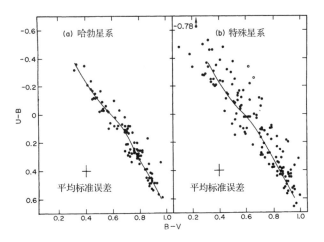

独居的普通星系（左）与形状特殊的相互作用星系（右）的颜色比较：与前者相比，后者的颜色数据更分散，而且偏蓝（靠近该分图的左上方）。

资料来源: From R. B. Larson and B. M. Tinsley, "Star Formation Rates in Normal and Peculiar Galaxies," Astrophysical Journal 219 (1978): 46‑59, Figure 1. © AAS. Reproduced with permission.

星系气泡

促使天文学家对相互作用星系展开研究的最初因素是奇特怪异的星系形态。大文学家后来认识到，有些特殊形态可能是星系间相互作用引发了大规模恒星形成所导致的。但也有一些星系虽然在猛烈地制造恒星，却未见与其他星系发生相互作用的迹象。举个例子，在 20 世纪 80 年代初，一个孤立的特殊矮星系 GC 1569（也叫阿尔普 210）让天文学家一直困惑不解。早在三十多年前，他们就注意到这个星系有一对特别明亮的物质结。最先发现它们的是沃尔特·巴德，在 1931 年的一次观测中，他在银纬较低的黑暗天区看到这两个结。它们实在不同寻常，因此引起了巴德的注意。50 年后，围绕星系红移问题争执了十多年的阿尔普和桑德奇握手言和，整合手中的资源，一起研究这对结。桑德奇的文件柜抽屉里存放着一系列短曝光照片，其中有哈勃在 1953 年（去世前不久）用 200 英寸望远镜拍摄的，还有巴德拍摄的。这些照相底片的拍摄水准极高，足以把形态怪异的星系分辨清楚，区分开哪些是电离氢区，哪些是单独的恒星。那么问题来了：靠近星系中心的那两个明亮的结是不是两颗极其明亮的超巨星？还是前所未见的一种"超级星团"？

阿尔普检查了用 200 英寸望远镜的双通道分光仪和新电子探测器为结状物拍摄的光谱，发现了类似恒星吸收线的光谱特征。光谱中充斥着大群极年轻、极明亮的炽热恒星产生的谱线。[160] 后来，哈勃空间望远镜把两个结状物分解成一颗颗恒星，支持了阿尔普和桑德奇的结论——它们是年轻的"超级星团"。不仅如此，天文学家后来发现，是结里的上百万颗恒星发出的紫外辐射、吹出的星风、抛出的超新星碎片导致了光谱中谱线泛滥。最近，X 射线图像揭示出直径几千光年的热气体泡里充满了超新星爆发的抛出物。由于矮星系的质量太小，留不住热气体，这些气泡向外膨胀，带着自己制造的重金属元素如氧、硅和镁，逃入星系际空间，丰富了本地宇宙的化学成分。

如果不规则矮星系和其他富含气体的星系原料充足，为什么它们不是个个都发生星暴？是什么原因促使 NGC 1569 如此拼命地、以无法持续很久的速度制造着恒星？为什么它等了 130 亿年才发生星暴？科学家怀疑有可能是前不久发生的一次相互作用引起了这场星暴。即使在 NGC 1569 这个例子里也是如此，这个矮星系可能也是本地宇宙中的一次暴力事件的受害者。毕竟，众所周知，小星系群本就是激烈事件频发的地方。因此，值得注意的是，NGC 1569 的距离估值最近刚从原来的 780 万光年修改成

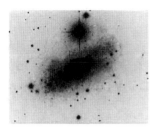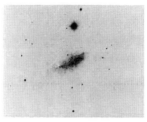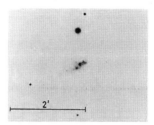

考虑到底片的动态范围比较小，天文学家通常要对星系进行多级曝光，才能在底片上看到不同亮度的区域。在 20 世纪 50 年代初，天文学家用蓝敏感光乳剂为 NGC 1569 拍摄的照片就展示了这样一个亮度序列。左图是哈勃拍摄的曝光 25 分钟的蓝敏照片，从中可以看到平滑、明亮的星系中心区及周围的气体结构。中、右两图分别是哈勃和巴德拍摄的曝光 1 分钟的照片，能够分辨出星系内部最亮的两个星团，还有在明亮星系盘衬托下的一些恒星个体和电离氢区。看上去模糊且微微伸长的明亮结状物，与场中恒星锐利的圆形图像形成鲜明的对比，支持了这些结是延展天体的看法。位于星系上方曝光过度的明亮天体是银河系里的前景恒星。

资料来源：Figure 1 from H. Arp and A. Sandage, "Spectra of the Two Brightest Objects in the Amorphous Galaxy NGC 1569—Superluminous Young Star Clusters—or Stars in a Nearby Peculiar Galaxy?," *Astronomical Journal* 90 (1985): 1163 – 1171. © AAS. Reproduced with permission.

1100 万光年，增加了 50%。这个新距离让 NGC 1569 置身于一群星系之中。这个星系群由 10 名成员构成，以旋涡星系 IC 342 为中心。NGC 1569 很有可能与群里的其他星系发生了引力相互作用，导致自己的气体受到震动，激起星暴。这个矮星系正在以比银河系快 100 倍的速度制造着恒星，而且几乎已经不间断地持续了近 1 亿年！

星系风

形状规则的旋涡星系 M81 有一个"不规则"的伙伴——梅西叶 82(M82)。天文学家在光学波段已经对 M82 进行了广泛的研究，公认它是最早发现的那批激烈相互作用星系中的一个。1961 年，基特峰国家天文台的天文学家罗杰·林德斯发现 M82 还是一个射电源，而且光谱十分反常。他与桑德奇组队，用 200 英寸望远镜为它拍摄了一系列"诊断"图像。为了便于探测氢 α 发射线和恒星形成的迹象，他们在拍摄中采用了特殊的滤光片，结果发现明亮的细丝和暗沉的尘埃带混杂一处，似乎正从 M82 的中心伸出来。他们还找到了光谱证据，证明气体正以超过 100 千米 / 秒，或许高达

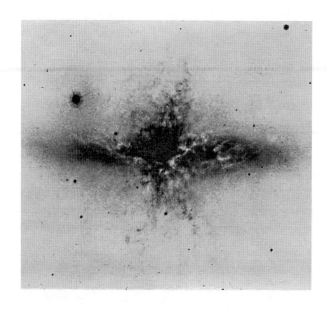

M82 的照片显示，长长的细丝状气体和尘埃沿着星系盘的短轴分布，说明星系核在过去可能发生过一次巨大的爆炸。天文学家在 1963 年（数字化成像的时代还未到来）用 200 英寸望远镜为 M82 拍摄了一系列照片。从窄波段的 Hα 图像中去除黄色宽波段图像就得到了这张合成图。

资料来源: Figure 8 from C. R. Lynds and A. Sandage, "Evidence for an Explosion in the Center of the Galaxy M82," *Astrophysical Journal* 137 (1963). © AAS. Reproduced with permission.

1000 千米 / 秒的速度，沿着垂直于星系盘的方向从星系中心逃逸出来。所有这些证据归总一处让林德斯和桑德奇提出，在大约 150 万年前，M82 的中心发生过一次能量极大的气体喷发。他们在 1963 年发表了一篇日后广被引用的论文，[161] 得出结论说这可能是证明射电星系的中心发生爆炸的第一个直接证据。

此后不久，桑德奇和摄影专家威廉·C. 米勒（William C. Miller）继续跟进，用 200 英寸望远镜搭配特殊的滤光片为 M82 拍照。他们发现了一条更长的气体细丝，从星系盘的上方穿入，再从盘的下方穿出，一路伸入星系晕里，延伸了 4000 秒差距的距离。这些细丝的光谱带有 Hα 发射线，似乎证实了最近刚发生过一次爆炸。此外，这些辐射的偏振度很高，说明有相对论性电子在大尺度磁场中做螺旋运动，发出同步回旋辐射。

1972 年，桑德奇和卡内基研究所的博士后 Natarajan Visvanathan 又转回头重新研究 M82。这一次，他们终于弄清楚了气体细丝发出的偏振光不是回旋同步辐射，而是星系盘发出的光被电子散射的结果。天文学家以前一直认为，M82 是河外射电源发生爆炸的最佳观测实例。桑德奇等人发现 Hα 偏振辐射削弱了这个观点。在他们联名发表的题为《不可调和的问题》的论文中，他们为自己对气体细丝的辐射机制缺乏正确认识而感到惋惜，并以"新获得的观测结果并没有让我们增进对这个星系的理解"一句结束全文。[162]

M82 是一个典型的星暴星系。它之所以看上去像一根雪茄烟，是因为它的恒星盘几乎侧对着我们，恒星形成的效果因此大大增强。星暴引燃了一批超新星爆发。这些爆炸事件掀起超级星系风，吹跑气体，形成从盘中喷出的气体细丝。大质量年轻恒星的超新星爆发能吹出高达百万度高温的不断膨胀的热气泡。普通盘星系大约每 100 年才会发生超新星爆发，但在星暴星系里超新星爆发频频出现。它们吹出的气泡相互重叠，堆积起大量的热气体。这些高温气体在膨胀过程中，在盘内受到致密气体的阻挡，在星系的两极方向却几乎畅行无阻。所以，炽热气体便沿着垂直于盘的方向带走气体和尘埃。图中显示的丝状物是从星系中逃逸出来的电离气体超级大风。紫色代表氢离子和氮离子发出的辐射，绿色是硫离子的辐射。

资料来源：NASA/STScI/SAO.

在接下去的十年里，经过许多观测者的努力，M82 的气体丝开始被视为星系超级风——星暴中频发的超新星爆发把气体吹出星系盘——的证据。现在已有证据表明，在 M82 与 M81 最近一次相互作用中，新鲜的气体被倾倒给 M82，导致了星暴及其后的超级星系风。即使星系擦身而过也借机向对方传递物质：一个星系外侧的气体可以流入另一个星系的中心。

无处安放的恒星形成

正如拉森和廷斯利的研究所展示的那样，星系间的相互作用是触发星暴的一种方法。星系与气体的相互作用则是另一种方法，就像我们在斯蒂芬五重星系（也叫阿尔普 319 或者希克森星系群 92）里见到的那样。本章在一开篇就提到斯蒂芬五重星系是由五个星系成员构成的紧密群体。自 1877 年发现之日起，它就引起了天文学家的注意。它的演化过程不仅涉及星系间的引力相互作用，还包括星系与群内弥漫气体的正面冲突。

对星系群动力学历史的详细复原虽然还未完成，但天文学家认为星系成员间一连串的撞击把星系内部大部分的中性氢气体都给带走，抛到星系群的中心区域。现在，一个曾带着气体盘的旋涡星系正以大约 900 千米 / 秒的速度，朝着星系群中心一头撞去。在此过程中，它与沿途遇到的另一个星系迎头相撞，在自己的盘中激起一个不断膨胀的环状激波，与罗杰·林德斯、阿拉尔·图姆尔在 1976 年观测和模拟的结果十分相似。[163] 之后，这个旋涡星系仍旧速度不减，又撞上了另一个星系成员的氢含量丰富的潮汐尾。这次碰撞产生能量强劲的巨大激波，延展幅度超过 4 万秒差距，比整个银河系还大。在 20 世纪 70 年代初，天文学家第一次探测到这个激波。他们发现在两个星系之间有一个神秘的脊状射电辐射源——在可见光波段至今都没看见。他们始终没弄明白它是什么，直到在其他波段拍摄的图像揭示出那是一个激波。后来，200 英寸望远镜拿出了直接证据，表明这个激波是旋涡星系猛烈撞击另一个星系成员的气体遗迹的结果。

还有更多惊喜有待发现。Kevin Cong Xu20 世纪 90 年代在海德堡做博士后时就"迷上了斯蒂芬五重星系群"。[164]他和同事在研究致密星系群时，在斯蒂芬五重星系群的神秘脊状射电源（据推测是激波）的北侧末端，意外发现了一个明亮的红外辐射源。他们第一次看到它时还以为是仪器出了问题。由于周围尘埃的遮挡，在可见光波段看不见这个源，它看上去像是一个星暴区，他们称之为源 A。不过，这个源的位置很古怪，它前不着村后不着店，与离它最近的星系还相距 2 万秒差距，也正因如此才引起他们的注意。究竟是在什么样的极端、难以置信的情况下，才会在星系的外面引发星暴？

等 Kevin 来到加州理工学院的红外处理和分析中心工作后，他用 200 英寸望远镜研究这两个极不寻常的现象——孤立星暴和大尺度激波是否存在物理联系，也许还有动力学联系。从源 A 周围的气体的光谱中测量得到发射谱线的比值，证实旋涡星系[位于竖直激波的西侧（右方）] 是受到高速撞击，才激发出源 A 的星暴和大尺度激波。电离气体的发射谱线非常宽——通常情况下这是极剧的湍流运动导致的，也让他对这层因果关系深信不疑。[165]

在斯蒂芬五重星系群里上演的这场星系与气体细丝猛烈撞击，与纯粹的潮汐相互作用截然不同。后者是两个星系优雅、从容地擦肩而过。这或许是科学家首次发现高速运动的星系与星系群内的气体相撞会引发星暴的实例。在帕洛玛为源 A 拍摄的光谱中，Kevin 看到出乎意料强烈的 Hα 发射线，强度超过了弥漫的 X 射线辐射的总量。这个令人兴奋的发现促使他与同事菲尔·阿普莱顿（Phil Appleton）把空间望远镜的远红外探测器对准了激波区域的中心。他们在那里发现了更强烈的分子氢谱线。这是迄今为止证明气体中有

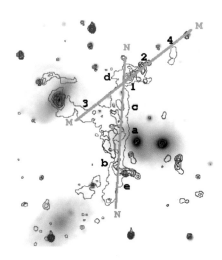

　　在可见光光谱的帮助下，天文学家确定了斯蒂芬五重星系群里位于星系成员之间的长条激波与孤立星暴——源 A 之间的动力学关系。图中的两个线段 M 和 N 分别是 200 英寸望远镜双路摄谱仪的狭缝。狭缝 M 同时穿过激波（竖直的红色等高线）和源 A（位置 1），测量两者的相对运动速度和扰动情况；狭缝 N 则沿着激波所在的区域摆放。等高线标示出电离气体的 Hα 发射线和一次电离氮的发射线的强度：蓝线是低速气体（约 5700 千米 / 秒）的发射线，红线是高速气体（6600 千米 / 秒，包括激波）的发射线。天文学家截至目前已经在 X 射线、射电波段、借助 Hα 和分子氢的谱线对激波进行过探测。

　　资料来源：Figure 6 from C. K. Xu et al., "Physical Conditions and Star Formation Activity in the Intragroup Medium of Stephan's Quintet," *Astrophysical Journal* 595 (2003): 665 - 684. © AAS. Reproduced with permission.

分子氢——恒星形成赖以维系的原料——的最直接证据。然而，在星系成员的内部却几乎看不到恒星形成的迹象，外部也没有。"星暴"源 A 每年新生成的恒星总量大约只有太阳质量的 75%，与星暴星系的恒星产量相比，这实在不算多。因此，斯蒂芬五重星系群依然迷雾缠身。有些人亲切地称之为"动荡不安的一团乱麻"。[166]

星系核中的大旋涡

　　帕洛玛的天文学家曾有幸探测到类星体的宿主星系，获得了支持星系碰撞触发星系核活动的观测证据，也识别出巨大的星暴。后来，在 1983 年，刚飞入太空的红外天文卫星传回大量观测数据，向世人展现了被尘埃笼罩的星系中心那令人叹为观止的一面。后续观测表明，有一些在光学波段看起来并不起眼的星系，如阿尔普 220，把其总能量的 99% 都投放在了红外波段。无论这么强大的辐射是什么来路，天文学家都在收集证据，证明在红外波段更明亮的那些星系，很可能正处于碰撞和并合过程中。

1989 年 8 月 17 日，夜空晴朗，大气视宁度只有 1 角秒，加州大学伯克利分校的天文学家詹姆斯·格雷厄姆（James Graham）与同事用 200 英寸望远镜搭配一台红外相机、2.2 微米测光滤光片对阿尔普 220 进行观测。他们交替观测阿尔普 220 和附近一颗亮度与它差不多的恒星。每个天体曝光 5 秒，如此反复曝光好几次。在扣除掉天空和望远镜的热辐射后，他们采用一种名为"位移叠加"的巧妙技术来改正大气湍流造成的一级图像模糊。对图像做过严格修正后，他们发现在阿尔普 220 中隐藏着一个双核结构——相隔 1 角秒的两个红外源。根据阿尔普 220 的距离可以推知，1 角秒对应的投影距离约为 1000 光年。这两个挨得很近的红外源——每一个在当时都被认为是被尘埃笼罩的赛弗特星系核或者类星体，再加上红外等照度线、在光学波段见到的受到扰动的形态，还有潮汐尾的遗迹，这些证据充分表明阿尔普 220 正处在并合的最后阶段。1990 年，格雷厄姆与同事在《天体物理学报》上发表论文，把这个发现公之于众。[167]

通过研究像阿尔普 220 这样的明亮红外星系，天文学家可以了解星系中心两种基本产能模式的平衡关系。第一种能量源是热核反应——在星系中心的星暴中形成的几百万颗恒星共同把氢转变成氦和更重的元素。第二种产能模式是物质落入超大质量黑洞时释放的引力势能和气体吸积盘的摩擦生热。现在看来，星系在红外波段越是明亮，越有可能是超大质量黑洞为它提供能量；红外光度越低，能量越有可能来自星暴。这两种产能模式都会驱动大量气体向外流动。

星系中心的怪物——黑洞

1963 年发现的类星体，特别是它们的个头极小，使天文学家假设是质量极大的致密天体——最有可能是星系中心的黑洞——吸积物质，为这些极其明亮的天体提供了能量。当时的天文学家认为，黑洞是罕见的奇异天体，只有一小部分星系才有。然而马丁·施密特在 20 世纪 60 年代至 70 年代初开展的大量后续观测表明，类星体在红移 2 左右数量最多，比现在的类星体多出 1000 倍，那时的宇宙也比现在年轻许多。

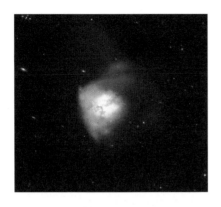

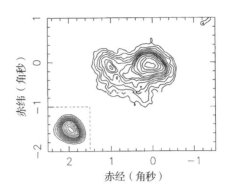

在阿尔普的《特殊星系图集》中，编号 220（阿尔普 220）的天体看上去不过是一个孱弱、平庸、被几圈物质环绕着的暗星系。在光学波段看，一条尘埃带把星系一分为二。星系中心有两个星系核正在并合。它们发出 X 射线，构成一个大旋涡——在蓝光图像中看不出任何蛛丝马迹。阿尔普 220 是离我们最近的极明亮的红外星系。在本地宇宙，数它的热光度最大。它以 6×10^{45} 尔格 / 秒的速度涌出比太阳的辐射高出 1 万多亿倍的辐射。然而它是一个真正的谜，因为它的主要能量来源一直深藏不露。即使在 2.2 微米只有 10 个星等的消光，那个能量源头还是躲着不肯露面。天文学家认为，在几亿年前，两个旋涡星系发生相撞，触发了大范围的星暴。如今，星暴区域的面积已经有所缩减。左图是哈勃空间望远镜在可见光波段为阿尔普 220 拍摄的照片，拍摄区域的跨度为 8.4 万光年。在照片中可以看到潮汐尾的暗淡痕迹和并合接近完成的迹象，但在星系中心只有纵横分布的尘埃带和密密麻麻的恒星形成团块，唯独不见双星系核的身影。右图是根据 200 英寸望远镜拍摄的阿尔普 220 中心区域的红外照片制作的等高线图。图片边长横跨 4000 光年的距离，清楚地展示了星系中心的双核结构。图的左下角是与阿尔普 220 同时拍摄的恒星的等高线图。

资料来源：Left: NASA, ESA, the Hubble Heritage Team (STScI/AURA)–ESA/Hubble Collaboration, and A. Evans (University of Virginia, Charlottesville/NRAO/Stony Brook University); Right: Figure 1 from J. R. Graham et al., "The Double Nucleus of Arp 220 Unveiled," *Astrophysical Journal* 354 (1990): L5–L8. © AAS. Reproduced with permission.

这就引出了一个有趣的问题：如果绝大多数类星体到如今都已灭绝，那么它们辉煌的过去难道不该留下余烬吗？若真是如此，那些死去的类星体可能会以超大质量黑洞的形式躲藏在附近星系的中心。[168]

但是，我们如何知道它们到底在不在呢？对于黑洞，我们本就无法直接探测它们，只能用间接的方法去寻找。对于星系中心的超大质量黑洞，证据通常来自它们对周围恒星和气体施加的动力学影响。这些恒星和气体构成了我们肉眼可见的星系核。例如，只要恒星路过黑洞的势力范围，后者就会对恒星施加强大的引力拉扯，使它的轨道运动提速。这时，我们就会观测到本地恒星的光度和速度弥散急剧攀升。地面上的望远镜常常识别不出这些迹象。比起中心有狂暴类星体的星系，在有宁静星系核的邻近星系中最容易看到这个效果。这是因为引力对恒星和气体的影响不像星暴和吸积盘活动那般激烈，很容易被后者掩盖。

在华莱士·萨金特（Wallace Sargent）和加州理工学院的研究生彼得·杨（Peter Young）的眼中，著名的巨椭圆星系 M87—— 一个强大的射电和 X 射线源的宿主星系，似乎就是有望探测到第一个超大质量黑洞的候选者。M87 稳居于室女星系团（距离我们 5400 万光年）的中心，有一个异常明亮的小小星系核，一束相对论性等离子喷流正从那里涌出。萨金特和杨采取了双管齐下的策略来寻找中心黑洞存在的证据。

首先，杨和吉姆·韦斯特法尔及其他几位合作者在 1977 年，用 60 英寸和 200 英寸望远镜安装的新光电探测器（包括第一台 CCD）率先对 M87 核心区域的面亮度进行准确测量。据他们描绘，星系中心的光度轮廓"非常反常"，中心有一个光度超出—— 冒出一个"尖"。在附近的普通椭圆星系身上从未见到过类似的情况，标准星系模型也没做出过此类预言。[169] 他们谨慎地得出结论说，大约 30 亿倍太阳质量的黑洞可以解释观测到的光度轮廓。

其次，亚历山大·博克森伯格（Alexander Boksenberg）发明了一台二维光子计数探测器，很受大家欢迎。帕洛玛天文台和基特峰国家天文台都安装了这台仪器，让它帮助测量从 M87 表面经过的恒星的轨道运动速度、速度弥散和谱线强度。他们还对 NGC 3379—— 一个普通的椭圆星系，进行了同样的测量以作比较。新探测器非常灵敏，即使比夜天光还要暗许多的星系外侧面亮度，它也能探测到。由于星系距离遥远，望远镜无法把恒星一一分辨出来，但天文学家可以通过光谱吸收线的红移和谱线展宽，测量出它们的轨道运动速度和速度弥散。

杨对光谱进行分析，测量了恒星沿着 M87 和 NGC 3379 的轴方向的速度弥散（随机速度的分布）。他发现这两个星系的中心区域截然不同：在 M87 的中心，恒星运动得越来越快，随机运动速度最高可达 300 ～ 500 千米 / 秒，而在 NGC 3379 的中心就见不到如此高的速度。因此，若要让恒星动力学模型较好地符合 M87 的观测结果，就要在模型星系中心添加一个约 50 亿倍太阳质量的天体。

虽然观测无法证明位于 M87 中心的大质量天体确实是黑洞无疑，却强烈地暗示了这种可能性，这也是"所采用的模型最吸引人之处"。为了给他们的假设寻求更多支持，萨金特和杨计算发现，50亿倍太阳质量的黑洞轻而易举就能吞掉处于光度"尖"上的恒星损失的质量。这样一来，它每秒钟就能产生10^{42}尔格的惊人能量。这与M87对应的射电源室女A释放出的能量不相上下。最后，哈勃空间望远镜揭示在M87的最中心有一个快速旋转的小气体盘。根据气体盘的旋转速度，天文学家估算出星系中心的质量超过20亿倍太阳质量，与萨金特和杨早前的估计值大致相当。

（与加州理工学院相对，位于帕萨迪纳城另一侧的）卡内基天文台的天文学家阿兰·德雷斯勒（Alan Dressler）不相信萨金特和杨的发现是普遍现象。他争论说，要想在5000万光年远的M87里找到黑洞存在的证据，除非这个黑洞的质量非常大。既然如此，为什么不到离我们更近的星系里去找呢？他选择研究NGC 1068和NGC 4151，它们是最有名的拥有明亮星系核的赛弗特星系。他在帕洛玛山顶静待良机，直到大气视宁度降低到1角秒左右才开始观测。他从公文包里拿出星系的位置坐标，然后爬进200英寸望远镜的卡塞格林观测室，那里安装着双光谱仪。由于从来没有人在近红外波段为星系拍过光谱，德雷斯勒先观测两个附近的已被深入研究过的宁静星系梅西叶31及其椭圆星系伙伴M32，以作比较。虽然M31和M32都没有类似M87那样的活跃星系核，但它们比后者近20倍，这让天文学家能够更仔细地测量它们的光度轮廓和恒星运动情况。

回到帕萨迪纳市区后，德雷斯勒检查了自己的观测数据，惊讶地发现M31的恒星旋转曲线非常明显地冒了出来。在经过星系核时，旋转曲线来了一次彻底逆转。他把曲线的轮廓形容成"嘀嘀嘀"。[170]而恒星的速度弥散（图中没有显示出来）在趋近星系核时不断攀升，很像在M87中见到的情况。他根据速度弥散推断M31的中心有一个看不见的天体，质量大约是3000万～7000万倍太阳质量，M32的中心则有800万倍太阳质量的天体。[171]从星系中心发出的光如果不出所料，应该是各种普通恒星的光的混合，达不到中心质量要求的那么多，因此超大质量黑洞——再一次——可能就是罪魁祸首。

在黑洞研究领域的专门术语中，视界被定义为以黑洞为中心的一个球形边界。无论何物，一旦越过此界就别想从黑洞的引力势阱中逃出了。对于一个不旋转、不带电荷的黑洞，其视界的半径称为史瓦西半径。它的大小由黑洞的质量决定。1个太阳质量的黑洞，其史瓦西半径是3000米左右。

10 亿倍太阳质量的黑洞，它的史瓦西半径就是 30 亿千米。在室女星系团那么远的距离上，如此大质量的黑洞，其史瓦西半径在天空中的张角也仅有百万分之一角秒，比 20 世纪 80 年代世界上最好的干涉仪的分辨率还小 100 倍。

德雷斯勒把自己的观测数据发给密歇根大学的道格拉斯·里奇斯通（Douglas Richstone），问他这些数据是否表明恒星在围绕着一个看不见的大质量天体狂奔。里奇斯通是构造恒星轨道运动模型的专家，他答复说，可以这么解释。于是，它就成了迄今为止最有力的证据，证明两个星系中心有超大质量黑洞。1988 年，德雷斯勒和里奇斯通把这个研究结果发表出来。[172] 令人震惊的是，这两个邻近的星系，一个是致密的

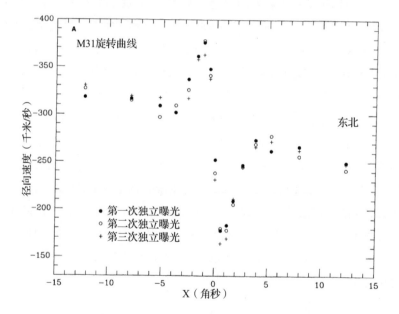

这是恒星的径向速度沿 M31 盘面主轴的分布。纵坐标轴是三次独立曝光测量的恒星的径向速度。横坐标是恒星到星系核的距离。M31 的星系核位于横坐标 0 角秒处。"旋转曲线"在经过星系核时陡然上升，表明星系核在飞快地旋转。

资料来源：Figure 2 from A. Dressler and D. O. Richstone, "Stellar Dynamics in the Nuclei of M31 and M32—Evidence for Massive Black Holes?," *Astrophysical Journal* 324 (1988): 701‑713. Reproduced by permission of Alan Dressler, Carnegie Observatories. © AAS.

小椭圆星系，另一个是明亮 100 倍的旋涡星系，竟然都给出了相似的测光和运动学证据，指出星系中心藏有超大质量黑洞。相比之下，就这样的黑洞证据而言，德雷斯勒最初选择的赛弗特星系反倒没派上用场。这真是有心栽花花不开，无心插柳柳成荫了。

宝库的钥匙

那么，是不是在大多数甚至所有星系的中心都有超大质量黑洞呢？在 M87 里找到超大质量黑洞存在的证据后，萨金特与他的一名研究生阿列克谢·菲利潘科（Alexei Filippenko）围绕这个黑洞展开讨论。菲利潘科想知道在本地宇宙中所有邻近的星系里，到底有多少星系表现出星系核活动的迹象。他意识到要想展开有意义的统计研究，自己还需要收集更多例子和高质量的数据。他以 12.5 星等（比较明亮）作为探测极限，从《沙普利—埃姆斯明亮星系表》（修订版）中各种光度和哈勃星系类型的星系中挑选出 500 个来研究。1982 年，菲利潘科和萨金特在帕洛玛展开艰巨的巡天观测，在光学波段挨个为星系的核心区域拍摄高信噪比的光谱。他们使用 200 英寸望远镜上安装的久经考验的双光谱仪进行拍摄，并用 2 角秒宽的狭缝把每个星系的核心区域隔离出来。

在巡天早期，200 英寸望远镜没有安装自动导星装置来辅助望远镜跟踪天体。菲利潘科或者萨金特亲自上阵，每天晚上都要推动手持导杆上的东、西、南、北按钮不下数百次。虽然人舒舒服服坐在数据室里就可以让双光谱仪旋转到与狭缝平行的位置，然后按照指定的方向横扫星系，但调整光栅就没那么容易了。每天下午，总要派一个人爬进卡塞格林观测室，把光栅旋转到当天晚上要拍摄的光谱范围。为此目的，光谱仪被牢牢固定在望远镜底部的一个大旋转环上。在夜间观测时，大家保持联络全靠对讲机。在漆黑一片的圆顶里，常会听到数据室传来这样的声音："把转盘向左转。"过了一会儿，观测室里就会传出哀怨的声音："谁的左边，你的？还是我的？"在数据室里进行观测时，萨金特（不少人觉得他性格有点古怪）会和同事大聊特聊他广泛的业余爱好，如音乐、棒球和日本相扑。

他们就这样观测了近十年，在海耳望远镜旁工作了一百多个夜晚。在那以后的相当长一段时间里，菲利潘科的巡天观测一直都是最大规模的邻近星系的高质量、均质光学光谱数据集。1985 年，菲利潘科和萨金特发表了一部分初级结果——35 个星系的光谱。[173] 他们发现有很大一部分邻近星系都显示出活跃的迹象，与在赛弗特星系和类星体身上见到的情形相似，只不过程度比后者更轻。在这些星系的中心可能有超大质量黑洞，不过现在就下定论还为时过早，必须等把整个样本的 500 个星系的数据全部分析完再说。

傍晚时分，在去"修道院"吃晚饭前，瓦尔·萨金特会在 200 英寸望远镜圆顶周边的小道上巡视天空和整个天文台。他盯着天空，试着预测当晚的大气视宁度如何，是否晴朗。

有一次，几位游客发现了他，问他道："嗨，你是怎么上去的？"萨金特低头看了看他们，以他独特的方式大声答道："经过 30 年的浴血奋斗！"（作者对菲利潘科的私人采访，2019 年）

帕洛玛的邻近星系光谱巡天的绝大部分数据，都闲置在菲利潘科位于加州大学伯克利分校坎贝尔大楼的储藏室里，一连数年无人理会。那是一个巨大的科学数据宝藏：一排又一排巨大的老式八音轨磁带堆满了五个货架，每个磁带上都记录着数据。谁看到这样的景象都不免心生畏惧。在 20 世纪 90 年代初的一天，已成为伯克利教授的菲利潘科把储藏室的钥匙交给了他的研究生路易斯·霍（Luis Ho）。菲利潘科工作繁重，自己的研究兴趣也早已转向了超新星。这是一个重要的时刻，让霍觉得手足无措。然而隐藏的宝藏在诱惑着他，让他坚持工作了三年半时间，把逐渐破损的磁带上记录的数据全部录入计算机里。[174] 整理这么庞大的数据并不是多令人向往的工作，这是他面临的难题。等到数据录入全部结束时，连磁带驱动器都报废了。这项工作成了新旧技术殊死拼斗的一场竞赛。

虽然霍没有参与原始数据的采集工作，却承担了很多后续观测。他很快就意识到，光有好数据还不够，还需要进行全面分析，才能提取证据，坐实黑洞的存在。要想把星系核隔离出来，测量它发出的微弱的发射线，首要清除的一个巨大的障碍就是星系核里的恒星形成区和年老恒星贡献的大量星光——占总光度的 90%～95%。幸运的是，在黑洞附近快速运动的气体的发射线轮廓非常宽，因此霍可以把它们与恒星形成区发出的窄发射线区分开。为了把自己感兴趣的宽发射线里的干扰因素都去掉，霍设计了一个自定义模板来扣除年老恒星的光。

分析完所有的观测数据后，霍、菲利潘科和萨金特推断超大质量黑洞在星系中十分常见，尤其是在椭圆星系和核球主导的星系类型里。1999 年，霍提出超大质量黑洞是星系内部常见的物质结构，是在星系形成和演化过程中自然而然形成的。[175] 因此，超大质量黑洞不再被当成罕见的怪物，其本身十分有趣，与宇宙的其他部分毫不相关。在帕洛玛展开的 500 个邻近星系的光谱巡天，让科学家对附近星系的星系核活动有了更加深入的了解，为下一个十年的研究工作做好了准备。

1981 年，天文学界的夫妻搭档——曼纽尔·佩姆伯特（Manuel Peimbert）和西尔维娅·托雷斯 - 佩姆伯特（Silvia Torres-Peimbert）[176] 宣布，在邻近星系 M81 的核心发现了一个超大质量黑洞。[177] 实际上，正是他们的发现使菲利潘科受到启发，展开巡天观测的。七年后，帕洛玛光谱巡天取得的早期成果之一便是证实 M81 有超大

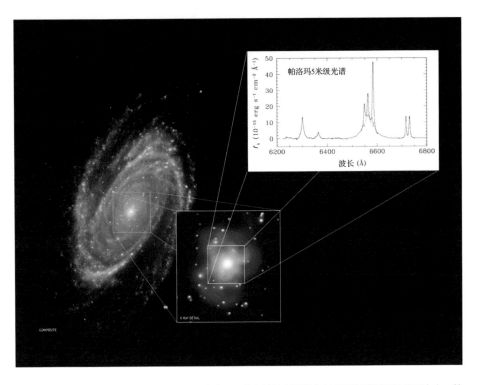

这是 M81 在红外和紫外波段的图像的合成图，蓝色的放大图是在 X 射线波段看到的星系中心。第二张放大图展示了 M81 星系核的 Hα 发射线。星光污染已经被扣除。红线标示出 Hα 的宽翼发射线，说明气体极快地运动着，速度高达 3000 千米 / 秒。这张图由路易斯·霍慷慨提供，是用斯皮策空间望远镜（红外）、GALEX（紫外）和钱德拉空间望远镜（X 射线）拍摄的图像制作的合成图。

质量黑洞。在这个巨大的旋涡星系的中心，恒星的随机运动速度很少超过 200 ～ 300 千米 / 秒。但他们探测到的谱线展宽却指出，中心气体的运动速度可要高多了，由此拉响了警报。如此宽的谱线泄露了大质量黑洞的踪迹，这与我们在赛弗特星系和非常明亮的类星体里遇到的情况相似。在这个原本宁静的星系里，只有中心聚集着很高的质量——可能是黑洞，这样才能解释那里的气体为什么运动得这么快。1996 年，霍、菲利潘科和萨金特对 M81 的发射线展宽进行分析，估算出星系中心的那个看不见的天体大约有 70 万～ 300 万倍太阳的质量。[178] 因此，M81 有一个活动星系核，尽管它的能量比赛弗特星系低了几十倍，也比类星体低了几千倍。

作为帕洛玛和其他天文台的光谱观测的衍生物，一队天文学家用哈勃空间望远镜获得了一个发现：超大质量黑洞的质量几乎总是等于宿主星系的核球质量的 0.4%。也就是说，中心黑洞的质量与其宿主星系的核球质量紧密相关。由于核球的质量是根据恒星的速度弥散推算出来的，所以，黑洞质量和核球内恒星的速度弥散存在更直接的、可观测的相关性。究竟是什么物理机制把星系中心如太阳系般大小的黑洞，与更大尺度上的星系属性密切地联系起来，反之亦然？

有一种办法能够高效地把气体输送给中心的黑洞，那就是星系并合。在并合过程中，潮汐力矩和激波带走气体的角动量，使它们坠入星系核。一部分气体通过星暴转变成恒星，还有一小部分气流入黑洞，使星系核变得活跃起来。由于绝大多数星系都有黑洞，当两个星系并合时，它们的黑洞也会随之并合。在极端情况下，环绕超大质量黑洞的吸积盘会化身为类星体，发出耀眼光芒，令它的宿主星系相形见绌。

最近的观测证据表明，类星体还会驱动气体向外流动（风）。与星暴吹出的风相比，类星体掀起的大风常常风力更强、风速更快，连随并合而来的星暴都有可能突然终止，让恒星形成"熄火"，形成所谓的"毫无生气的红色"椭圆星系。不过，这个观点仍存在争议。尽管如此，这一切似乎都是联系在一起的：星系间的相互作用和并合驱使气体落入星系中心，在不同程度上为星暴和活动星系核（Active Galactic Nuclei，AGN）提供给养；而无论星暴还是活动星系核又都把气体往外吹，既压制了星暴，也减少了支持更多活动星系核活动的原料供应。早晚有一天，这一切也许可以解释星系的核球质量和中心黑洞的质量为什么会紧密相关。

蜂窝状镜面

09
第九章

探索宇宙中的气体

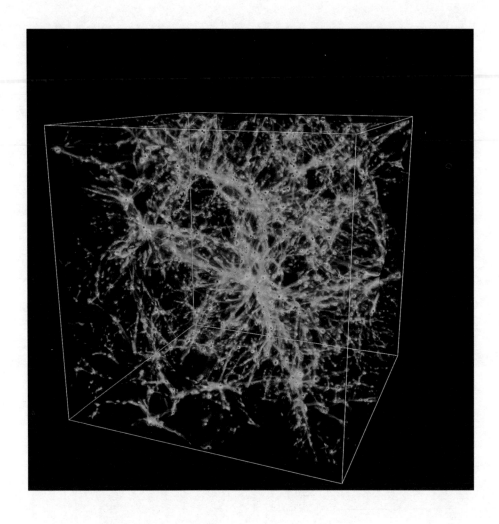

　　重子普查是支撑大爆炸理论的支柱之一。恒星、行星还有人类自身都是由重子物质构成的。然而，当天文学家把本地宇宙里的重子物质全部加起来，却发现重子物质的总量比大爆炸理论预测的低30%～40%。对于缺少的那部分重子物质，天文学家至今都没找到可靠的观测证据去探知其下落。不过他们认为，这些重子就散布在空间中，结成一个巨大的炽热气体纤维网，他们称之为"温热星系际介质"（Warm-hot Intergalactic Medium，WHIM）。计算机模拟预言，这些气体纤维被引力激波加热至10万～100万开。图中是计算机模拟结果，展示了气体在边长为4亿光年的立方体空间内的分布，形如一个宇宙网。绿色区域是网里的低密度区，橙色和红色是密度最高的区域，也是星系形成的地方。最近的紫外和X射线观测开始找到证据，表明科学家假设的WHIM气体在宇宙中确实存在。

　　资料来源：Figure 2 from R. Cen and J. Ostriker, "Where Are the Baryons? II. Feedback Effects," *Astrophysical Journal* 650 (2006): 560–572.

在200英寸望远镜开工后的前20年，天文学家用它拍摄了从行星到恒星、星云、星系甚至星系团的光学图像和光谱，还测量了它们的光度。这些天体大都很明亮，在望远镜的目镜里可以直接看到。天文学家还在银河系内部找到证据，表明有些星际介质结成吸光的暗云，遮挡了银河系的明亮星盘，在恒星的光谱中蚀刻出吸收线，还使遥远的恒星看上去普遍偏红。然而，他们在遥远星系的光谱中却没发现类似的消光迹象。事实上，在1956年发表的一篇著名论文中，作者在800个星系光谱的研究基础上做出总结：正如天文学家所见，光谱中缺少星际介质的吸收线，这说明宇宙空间极其透明。然而，这个乐观判断只保持了大约10年，然后麻烦就开始找上门来：在某些明亮类星体的光谱中出现了如刀子般锐利的神秘吸收线。当时的天文学家还不知道，这些吸收线正是遍布宇宙各处的几乎看不见的气体纤维发出的信号——这是人类第一次瞥见宇宙网。

耸立的谱线

马丁·施密特在1963年指出，类星体是一种我们从未见过的、拥有巨大能量的河外天体，这一言论震惊了全世界。然而不知不觉间，施密特已准备好揭秘另一种新现象了。在搜寻遥远类星体的过程中，施密特开始踏入一个从未探索过的光谱领域。由于类星体的退行速度很大，在静止坐标系下出现在远紫外波段的谱线，被红移到蓝光—可见光波段——这正是照相底片的感光范围。

威尔逊山天文台的著名光谱学家鲍恩为施密特编制了一个37条标准紫外谱线转换表，帮他证认不熟悉的谱线。表中列出了在类星体、射电星系、太阳的紫外辐射、行星状星云的光谱中已观测到的谱线在静止坐标系下的波长，后者还包括预测的还有观测到的紫外谱线。不管是类星体，还是它们所处的狂暴环境，天文学家都知之甚少，因此施密特只能谨慎行事，采用"双手交替"的方式来证认越来越遥远的天体的新谱线。

一个被标记为3C 9的天体（《第3剑桥射电源表》里的第9个天体）的光谱让他大吃一惊：在光谱的远蓝端冒出来一条高耸的谱线。施密特知道，高能天体发射的能量主要集中在紫外波段，这些辐射常常是氢原子在最低能级间跃迁产生的。但他还是进行了五小时长的曝光并重复拍摄了三次，直到他确信自己的谱线证认无误。那条突出来的谱线是由氢原子从第一激发态向基态跃迁产生的莱曼 α 光子造成的。考虑到宇宙中就数氢的含量最丰富，想必在宇宙各处都可见到莱曼 α 光子。

1006 年，哈佛大学的物理学家西奥多·莱曼（Theodore Lyman）在电磁波谱的紫外波段波长为 1216 埃处发现了莱曼 α 谱线。施密特经过计算发现，3C 9 的红移必须增大三倍，才能让莱曼 α 谱线移动到远蓝端的 3666 埃。[179] 当光离开红移 2.01 的类星体时，宇宙的年龄只有当前年龄的五分之一，太阳还远远未形成，银河系也才刚开始会聚。大约 110 亿年前，这些光子就已离开类星体上路了。它们一路传播，直到今日才撞到施密特的照相底片上。

1965 年初春，加州理工学院举行了一次学术讨论会。施密特在会上展示了五个新发现的天体。截至当时，类星体仍是一个极其神秘的概念。他变戏法似的一个接一个地展示他的宝贝天体，红移一个比一个大，压轴登场的就是 3C 9 和它突出的莱曼 α 谱线。在听众中有两位聪明的研究生吉姆·冈恩和布鲁斯·彼得森（Bruce Peterson），他们发现，吸引自己的不是神圣的莱曼 α 谱线本身，而是在谱线靠近短波长一侧的形状和强度。他们俩各自独立意识到，如果星系际介质全是中性氢气体，那么介于类星体与地球之间的氢原子就会吸收莱曼 α 谱线靠近蓝光一侧的连续辐射。经过几十亿光年的距离，一路吸收，不断累积，就会在类星体的光谱中蚀刻出以莱曼 α 谱线为起点向短波方向延伸出去的平滑的吸收槽。根据吸收槽的形状和深度，就能严格设定位于类星体与我们之间的中性氢总量的上限。在 3C 9 的光谱里，在谱线靠近短波的那一侧理应漆黑一片，但实际上并非如此。吸收槽呈灰色，说明仍有一些光子能逃过一劫。这要么是星际空间里没有多少氢，要么是氢可能都被星光电离，无法再吸收莱曼 α 光子。两位研究生根据吸收槽的灰度，估算出类星体连续谱的光度降低了 40% 左右。

讨论会过后没过几个月，他们就向施密特借来 3C 9 的光谱展开分析。他们解决了细节问题，给出了数学计算公式，然后以《星系际空间里的中性氢密度》为题在《天体物理学报》上发表了一篇基础性论文。[180] 他们的计算结果显示，在星系际空间里每 10 万个氢离子中就要有至少 1 个中性氢原子来吸收类星体发出的光。他们认为这个密度下限似乎有点小，比预期的宇宙物质密度还低 5 个数量级。由于 3C 9 的光谱没有受到太深的抑制——没有形成很深的吸收槽，冈恩和彼得森推断，要么是星系际空间中的氢大都沉积到星系里去了，要么是大多数氢已被电离，无力再吸收光子了。

如果是后一种情况，那么宇宙充满中性氢的时期必然比较短暂，但这段时期对恒星和星系的形成却是不可或缺的。他们由此推测，在更高红移的天体的光谱中应该能够探测到早期宇宙里的中性氢。在论文的最后一部分，他们哀叹道："要解释极其遥远的天体的观测数据，和往常一样使用只涉及天体自身性质的简单的宇宙学检测已经行不通了。"宇宙再一次向我们展示了它错综复杂的一面。

这篇基础性论文被多次引用，带动了一大批针对高红移星系际介质电离情况的后续研究。施密特探测到红移的莱曼 α 射线，这事在天文学界引起很大反响，大家纷纷去探索星系际介质在类星体耀眼光芒的衬托下留下的黑暗轮廓。施密特本人却抵制住了这种诱惑，没有因此改变自己的研究方向。他认为自己的首要任务是记录类星体自身的光谱特征，他需要为自己的目标获取充足的数据以展开必要的统计分析。他继续往更高红移寻去，在保持最高星系红移纪录上遥遥领先。

与此同时，当时正在加州理工学院工作的约翰·巴卡尔（John Bahcall）和康奈尔大学的埃德温·萨尔皮特（Edwin Salpeter）于 1965 年正式开始对"冈恩—彼得森吸收槽"进行测绘，很快改进了冈恩和彼得森的计算方法。虽然冈恩和彼得森提出，均匀分布的中性氢气体会在类星体光谱中蚀刻出平整的吸收槽，但实际上巴卡尔和萨尔皮特却设想气体可能会结块。所以，吸收槽不会是一整块平滑的凹槽，而是表现为一系列锐利的吸收线。光在一路传播中沿途遇到的每一团气体、每一个星系或者星系团，都会在它的光谱中留下一条吸收线。[181] 事实也的确如此，随着类星体光谱的分辨率逐步提高，天文学家眼见着吸收槽被分解成一条一条的吸收线。

当时，包括施密特在内的天文观测者们都在竭尽全力地测量类星体的红移，却常常被它们布满吸收线和发射线的复杂光谱绊住手脚。许多谱线无法证认，也区分不开，或者还显示出复杂的结构（如谱线分裂）。有时候，不同的人观测同一个类星体，却测出不同的红移。例如，在 1967 年，阿尔普与同事在 POSS 的照相底片上证认出射电源 Parkes 0237-23 的蓝色类恒星光学对应体（类星体），然后他们在 200 英寸望远镜的主焦为它拍摄光谱。他们根据多条吸收线确定这个类星体的红移是 2.22，与另一个天文台的玛格丽特·伯比奇测得的红移 1.95 不一致。个中缘由说不清，也道不明。

于是，杰西·格林斯坦也对 Parkes 0237-23 展开观测，希望解决这个明显的分歧。他用 200 英寸望远镜的主焦分光仪记录下上百条又窄又深的吸收线，结果发现两个红移对应的速度兼而有之。在搭飞机去参加一个会议的途中，他和施密特坐在一起讨论各自的发现，找到了一个令双方都满意的解释。虽然类星体本身只能有一个红移，但在类星体的光传播到望远镜跟前的这一路上，没有任何理由能让它躲过吸收光子的天体——每个天体的红移都不一样。[182] 四年后，基特峰国家天文台的罗杰·林德斯终于弄明白，类星体光谱中几乎所有的窄吸收线原来都来自氢原子的同一个能级跃迁——1216 埃的莱曼 α 光子吸收线。[183] 这个跃迁把氢原子的电子从第一能级轨道踢到第二能级轨道上。尽管如此，这些谱线是一团团单独的气体云产生的吗？它们是星系际气体，还是沿途遇到的星系或者星系团内的气体，又或者是类星体自己的气体？

当时，天文学家手中可用的探测工具不过是低分辨率分光仪、成像管和非线性感光底片。它们无法胜任探测、分解那些挤在暗淡天体光谱里的微弱吸收线的工作。就在这时，革命性数字探测器问世的消息给天文学家带来了希望。这台新仪器可以对光子进行计数。据说，它不仅能探测天空中暗淡、模糊的天体，工作的波段也非常宽，覆盖了从 3220 埃到 9000 埃的波长范围，足以记录红移范围较大的莱曼 α 吸收线。

完美的仪器遇上完美的望远镜

英国物理学家亚历山大·博克森伯格最不想做的工作就是天文研究。他在博士毕业时拿到的是原子物理学的博士学位，研究的是如何用电子轰击原子。谁知他毕业后没有找到与专业对口的工作，只找到了空间天文学领域的工作，去研究火箭和仪器。没想到这却成了不幸之幸。20 世纪 60 年代末的一天，他在悠闲地泡澡放松时突然想到，自己要发明一个"完美的观测系统"来探测暗淡的天体。他想，为什么不把光子放大，然后简单地数一数到底有多少个光子到达地球呢？[184] 他构想的探测系统就像人眼，入射光照射到敏感的视网膜，后者对图像数据进行处理后，沿着视觉神经把它们送到大脑中去解读。博克森伯格和一个由电子学和软件学方面的奇才组成的顶尖团队合作，用现有的硬件来模仿这个生物过程，来实时探测、放大、处理和积累光子。他们放弃了当时常用的单通道成像，而让他们的新探测器能够生成二维图像。这台名为光子计数成像系统（Image-tube Photon Counting System，IPCS）的探测器，时至今日，在老一辈天文学家的圈子里依然名气很大。

IPCS 的"视网膜"是一个由百代公司[⊖]制作的四级高增益成像管。光电阴极、磷光体还有 5 万伏电压对磁聚焦电子流施展魔法，把宇宙传来的每个光子进行放大，经过光电过程触发变成 1 亿个光子。这些光子最后撞击到光电阴极形成光斑。这时，与计算机相连的模式识别电子设备——就像视网膜加上大脑——就会重建光源在天空中的位置。整个过程实时进行，只需几纳秒[⊜]就可完成。这台探测器通过电子技术能够有效隔绝噪声、离子斑点以及天空背景的干扰，即使是非常暗的天体也可以花几周时间重复观测，然后再把信号累加起来。这个后期处理能够补偿系统灵敏度不高的缺憾，使探测能力提升 20%。别看这个成像管只有 2 英尺长、8 英寸宽，它赖以支撑的电子设备堆起来足有一间屋子那么高。

1959 年，华莱士·萨金特刚从英国曼彻斯特大学获得博士学位。格林斯坦雇他来加州理工学院做博士后。在那个作风严谨的研究所，他被教导在解释测量结果之前先要确定测量无误。萨金特的座右铭是："最好去测量该死的光谱，确保一切可信后再去解读。"[185] 作为科班出身的理论学家，他期望从事超新星爆发与星际介质相互作用方面的研究。然而就在正式开始工作后的第六周，萨金特去威尔逊山天文台参观，一下子"对观测着了迷，只因为它似乎比理论研究更容易"。[186] 他立即改道研究恒星光谱，去测量恒星的化学丰度。不久以后，借助类星体光谱里的吸收线去探索高红移宇宙的挑战吸引了他的注意力，他的研究兴趣扩展到星系际气体、星系演化及金属增丰史。

1973 年 5 月，博克森伯格和萨金特在加州理工学院罗宾逊大楼的走廊里偶然相遇，由此开启了一段长期合作。博克森伯格使萨金特相信，他的新仪器能把 200 英寸望远镜收集光子的能力放大 1000 倍。萨金特立刻认识到这个线性探测器在极其暗淡的天体（如类星体）的光谱探测方面具有非常大的潜力，于是答应拨给他大量的观测时间。在帕洛玛，持续多年才能完成的大型巡天总能获得大量的观测时间。愿意这么做的天文台没有几个。据博克森伯格说，不到 5 秒钟，这笔交易就谈定了。到了 10 月，IPCS 就被安装到 200 英寸望远镜的折轴焦点上去了。在接下来的几年里，"飞行马戏团"——博克森伯格和他那一大箱仪器及其庞大的技术支撑团队的统称，定期往返于伦敦和帕洛玛。

⊖　这个公司以生产录音制品、电视和图像增强器著称，并因为给披头士录制唱片而出名。——译者注
⊜　纳秒是时间单位，1 纳秒 =10⁻⁹ 秒。——译者注

博克森伯格的"飞行马戏团"

光子计数成像系统（IPCS）和年轻的技术工程师约翰·福特汉姆（John Fordham）、博士研究生基思·肖特里奇（Keith Shortridge）一起，在观测开始前就要从伦敦出发，飞往帕洛玛。福特汉姆负责设计硬件和电子器件，有时还要给予技术支持。肖特里奇是计算机编程能手，负责处理软件方面的突发事故。在把 IPCS 安装到望远镜上之前，技术团队在 200 英寸望远镜的圆顶里花了三四天时间组装设备——大家戏称为用胶带和钢丝把一堆电子废品捆到一起。待观测时间一到，博克森伯格带着一大群博士后和研究生就会及时赶到，萨金特也会开着车从帕萨迪纳上山来。

在这帮爱开玩笑的英国人眼中，帕洛玛天文台和当地的天文学家们似乎太沉闷、太严肃了。无忧无虑的他们觉得山顶上的生活呆板无聊，拒绝入乡随俗。他们模仿 1969 年流行的英国系列喜剧《巨蟒剧团的飞行马戏团》里玩世不恭的人物的滑稽举止。所以，博克森伯格的团队自称为"博克森伯格的飞行马戏团"。他们的日子过得真是精彩：开坏了至少一辆租来的车，杀死了山上至少一头鹿。他们自导自演的种种闹剧让天文台不得不颁布禁酒令。等到 1997 年萨金特成为台长，一上任就立即取消了这条禁令。

在为夜间观测做准备时，团队成员通常要检查望远镜的焦点、校准仪器、制定观测计划（包括选择观测目标、观测波段和光栅），为 POSS 资料拍摄宝丽来快照作为指示图，还得赶紧去"修道院"把晚饭吃了，饭后回到圆顶便开始观测。为了让光谱的信噪比达到最大，他们对每一个目标天体都要拍摄很长时间，所以观测工作本身并不复杂。他们使用的数字化观测系统是交互式的。在折轴观测室里，团队成员围坐在一台小小的示波器跟前，看着一个个光子构建出光谱。光子到达的速度时快时慢。快的时候，在每秒每个通道里能有好几个光子。慢的时候，比如拍摄最暗天体的光谱时，每分钟每个通道才有 1 个光子。大约 5 分钟后，示波器的屏幕上开始出现微小幅度的光谱。再经过一段更长的时间后，吸收线可能会显现出来，虽然它们还是太微弱，无法用于物理研究，但也足以证明望远镜的指向无误。IPCS 的观测数据在当时可谓品质卓绝、无可匹敌。帕洛玛天文台能在迅速发展的类星体吸收线光谱研究领域独占鳌头，"飞行马戏团"居功甚伟。

类星体的吸收线：生物特征辨识护照

在 20 世纪七八十年代，IPCS 记录了大量类星体光谱里数以万计的吸收线。天文学家围绕着这些谱线的产生和演化问题争论不休。为了把浓密的谱线分辨开以逐一进行证认，普林斯顿大学的约翰·巴卡尔编写出计算机程序，根据原子跃迁几率和"宇宙的"元素丰度对观测的谱线进行测试，以便找到最佳拟合结果。

萨金特、彼得·杨、博克森伯格与英国伦敦大学学院的研究生戴维·泰特勒（David Tytler）对分辨率较高的类星体吸收线光谱进行了一连串复杂的统计测试，并在 1980 年发表了一篇里程碑式的论文，公布了他们的发现。[187] 首先，他们找到了有力证据，证明这些谱线不是类星体自己产生的，因为在类星体所在的红移处并没有堆积着吸收线。于是，他们提出两种物理性质截然不同的（而且显然是宇宙学的）吸收"实体"。产生多组吸收线的"实体"密度高、重金属含量丰富，位于沿途星系的晕里。产生一条条锐利的莱曼 α 吸收线的"实体"则是低密度的星系际气体云。它们由原初的氢和氦构成，遍布宇宙各处。它们都是星系形成的残留物。

直到今天，天文学家仍没有直接探测到这些假定存在，并且在类星体光谱中制造吸收线的气体云。卫星观测也未能证实宇宙中充斥着炽热的星系际介质，给这些气体云做出限定。虽然在 IPCS 的帮助下，博克森伯格的"飞行马戏团"取得了重大突破，开辟出一条通往原本不可见的年轻宇宙的道路，但天文学家还需要配备了 CCD 探测器的更大的望远镜来帮忙，才能深入理解类星体的吸收线。随着光谱分辨率和灵敏度的提高，观测到的吸收线数目有增无减，最终连成了一片，变成名副其实的莱曼 α "森林"。在这片"森林"中还零星点缀着其他元素的吸收线，反映出沿途宇宙的化学成分。

类星体为天文学家提供了逐步探测高红移宇宙的方法。在那时的宇宙，我们原本无法看到的气体正在坍缩形成星系和恒星。天文学家获得的一个重要结果是，高红移宇宙不像本地宇宙，似乎没有重子亏缺问题。现在认为，这是因为那些非常遥远的星系际气体温度较低（约 1 万～2 万开），为我们通过吸收线去探测重子提供了极大的便利。这个低温氢气体网正是低红移炽热气体网的前身。

随着时光流逝，越来越多的星系际气体坍缩形成致密的气体云并最终形成星系。恒星形成和星系中心的黑洞活动引发的激波和星系风，把星系际气体加热到 10 万～1000 万开。高温大大增加了探测本地宇宙中的温热星系际气体的难度，给我们留下

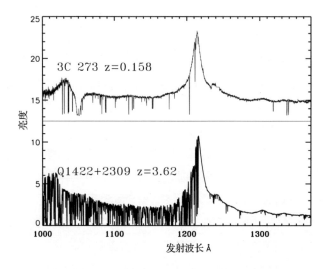

如同大树每长一岁就多一圈年轮，吸收线的数目不断增加表明类星体越来越远。比较一下这两个类星体的光谱。它们一个位于低红移（上），一个位于高红移（下）。红移越高，也就是时间越早，类星体的光途经的物质结构也就越多。在这两个光谱里，类星体的连续谱几近平坦、毫无特征，一直延伸到电磁波谱的紫外波段，为观察吸收线提供了理想的背景。较宽的莱曼 α 发射线（中心的凸起）与类星体同源，是类星体中超大质量黑洞周围的气体吸积盘或者一堆云团产生的。在莱曼 α 发射线靠近短波长的一侧（左侧），又窄又锐利的吸收线刺破连续谱，这是沿途气体云吸收了类星体的光造成的。在较长的波长，密度较高且富含金属的物质结构比如星系的气体盘，产生的吸收线寥寥无几。图片由威廉·基尔（William Keel）根据唐娜·旺布尔（Donna Womble）用凯克望远镜观测的数据制作。

"缺失"重子的印象。在低红移，这些气体在地面望远镜面前隐去身形。要观测它们，我们只能求助于 X 射线望远镜。[188]

尽管在通过吸收线研究高红移星系际介质时，类星体是十分有用的遥远背景光源，但它却有一个严重的缺点：发出大量电离辐射。这会对宿主星系的气体产生严重影响。因此，有关自家宿主星系的星际介质情况如何，天文学家从类星体的光谱上是探知不到什么信息的。好像是为了弥补这个不足，就在 20 世纪行将结束之际，一个比类星体还要强大的高红移探针——虽然变幻莫测且寿命不长——登上了宇宙探测竞技场。

伽马射线暴：炫目的远光灯

在 20 世纪 60 年代末，美国船帆座号（Vela system）卫星系统⊖监测着地球和太空，寻找伽马射线信号，看看其他国家有没有在秘密进行核爆炸实验。谁知，想找的核爆炸证据没找到，却找到了另一种爆炸的证据：来自太空的伽马射线闪光。这些信号在出现前没有任何预警，在出现后又迅速消失，随意来去，神秘莫测。接连上天的卫星一共记录了几千个伽马射线闪光。没过多久，科学家便把它们称为伽马射线暴（Gamma Ray Bursts，GRB），并开始讨论它们是怎么产生的。这些射线暴究竟发生在离我们较近的地方，还是在银晕中，抑或是在银河系外？

伽马射线的能量巨大，足以在宇宙中畅通无阻地穿行——它们是能量最高、波长最短的电磁辐射。与光学辐射不同，伽马射线很难聚焦，因此无法清晰成像。所以，在伽马射线天文学初创之时，GRB 的位置误差很大。天文学家在搜寻它们的光学对应体候选者时，往往要翻查好几千个暗弱的恒星和星系。1996 年 4 月，意大利—荷兰联合研制的贝波 X 射线天文卫星（BeppoSAX）发射升空。它携带了一台 X 射线相机，能够快速地对 GRB 精准定位，并立即把位置信息传送给地面的观测站，提高了观测成功率。天文学家发现，许多 GRB 身后都有"余晖"相随。这种辐射逐渐向更长的波长蔓延，从 X 射线到可见光、红外、射电波段，显著延长了 GRB 的可检测性，为拍摄它们的光学光谱带来希望。

1997 年 5 月 8 日，加州理工学院的天文学教授乔治·乔尔戈夫斯基（George Djorgovski）正与学生们用 200 英寸望远镜观测。射电天文学家戴尔·弗雷尔（Dale

---

⊖ 美国国防部和美国原子能委员会联合实施的船帆座号计划的组成部分，旨在探测近地和大气核爆炸事件。——译者注

Frail)[189]与 BeppoSAX 团队成员马可·费洛奇（Marco Ferocci）打来电话，说新发现了一个伽马射线暴。这个源以其发现日期被命名为 GRB 970508。时间就是生命：伽马射线暴的余晖犹如水银般瞬息万变，出乎意料，与长寿的类星体形成鲜明的对照。为了研究 GRB 宿主星系的气体化学成分，天文学家需要为 GRB 拍摄光学光谱。而在伽马暴出现后的半天时间内，就是拍摄光谱的最佳机会。如果天文学家没能及时拍到光谱，他们就只能等待下一个 GRB 了。因此，让学生们十分高兴的是，乔尔戈夫斯基立即中断了自己的观测计划，开始用望远镜对准 BeppoSAX 的观测位置周围 10 角分的误差圈，用 CCD 每 5 分钟成像一次。在探测到最初的短暂伽马暴后不到 6 个小时，在可见光波段，与之对应的爆发开始出现——当时天文学家还不知道。

就在同一晚，不远处的 60 英寸望远镜正好对着那块天区拍照，附近的光度标准星也一同被收进照片，用来校准 200 英寸望远镜的数字化帕洛玛天文台巡天（dPOSS）观测数据。经过两个晚上的观测，乔尔戈夫斯基与同事马克·梅茨格（Mark Metzger）获得了充足的数据，可以去寻找伽马暴的光学对应体了。他们把自己拍摄的照片与 POSS 的照相底片进行比较，结果在误差圈内发现一个亮度在变化的天体。

正当乔尔戈夫斯基努力破解它的光变曲线时，这个源开始变暗。于是，梅茨格马上把它的位置坐标发给夏威夷岛莫纳克亚山顶的凯克天文台。5 月 10 日，查克·斯泰德尔（Chuck Steidel）原本计划用 10 米凯克 II 望远镜观测。谁知这第一晚的观测刚开始不久，他就推迟了自己的观测计划，转头为这个正在消失的源拍摄了 3 组曝光 10 分钟的光谱。他赶在这个源沉入西方地平线之前，捕捉到它的余晖。斯泰德尔把光谱发给梅茨格，后者立即着手分析。乔尔戈夫斯基在光谱中识别出一些特征，很像星系际气体在类星体光谱中留下的那些吸收线。一组位于红移 0.8 的强烈吸收线设定了这个伽马暴的距离下限——它显然位于银河系外。而它的红移上限是 2.01，这是因为原本可以看见的更高红移的莱曼 α 谱线，却没出现在光谱中。

一群天文学家争先恐后，都想最先证认出伽马暴的光学对应体。然而等他们打电话到凯克天文台索求光谱时，对方却告诉他们："太迟了！"经过几天马不停蹄的疯狂研究，乔尔戈夫斯基与他的同事公布了这个伽马暴余晖的首个可靠的光学对应体和红移。持续了数十载的 GRB 是河内还是河外源之争由此一锤定音。[190]不管 GRB 源自何处，它们都是已知宇宙中能量最强大的爆发事件。它们在几秒钟内发出的能量，比太阳一生（100亿年）产出的能量总和还多。变幻莫测的 GRB 发出耀眼夺目的光芒，比它的宿主星系（可能有 1000 亿～2000 亿颗恒星）还要明亮 10 万倍。这些蔚为壮观的爆炸事件的导火索，可能是极其强烈的超新星，或者崩溃形成黑洞的大质量恒星，抑或是更离奇的天文现象。

天文学家目前认为，伽马射线暴的光学余晖是电子在盘旋落入激波驱动的磁场时，发出的同步回旋辐射。部分基于帕洛玛的观测数据绘出的余晖光变曲线，提供了一些初步证据，表明在伽马射线暴发生后，立即出现了一对狭长喷流，朝着彼此相对的方向喷涌而出。这些喷流的速度接近光速，不出几秒钟就击穿恒星的外层，把恒星内部的物质抛掷到宇宙空间。

最近，伽马射线暴已不再是神秘事件，也不是现象级物理学事件，而是摇身一变成为研究在高红移星系内部恒星形成如何与星际介质相互作用的工具。伽马射线暴与类星体不同，不会立即改变宿主星系周围的环境。天文学家通过寻机拍摄的余晖光谱，就能看到高红移星系的恒星形成和金属增丰过程，对星系的物质成分展开详细的研究，这是寻常的观测手段难以胜任的。星系盘中的大质量恒星在垂死挣扎中引发了伽马射线暴，让天文学家可以借着这个宝贵机会一瞥恒星形成区的物理环境——金属在那里产生。伽马射线暴明亮异常，即使远在红移 20（！）也能被观测到——那时距离宇宙大爆炸才不过 1.8 亿年。有朝一日，它们将会向我们揭露宇宙第一代恒星的真实面目。伽马射线暴甚至还会一五一十地告诉我们，自己是如何伙同类星体参与了宇宙的再电离。

天文学家把探索的目光从发光天体转向了吸光物质，从此一脚踏入更深远的早期宇宙。宇宙学家提出了崭新的模型来描述宇宙物质的演化：遍布宇宙各处的暗物质坍缩形成团块、片状和纤维状结构，交织成一个巨大的宇宙网。气体和星系也被拉着，跟在暗物质身后，落到这些大尺度结构上。由于星系际气体非常稀薄，想要探测它们发出的微弱光芒，目前的探测设备也是心有余而力不足。但探测却是势在必行：宇宙演化的大部分历史就保留在错综复杂、内容丰富的宇宙网状结构里。宇宙网中遍布原初气体。气体吸积、冷却、凝聚成恒星和星系。后者又发出辐射，吐出富含金属的物质碎屑。于是，宇宙网就有了双重功用——既是取之不尽、用之不竭的重子矿脉，也是存放辐射和金属物质的仓库。

给镜面镀铝膜用的钟形罩内部

10

第十章

从幽灵到星系：宇宙结构
的形成

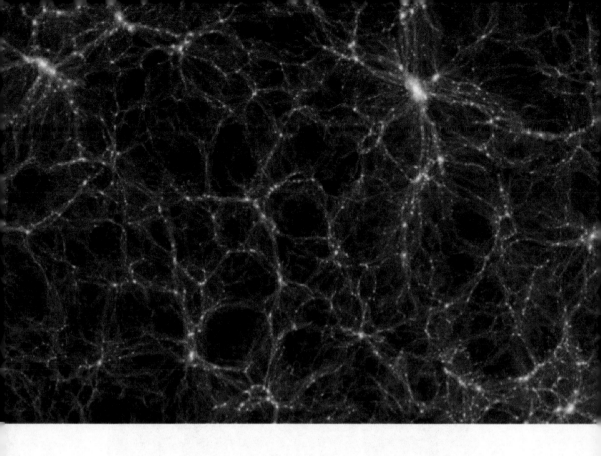

　　天文学家和宇宙学家已经开始解密宇宙的早期历史。137 亿年前，宇宙从密度无限大的奇点状态，暴胀成近乎平坦、均匀、不断膨胀的等离子体，一路演化出我们今天看到的大尺度结构和形形色色的现象。星系的空间分布和宇宙的膨胀特征暗示宇宙有三种物质成分：普通物质（重子）、暗物质以及暗能量。暗物质结成错综复杂的网络，纤维状结构和片状结构紧密交织，宽度可达 500 万光年的巨大空洞穿插其间。重子跟在暗物质身后，一同陷入这宇宙网中。当暗物质在自身的引力作用下坍缩，重子也被拖着一路跟随。在更小的尺度上，重子在自身的引力拉扯下坍缩成气体云，进而形成恒星。与暗物质不同，恒星会发光，因此可以直接观测到。通过大型计算机数值模拟（如 Millennium Run 和 Illustris Project），依据目前对宇宙运转细节的基本认识，为宇宙膨胀、引力作用、气体流体动力学、化学过程、辐射传输、磁场、星系风、恒星形成，以及黑洞等诸多物理过程构建模型，结合实际观测模拟出星系的演化过程。天文学家们希望有朝一日，借助可观测的星系——暗物质大尺度结构的示踪物——去探索更深处、更早期的宇宙，直至宇宙大爆炸。上图模拟的片段，展示了在边长不足 10 亿光年的宇宙空间，暗物质当前（红移 0）的大尺度分布情况。其中，黄色区域的物质密度较高，是星系和星系团形成的地方。

　　资料来源：V. Springel et al., " Simulations of the Formation, Evolution and Clustering of Galaxies and Quasars," *Nature* 435 (2005): 629, Millennium Simulation.

公元 1936 年哈勃出版了《星云的国度》。在书中的最后一段，哈勃这样写道，处于不利位置的天文学家朝着暗淡模糊的宇宙边界竭力张望。他们只测量到影影绰绰的东西，然后在"鬼魅幽灵般的测量误差中去寻找并不怎么真实的路标"。[191] 然而，正是基于大批大批这样虚幻缥缈的测量、误差还有路标，到了 20 世纪 60 年代末，天文学家认为他们已经知晓了星系形成和演化的全部秘密。奥林·埃根、唐纳德·林登－贝尔和阿兰·桑德奇根据太阳系周围的恒星运动得出结论，在很早以前，一团巨大的气体云在快速坍缩中形成了银河系。这暗示了星系的形态类型，以及最终命运，可能打一开始就已注定，再无改变。就像"铁打的营盘，流水的兵"，只有星系里的恒星在随着时间慢慢变化：新的恒星不断形成，短命的大质量恒星则在爆炸中死去。理论学家提出，旋涡星系的旋臂可能是盘中长期存在的物质密度波的杰作，并不会因为星系盘的较差自转（differential rotation）而缠绕在一起。这个观点更加强了星系一朝成形再无变化的印象。星系们的生活似乎可以就这样平静无波地一直过下去。

遥远的红、蓝阴影

在 20 世纪 60 年代初，天文学家发现类星体和 M82 里爆炸式的超级星系风，揭示了星系可能在更晚的宇宙时期仍在飞快地演化。到了 20 世纪 70 年代，天文学家看到了星系持续演化的更多迹象。耶鲁大学的理论学家比阿特丽斯·廷斯利构建模型，模拟星系里的恒星族群如何老去，如何从明亮的蓝色转变成暗淡的红色。图姆尔兄弟把阿尔普发现的特殊星系成功地解释成是旋涡星系之间短暂却猛烈的引力相互作用的产物。他们的模型甚至还指出，这样的相互作用可能使星系的运动轨道衰减，导致星系并合，把盘星系转变成椭圆星系。然而，有一些天文学家似乎还没准备好接受这一切。当哈维·布彻（Harvey Butcher）和奥古斯都·欧姆勒（Augustus Oemler）在1978 年报告他们在基特峰国家天文台观测获得的发现时，那些天文学家甚至感到惊讶万分。布彻和欧姆勒称，两个遥远的富星系团拥有的蓝色星系数目比附近星系团里的蓝色成员多 3 倍。有没有可能这些遥远的蓝色星系在红移 0.2 ～ 0.4 时确实比较年轻，但在接下去的 30 亿～ 50 亿年明显变老，最终在今天的星系团里大都消失不见了？星系在如此短的时间里出乎意料地迅速演化，这个推论遭到天文学家的质疑，引起热议。

要理解星系的演化，常规做法是去附近的星系那里，研究它们的结构和动力学性质，找出暗藏其中的线索。而打破常规的做法是，把观测技术发挥到极致，去收集遥远星系的数据。由于这些星系看起来只是一些没有结构特征的暗淡团块，布彻和欧姆勒只能根据它的颜色和在星系团里的位置来判断它是否真是星系团成员。不过，这些蓝色星系有没有可能是叠加在星系团图像上的前景或者背景场星系（不属于任何星系团的孤立星系）？颜色测量并不可靠，显然还需要对它们进行详细的光谱观测，才能理解它们的真实本性。然而，给如此暗淡、模糊不清的星系拍光谱已经超出了现有望远镜的能力范围，即使是基特峰天文台新建的 4 米口径望远镜也只能望洋兴叹，因为照相底片记录入射光子的效率只有 1%。

就在这时，帕洛玛天文台的仪器进行了大幅度升级。喷气推进实验室（Jet Propulsion Laboratory，JPL）凭借着如 CCD、自适应光学等最先进的仪器设备，让帕洛玛天文台在天体物理学研究领域一直处于领先地位。冈恩和韦斯特法尔因为与 JPL 走得近，于是近水楼台先得月，在 CCD 还未普遍应用时，就能有机会试用这种"太空时代"的技术。就记录光子的能力而言，光电探测器的效率比照相底片高出 20 ～ 80 倍。

冈恩通过各种渠道拼凑了一堆部件：一个二手 135 毫米 f/2 Xero Nikkor 镜头，一个全新的现在已经买不到的 58 mm f/1.2 Noct Nikkor 经典镜头，连同从埃德蒙科学公司购买的大量小光学组件。从他念中学时（20 世纪 50 年代末）起，他就捣鼓这些东西。冈恩为这个全新的 CCD 专门设计了一个用途广泛的仪器。以今天的标准看，这个仪器个头不算大——只有一个手提箱大小。冈恩把它安置在 200 英寸望远镜的主焦观测室，那里通常会有一台照相机或者分光仪。这台仪器既能成像，也能拍光谱。所以冈恩把它命名为"主焦通用河外探测仪"，首字母缩写为 PFUEI（谐音为"phooey"）。[192] 它的探测器只是一块邮票大小的 CCD，但它记录光子的效率还是比照相底片高出近两个数量级。不出几分钟，它就能捕捉到暗淡星系的图像。这要放在以前，得花几个小时；可若它花上几个小时，就能拍到以前根本拍不到的星系光谱。PFUEI 还是 4-Shooter 的入门级仪器，后者是哈勃空间望远镜搭载的大视场行星照相机原型。冈恩迫不及待地想把 PFUEI 安装到 200 英寸望远镜上去试一试。

1980 年，冈恩与卡内基研究所的天文学家阿兰·德雷斯勒合作，研究七个遥远星系团里的星系演化。他们希望用这台集 CCD 相机和分光仪于一身的新仪器，探测到 0.35 ～ 0.55 红移——这是当时认为的 200 英寸望远镜的探测极限。在他们的观测目标清单上，有两个我们熟悉的星系团：一个是鲁道夫·闵可夫斯基在 1960 年证认的射电星系 3C 295 所在的星系团，另一个是米尔顿·赫马森在 1956 年发现的星系团 Cl 0024+1654。

有两个因素在强烈地激励着我去观测：一是我要做的是科学研究，一是我主要用自己设计和制造的仪器去观测。所以，就只是对一台设备小心呵护，对我来说都是一个不容忽视的挑战。我每天不是围着仪器团团转，就是在观测。我不知道该如何描述我在主焦观测室里的体验——那感觉美妙极了，无法用言语形容。那是我在这个世界上最喜欢的地方了。孤身一人，非常冷。我要么忙得头脚倒悬，要么闲得直发慌，这要看我与之打交道的某台仪器是否能正常工作。当我第一次在主焦观测室里观测时，我只有一个观测助手相伴，加里·图顿（Gary Tuton）或者胡安·卡拉斯科（Juan Carrasco），帮我操控望远镜。当时还没有复杂的精细电子装置，只有照相底片。用照相底片啥问题也不会有，至少在曝光时不会出问题（轻笑）。所以说，那真是极其的清闲自在。因为当时还没有自动导星装置，所以我必须自己调整望远镜的指向，让导引星一直待在十字瞄准线上。主焦观测室的音响系统糟糕透了，却能让我坐下来，一口气听完整部瓦格纳歌剧。

后来出现了复杂的电子仪器，比如 SIT 光谱仪、双光谱仪、PFUEI 和 4-Shooter。它们都需要大量的计算机支持，于是，观测就变成了一项集体活动。贝弗利·奥克、芭芭拉·齐默尔曼（Barbara Zimmerman）与我一起观测。齐默尔曼是为电子仪器编写计算机程序的专家。可能是贝弗利人极好，让我一直待在主焦观测室里，也可能是他自己不怎么喜欢待在那里。无论如何，我总是那个坐在主焦观测室里的人，这正合我意。在离地面 100 英尺的高处，只有我和头顶上的那片星空，再无旁人。我真想念那段日子。

我觉得我这辈子注定要研究天文，也正因如此我才会来到这里。我还很小的时候，7 岁吧，我就爱上了天文，阅读了第一本天文学书。我迷上了观星，说服我爸，让他帮我造了一架 4 英寸反射望远镜，还有几个小折射望远镜。我四处寻找相关的学习资料，如饥似渴地阅读自己能找到的一切东西。毫无疑问，我要终身从事天文研究。（作者对冈恩的私人采访，2008 ～ 2019 年）

德雷斯勒和冈恩在 1982 年发表论文，报告了两个星系团的初步研究结果。他们用安装到 200 英寸望远镜上的 PFUEI 辛苦观测了四个晚上，设法获得了 17 个暗淡、模糊星系的光谱——个个都是星系团里最亮的星系，还测量了其中 13 个星系的红移。测量结果让人大吃一惊。CI 0024+1654 里的全部六个星系都处于同一个红移，因此很可能是星系团成员，而在 3C 295 里测量的七个星系中只有五个是星系团成员。另外两个是低红移的前景星系。这种前景污染使天文学家更加难以掌握星系团的真实情况。但最惊人的还是布彻和欧姆勒指出的那些蓝色星系的光谱。在这七个星系团成员的候选者里，只有一个星系的光谱具有普通旋涡星系光谱中常见的发射线。另外两个展现出赛弗特星系——星系核非常活跃的旋涡星系——的发射线。剩余四个没有可辨认的谱线特征，显然还需要为它们拍摄信噪比更高的光谱。布彻和欧姆勒指出的那些蓝色星系明显是两个遥远星系团的成员。但从光谱特征看，它们并不是我们在邻近的星系团里常见到的那种旋涡星系。那它们是什么呢？

E+A 星系

要回答这个问题，必须有更高质量的光谱数据。这意味着在每个星系团里都需要观测至少 20 ～ 30 个星系。每个星系的曝光时间都要加倍甚至增加四倍。然而，在 200 英寸望远镜的主焦观测室里用 PFUEI 轮流观测了四个晚上后，天文学家们知道他们的目标难以实现。有一天晚上，德雷斯勒坐在主焦观测室里正在观测一个遥远星系团里的星系成员。他让 PFUEI 的单缝横跨两个成员，然后耐心地给望远镜导向。当两个目标星系的光进入狭缝时，邻近星系发出的干扰光线却被狭缝的狭口反射回天空，它携带的宝贵信息就这样永远消失不见了。要是一次能拍 5～10 个星系的光谱就好了，德雷斯勒暗想。他知道基特峰国家天文台正在尝试用多条小狭缝取代单条狭缝，以便同时捕捉多个星系的光。德雷斯勒和冈恩觉得，世界上最大的望远镜的领先地位受到了挑战，于是借用了这个多路孔径的概念，把 PFUEI 的单缝换成了 12 个专门定制的负趋光罩。这些罩子最多可以把 12 个星系的光同时导入经过准确配置的类似狭缝的"孔径"，在照相底片上留下清晰的小矩形图案。这项技术现在被称为"多缝分光"，已成为河外星系学研究的基本方法。

到了 1983 年，德雷斯勒和冈恩用 200 英寸望远镜只拍摄了三个晚上，就收集到 3C 295 星系团里 20 个星系成员的新光谱。加上以前的观测结果，他们手里已经有 26 个星系的光谱了，其中只有 12 个是星系团成员，余下的都是前景或者背景星系。那 12 个星系的光谱令人困惑不解。星系团里发红的椭圆星系和透镜星系（S0）与本地星系团里的那些星系十分相似，所以，在过去 50 亿年里，它们没有明显的演化迹象。[193] 但有些蓝色星系的光谱特征，德雷斯勒和冈恩在星系团成员的身上从未见过。想要证认某些蓝色星系光谱中暗淡、模糊的谱线十分吃力，直到把这些星系的光谱叠加起来，他们才看到似乎自相矛盾的现象：光谱中有较宽的巴尔末吸收线——年轻 A 型主序恒星的光谱特征，还伴有钙离子产生的 H+K 线——老年巨星的特征。说来也怪，这三个蓝色星系表现出它们明显分属两种截然不同的恒星族群的迹象。这些奇怪的星系看着像是高红移的年老椭圆星系或者透镜星系，却又表现出附近的某些矮星系才有的特征——星暴后新生的年轻恒星群。

解释巴尔末谱线的成因有些棘手。它们的存在可能表明星系在 1 亿～10 亿年前开始快速地制造恒星（在光还未离开星系时），随后又很快终止了。那么，这种透着古怪的新、老恒星组合是否说明这些遥远的星系团成员已经不再热火朝天地生产恒星了？这些蓝色星系（很快得名"E+A"星系）在过去似乎十分常见。星系名字中的"E+A"概括了它们的光谱特点——既类似年老椭圆星系的光谱，也具有年轻 A 型恒星的光谱特征。这也说明在星系尺度上也会发生星暴现象。

这有点类似宗教信条，这是对宇宙学原理的有力支持——在宇宙中我们并没有生活在一个特殊的地方或者一个特殊的时期。"我们只是今天看不到，但在 30 亿或 40 亿年前，那些事随处可见。"不得不说，这样的话让人心里十分不安。我想，经过这么多年用计算机和模拟结果仔细地为宇宙演化构建模型，我们得到了这么一个认识：我们确实生活在一个特殊的时期——恒星形成的尾声。（作者对德雷斯勒的私人采访，2010 ~ 2014 年）

在这六个蓝色星系里，有三个是 E+A 星系，另外三个是蓝色的赛弗特星系。没想到在 50 亿年前，一个富星系团里已经出现了自带活动星系核的产星星系，而且数目还不少。这个光谱证据很好地证实了布彻和欧姆勒五年前的猜测：在红移 0.4 ~ 0.5 的星系团里，蓝色星系的数目越来越多，这可能是星系从那时开始到现在一直在演化的直接信号。200 英寸望远镜再次拿出了至关重要的直接证据，表明星系演化在最近的 50 亿年（宇宙目前年龄的三分之一）从未停止。

火　圈

在富星系团里，究竟是什么物理过程产生了这些有趣的 E+A 星系？德雷斯勒和冈恩注意到，位于七个星系团外部的星系似乎在积极地制造恒星，而靠近星系团中心的那些星系却已经停止造星了。为什么本地富星系团里的星系都没有气体了呢？ 1951 年，巴德与小斯皮策[194] 曾提出，在拥挤的星系团里，旋涡星系会频繁地与其他星系或者炽热的星系团气体发生相互作用，导致自己的星际气体被剥离。星系的正面对撞也会把星系里的星际气体扫到星系际空间里，阻止旋涡星系再形成恒星。20 年后，冈恩和理查德·戈特（Richard Gott）[195] 发表了一篇理论文章，大略描述了气体和星系快速落入星系团时星系团的质量增长过程。被激波加热到 1000 万至 1 亿开的炽热气体充斥在星系团内部。因为密度低，这些气体在很长时间里（从宇宙大爆炸至今）都无法冷却下来，只能就那样一直待着。与此同时，星系沿着构成大尺度纤维状结构落入星系团。它们就像开敞篷车的司机，在从炽热气体中穿过时感受到扑面而来的热风。这股风刮走了星系内部的星际气体，这就是所谓的"冲压剥离"过程。在星系落入星系团的过程中，内部的一部分气体因为受到挤压，开始积极地孕育恒星，其余的则被剥离，消散在星系团内的介质中。

为了解释他们新观测的结果，德雷斯勒和冈恩提出，在星系从落入到抵达星系团中心的大约 10 亿年里，星系的恒星形成速率明显分为多个阶段。在此期间，星系中的 A

　　星系身处其中的物理环境对星系自身的演化起着十分重要的作用。在矩尺座星系团里，旋涡星系 ESO 137-001 在高达 1 亿开的星系际介质中艰难跋涉，自己的气体被剥走，在身后形成长长的拖尾。虽然星系内部的恒星仍被星系的引力束缚着，但新一波的造星活动已经迁移到气体拖尾里去了。为了找出一些星系团成员停止制造恒星的原因，天文学家考虑了诸如星系骚扰、息产、饥荒之类的名称生动的理论，最后似乎认定冲压剥离是罪魁祸首。这是旋涡星系 ESO 137-001 在光学波段和 X 射线波段的合成图。

　　资料来源: Composite optical and X-ray image; X-ray: NASA/CXC/UAH/M.Sun et al.; optical: NASA, ESA, & the Hubble Heritage Team (STScI/AURA).

型恒星演化、熄火，直到 E+A 星系的光谱特征消失。这个假说看上去毫无自相矛盾之处，只有一个缺点——它依据的仅仅是一个时间片段的结果。在星系团的外围也有蓝色的星系，这个事实本身并不支持冲压剥离理论。星系并合多发于星系团外围，可能也是成因之一。正如冈恩最近揣测的，"这些事实无可争议，只是不知如何解释"。[196]

要解开遥远星系团里的星系形态扭曲之谜，确定星暴成因是星系并合还是气体剥离，还要耐心等待 1990 年哈勃空间望远镜带着它的高分辨率相机飞入太空才有答案。在那之前，天文学家在光学波段鲜能探测到红移超过 0.5 的星系，所以无法直接了解红移大于零点几的普通星系的情况。在"哈勃"上天前，红移零点几就算是高红移了。天文学家也很少发现红移超过 1 的特殊天体，如射电源或者其他活跃星系。这些天体太罕见，所有的论文都是讨论它们的。那时候，有些天文学家几乎把他们的整个职业生涯都花在寻找和研究屈指可数的几个极遥远的天体上了。

借助"哈勃"的高分辨率，天文学家最终证实那些蓝色的模糊团块是旋涡星系。这些旋涡星系形态扭曲、不规则，在遥远的星系团里十分常见，主要分布在靠外的区域。从那以后，有关星系落入星系团时恒星形成活动加强的证据不断出现。目前已有充足的证据表明，远到红移 7 甚至更高红移的星系也显现出演化的迹象。

在许多邻近的星系团里，大质量星系已不再制造恒星，反倒是场星系和矮星系成了本地宇宙恒星形成的主力。不过，情况不可能一直如此，必定是在某个时期发生了转变，只是 20 世纪 80 年代的观测天文学家们探测能力有限，看不到罢了。

探测高红移宇宙的下一次飞跃靠的不是技术进步，而是天文学家机智地利用在帕洛玛已经应用了数十载的现有技术。

宇宙的那一头

1984 年，查克·斯泰德尔进入加州理工学院念研究生。当时，要想探测高红移的星系和气体云，类星体的吸收线是唯一的途径。斯泰德尔和他的导师瓦尔·萨金特获得了充足的用 200 英寸望远镜观测的时间，于是便另辟蹊径去研究遥远的星系：不去探测它们发出的光，而是研究它们留在背景类星体光谱里的吸收线。他们利用星际气体里的金属，如 C IV（三重电离碳，只可能是恒星的产物），来追踪星系的金属丰度随时间的变化。如果星系际介质中的中性氢气体云足够致密，它们就能吸收类星体的紫外辐射，在后者的光谱中蚀刻出莱曼吸收线。他们借此可以跟踪中性氢的分布。把这些吸收线特征归总到一起，让他们第一次看见了介于类星体和我们之间的星系化学增丰历史。[197]然而，这些星系形成恒星、生成重元素的时期太过久远，超出了天文学家能够直接展开系统探测的能力。这让斯泰德尔感到十分沮丧。当时的观测技术和仪器无法胜任这项工作。

一方面，斯泰德尔在萨金特的指导下研究光谱，看不上纯粹的图像。他知道这些星系与冈恩、施密特和施耐德在巡天中发现的类星体必然存在某种联系。另一方面，巡天观测也让他意识到图像胜于言辞。等到他从加州理工学院毕业、前往伯克利做博士后时，斯泰德尔在类星体光谱吸收线方面已经做了深入的研究。斯泰德尔现在接触到的人，不只是对类星体吸收线感兴趣，他们也会研究一般的星系。他决心与其继续专攻类星体的吸收线，不如直接寻找这些吸收线的源头——也许是年轻星系留下的边角料。

斯泰德尔紧紧追随欧洲天文学家杰奎琳·伯杰龙（Jacqueline Bergeron）的开创性工作。后者为类星体周围能被分辨开的天体拍摄长时间曝光照片和光谱，来证认在背景类星体光谱中留下吸收线的天体。在此过程中，她发现类星体沿途经过一些星系，这些星系延展的气体晕吸收了类星体的光。[198]不过，她在20世纪80年代末完成的这项研究一直只限于附近的天体。斯泰德尔想把这项研究拓展到更深远的地方。

在200英寸望远镜的主焦上拍摄的CCD深场照片中，一般可以看到数千个星系。在它们中间，有哪些是真的远在天边呢？在二维照片中我们是无法感知三维空间的深度的。那些小个子的暗淡天体或者发红的天体可能离我们不远，就在银河系附近，也可能非常遥远，甚至在望远镜把目力发挥到极限时所能看到的宇宙最深处。由于最暗的星系并不一定就是最远的，所以，天文学家通常都要费时费力地拍摄光谱，才能找出真正遥远的星系。

比较星系在多个宽带滤光片中的亮度，据此推断它的距离，这已是流行几十年的老办法了。1957年，卡内基研究所的天体物理学家比尔·鲍姆（Bill Baum）发表论文介绍这项技术。据他描述，随着红移的增加，星系的光谱能量分布也会随之移动到不同的波段（由各种滤光片定义）。[199]到了1962年，鲍姆向一群来自多个国家的河外天文学家展示，他如何用200英寸望远镜搭配九个滤光片获得的光电测光结果，来确定三个星系团的距离（红移分别是 0.19、0.29 和 0.44）。[200]当时，鲍姆只知道一个星系团（其距离约是斯泰德尔现在打算观测的那个星系团的距离的 1/4），而且他恐怕也想象不到，这个星系团会有像莱曼系限压制这样剧烈的光谱特征。其他人紧随其后，如法炮制：1965 年，阿兰·桑德奇根据独特的颜色特征辨认出射电宁静类星体；1976 年，研究生理查德·格林利用宽波段的颜色为后续的光谱观测挑选类星体候选者；同年，戴维·迈耶（David Meier）提出用三个滤光片的图像足以证认出高红移星系；还有马丁·施密特、吉姆·冈恩和唐·施耐德在 1984 年提出了一种"辍学法"，来搜寻高红移类星体。不过，他们没有把这个方法发挥到极致，去探测同样远但暗得多的星系。

萨金特为寻找莱曼系限吸收系统而展开的大型巡天带来了一些全新的见解。在不断制造恒星的星系里，一代代年轻的大质量恒星发出大量紫外辐射，把气体电离，是星系的紫外辐射的主要贡献者。因此，星系连续谱的形状本该是大致平坦的。然而我们在地球上看到的却不是这么回事。星系里的氢气体云会吸收一部分紫外辐射。余下的紫外光子在向地球传播途中，又会被宇宙网中的中性氢吸收掉一部分。光子途经的星系际氢气体云越多，被吸收的就越多，在遥远星系光谱中留下的吸收凹槽就越大。结果，遥远的产星星系的光谱在能量低于氢的电离能的地方遭到严重削弱。在观测到的光谱能量分布中，这部分能量陡降而被称为"莱曼断裂"，出现在波长为 912x（1+z）埃处，其中 z 是星系的红移。莱曼断裂是产星星系特有的光谱特征，其他天体都无此特征。

然而，还有一个棘手的问题：地球大气层会吸收波长小于 3000 埃的电磁辐射。所以，地面上的望远镜只能看到红移大于 2.3 的星系的莱曼断裂。位于此红移的星系特别值得研究，因为它们的年龄还不到 30 亿年，仍在紧锣密鼓地生产恒星。斯泰德尔为此设计了一个由三个滤光片构成的成像系统，能够覆盖红移后的莱曼断裂的波长范围。斯泰德尔此举拓展了现有的多色测距技术。他开始用这个系统搜寻红移大于 3 的产星星系。为了掌握深度成像和制造自定义紫外滤光片的技术，他向加州理工学院的一个助理研究员唐·汉密尔顿（Don Hamilton）求教。后者也是一位宽波段成像高手。考虑到这么做要冒很大的风险，两人写了三篇论文来介绍这项技术，并预测了成像效果。虽然他们一开始的目标是检查靠近类星体视线方向的那些星系，后来却发现用莱曼断裂寻找一般的场星系也十分好用。

斯泰德尔当时无法去帕洛玛观测，便和同事们在其他几个天文台测试他们的方法，比如加纳利群岛 4.2 米口径赫歇尔望远镜、美洲天文台的 4 米口径布兰科望远镜等。斯泰德尔发现，初步观测结果的方差不尽如人意，有时是因为观测时的大气视宁度太差，有时是因为观测的深度和广度都不大。所幸的是，他于 1995 年从麻省理工学院回到加州理工学院工作。他能够再度去帕洛玛观测了，只不过这次是以教授的身份去的。他一回来没几天，就把他从麻省理工学院带来的一年级研究生库尔特·阿德尔伯格（Kurt Adelberger）和英国天文学家马克斯·佩蒂尼（Max Pettini）"拽到"200 英寸望远镜的主焦观测室，拍到了三种颜色的照片。他们观测的第一个区域（标记为小选区 22 号，SSA22）覆盖了相邻的两块 9×9 平方角分的天区。这次观测将给他们带来重大发现。

> 我在这些年零七碎八地收集了大量数据——在许多地方、各个天文台、采用不同的观测技术获得的数据"杂拌儿"——把它们整合起来着实不易。
> （作者对斯泰德尔的私人采访，2009 ~ 2011 年）

如果采用莱曼断裂技术，就不需要花时间再为每一个天区拍摄很多光谱来清除邻近的天体了，只要用 3 个滤光片进行曝光成像，就能高效地证认出可能极远的星系。尽管如此，观测仍是一件体力活。在紫外波段的曝光时长是 10 个小时，用红色和绿色滤光片成像的话，每个需要曝光 2 个小时。由于遇到恶劣天气，观测有些推迟。斯泰德尔和同事最后花了 4 个晚上，拍摄了近 20 个天区。夏威夷岛莫纳克亚山上的凯克望远镜进行了后续的光谱观测，对"辍学法"挑选出来的高红移候选者进行确认。这项技术基本上不会受到选择效应的影响，只受到低红移天体的轻微干扰。

10 米凯克望远镜后续的光谱观测证实，从紫外光照片中消失的候选星系大都位于红移 3 左右，确实不是附近的古怪天体。斯泰德尔得知这个结果后真是吃了一惊。天文学界起初还对这种快速确定高红移星系的方法心存疑虑，现在不仅接受了它，还大范围地推广使用。在 20 世纪 80 年代，星系的红移上限似乎停滞在 1 左右——宇宙彼时的年龄刚刚超过现在年龄的一半。谁知突然之间，星系的红移上限一下子增大了近 3 倍，让天文学家瞥见了更遥远、更年轻的宇宙。这些新被命名为"莱曼断裂星系"[201] 的高红移星

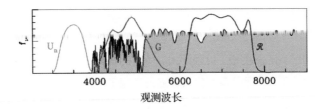

观测波长

　　莱曼断裂技术让天文学家大批量证认出在宇宙早期形成的星系。这是一个产星系模型的光谱（黄色）。星系位于红移 3.15，所以其莱曼极限出现在可见光波段，波长 4000 埃左右。图中还展示了三个自定义滤光片的灵敏范围。天文学家把这些滤光片安装到 200 英寸望远镜上去给天区拍照。近紫外波段的滤光片 U（蓝色曲线）位于莱曼断裂靠近短波长一侧，绿色滤光片 G 位于其长波端。红色滤光片 R 能帮助天文学家区分本地宇宙里红化得十分厉害和本身颜色就红的天体。为了搜寻光谱能量陡降的蛛丝马迹，天文学家用这三个滤光片对天空进行深度曝光成像。那些出现在绿光和红光照片中，却在紫外光照片中销声匿迹的星系，很可能位于红移 3 或者更高一点的红移。与之形成鲜明对比的是，前景天体依然出现在紫外光照片中。

　　资料来源：C. C. Steidel, M. Pettini, and D. Hamilton, "Lyman Imaging of High-Redshift Galaxies. III. New Observations of Four QSO Fields," *Astronomical Journal* 110 [1995] : 2519.) Figure 2a from C. C. Steidel, "Observing the Epoch of Galaxy Formation," PNAS 96, no. 8 (1999): 4232‑4235, Copyright (1999) National Academy of Sciences, U.S.A.

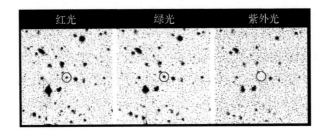

　　这是天文学家为了寻找紫外"辍学者"，用 200 英寸望远镜拍摄的三色图像的一小部分。图中心被圈出的星系，在红光和绿光照片中都可见到，在紫外光照片中却消失不见。这表明它可能位于红移 3 左右。三个滤光片经过特别设计，可用来挑选红移 2.6 ～ 3.4 的"辍学"星系。这个短短的红移范围对应的实际距离是 115 亿光年。

　　资料来源：Figure 2b from C. C. Steidel, "Observing the Epoch of Galaxy Formation," *PNAS* 96, no. 8 (1999): 4232‑4235, Copyright (1999) National Academy of Sciences, U.S.A.

系，不是像闵可夫斯基的 3C 295 或者遥远类星体那样难得一见的天文发现，而是研究高红移宇宙中的星系形成与演化历史的新途径。没过多久，收录了数百个莱曼断裂星系的星表就出现了。天文学家可以对在宇宙年龄只有目前年龄的 15% 时，产星星系的性质及其大尺度分布展开系统研究了。[202] 斯泰德尔一找到办法探测宇宙早期星系及其性质，如恒星族群、金属丰度和恒星形成等，立马就把手头的类星体吸收线巡天丢到一边，就像丢掉"烫手的山芋"一样，[203] 转头专攻这个前景无限的新兴研究领域去了。

星系成团和莱曼 α 团块

一天晚上，斯泰德尔正带着学生为标号 SSA22 的一小条天区里的莱曼断裂星系候选者拍摄光谱。凯克望远镜的监测器实时积累着光谱数据。说来也奇怪，每个光谱都与前一个光谱十分相似。斯泰德尔最后惊叫道："这些星系居然全都在同一个红移上！"[204] 当他们把测量出的星系红移画到一张直方图里，16 个星系非常惹眼地在红移 3.09 周围聚成一堆，证实了斯泰德尔看到光谱后的最初印象。[205] 显而易见，虽然当时距离宇宙大爆炸才刚过去 20 亿年，这些星系已经紧密地抱成团了。这还是天文学家第一次找到实际观测数据，支持"星系成团很早便已开始"的理论预言呢。

这些星系的红移极其接近，勾起了观测者们的好奇心。在那个红移，会不会还有许多更暗的星系，而我们看到的只不过是最亮的那些？斯泰德尔与他的学生开始基于以下两个事实，一起搜寻更暗的星系。第一，在产星星系里，星际介质中的氢在复合时发出大量莱曼 α 光子；第二，在天空背景噪声的衬托下，强烈的莱曼 α 发射线相比于连续谱，总是更醒目，更容易被看见。1997 年春，斯泰德尔订购了一个特别定制的窄波段滤光片，正好覆盖红移 3 星系的莱曼 α 谱线红移后的波长范围。然后，他用 200 英寸望远镜的 CCD 对着 SSA22 进行一小时又一小时的持续曝光。与背景天光、前景星系还有宇宙射线相比，CCD 记录的那些源太暗了，斯泰德尔的学生库尔特·阿德尔伯格对着数据分析了好几周，才最终提取出有用的结果。他的付出没有白费。从这批数据中陆续涌现出总共 72 个源，其中最亮的也比原先那批莱曼断裂星系暗 2 个星等，而且它们个个都有强烈的莱曼 α 发射线。据估计，这"团"星系的质量总和达到太阳质量的 10^{15} 倍，可与邻近宇宙中的富星系团匹敌。那么，这就是日后会出现富星系团的地方的高红移快照吗？

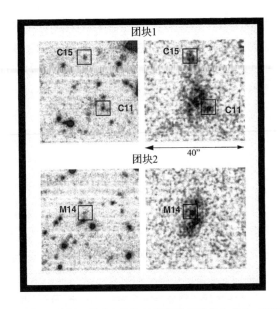

左侧两图分别是以团块 1 和团块 2 为中心的蓝光及可见光图像的合成图。它们取自 2000 年发表的一篇论文。文章介绍了采用莱曼断裂技术的 200 英寸望远镜巡天观测获得的发现。右侧两图是它们的后续莱曼 α 深度曝光照片。图中用方块标出了红移为 3.09 的星系团里的莱曼断裂星系。两个团块比它们包裹的星系还要大，是早期宇宙已知明亮天体中个头最大的。它们发出的柔和光芒要经过 110 亿年的长途跋涉才能到达地球跟前。天文学家现在知道，团块中尚有星系正在形成，有些带有活动星系核，另一些则拥有更成熟的恒星族群。

资料来源：Image from Figure 6 from C. C. Steidel et al., "Lyman- α Imaging of a Proto-cluster Region at <z> = 3.09," *Astrophysical Journal* 532 (2000): 170 - 182, © AAS. Reproduced with permission.

出乎意料的是，有些星系还被两大团发出强烈莱曼 α 光子的薄雾笼罩着。这团气体在中心区域既明亮又致密，然后越往外越稀薄，最终消失在星系际介质中。斯泰德尔根据图像，把这两大团发光气体戏称为"团块⊖1"和"团块 2"。这个名字从此被沿用了下来，一种新天体就此诞生。莱曼 α 团块实际上是一块延展的区域，主要发射莱曼 α 光子而非连续谱。[206] 测量发现，SSA22 的团块 1 展幅为 15 万～ 20 万秒差距，比整个银河系还大好几倍。

⊖ 取自 1958 年的一部美国科幻电影《幽浮魔点》中的名字。电影讲述了类似阿米巴虫的巨大的贪食怪物。——译者注

在这些聚集成团的星系中，莱曼 α 团块仍有点神秘。由于引力还来不及把它们紧紧地束缚在一起，所以它们看上去并不像我们今天见到的星系团。这些"原初星系团"是早期宇宙中的聚合物，反映了在大爆炸后没多久，在宇宙年龄只有目前年龄的 16% 时，物质的分布情况。也许我们看到的正是富星系团的前身——在自身引力的作用下，它们开始不再跟随宇宙膨胀。

自从发现了星系聚集和莱曼 α 团块，天文学家继续用 200 英寸望远镜拍照，结果在巡测过的每一块天区里都发现了物质聚集的迹象。世界各地的望远镜也陆续找到更多的高红移的原初星系团和团块。如今，天文学家已经知道莱曼 α 团块数量众多，是早期宇宙物质结构的重要组成部分。有些团块似乎沿着大尺度纤维状结构分布，这可能为我们提供了星系形成及其与早期宇宙结构形成存在关联的线索。

猛烈的星系风

斯泰德尔和阿德尔伯格本想找到星系际气体落入莱曼断裂星系，为恒星形成提供原料的证据，却看到完全相反的结果：星系向外刮出强风，风速高达 2000 千米 / 秒。超新星爆发和辐射压势必会引发剧烈的恒星形成活动。但这些超级星系风也是威力无穷，能把物质刮跑，使之摆脱暗物质（主导着星系的引力场）的束缚。

它们把星系里的氢、氦以及重元素一扫而空，散布到广阔的星系际介质中，因此可能在星系演化中（特别是在高红移）发挥着十分重要的作用。气体反过来又会落入星系，参与新一代恒星的形成，丰富了恒星的化学成分。在目前所能观测到的最高红移，星系际介质已经展现出稍被金属污染的迹象了。是什么驱动了这样的超级星系风，是星系并合引发的星暴？还是活动星系核？被风吹出星系的那些富含金属的气体，在星系际空间逗留上百亿年，在附近的物质密度起伏的作用下旋转起来，后来又陆续回到星系中，参与宇宙的物质循环。实际情况是否真的如此呢？

星系超级风还产生了一些有意思的后果。大多数元素并不是在大爆炸中形成的，而是在恒星核心的核反应中合成的。这些新生成的元素是如何离开星核，最终成为我们身体的组成部分呢？天文学家一直认为，当恒星爆炸形成超新星，被爆炸抛出的富含金属的物质碎片跑不了多远，仍然待在附近。猛烈的星系超级风的存在则表明，远在地球形成之前，其他星系里的星暴产生的化学成分丰富的物质，可能早已穿过广阔空间跑到银河系周围，提高了那里的化学丰度，并把多种元素带到太阳系，最终带入我们的身体。

星系不只有星光璀璨的核心，天文学家在星系的外部还发现了不断延展、越发复杂的前所未见的结构。在大尺度纤维状结构中，许多星系都被致密的氢气团包裹着。在星系这个生态系统中也有物质循环：冷气体从宇宙网落入星系中心，为那里的恒星形成活动提供原料。反过来，超新星、大质量恒星和偶然出现的活动星系核不时地把星系内的炽热气体都赶走，使星系变得更加惹眼。

产星星系发出大量电离光子，但由于莱曼 α 光子的传播和散射，它好像置身于一个巨大、明亮的莱曼 α 茧中。如果星系的恒星形成效率为每年 1 个太阳质量左右，这个莱曼 α 茧就会极其暗淡。但要是恒星形成率达到每年 1000 个太阳质量的数量级，茧就会非常明亮，看上去就像莱曼 α 团块。由此看来，天文学家看到的屈指可数的那几个莱曼 α 团块可能只是冰山一角。宇宙中可能还有许多星系被莱曼 α 晕包裹着。

大约半个世纪以前，天文学家通过类星体的吸收线首次探测到宇宙网中的气体纤维。通过观测全天各处类星体的吸收线，天文学家就可以收集到广袤宇宙空间中的星系际介质的化学丰度、结构、运动学特征及演化信息。他们用这些观测检验宇宙物质（包括重子、暗物质和暗能量）结构和演化模型。尽管如此，数据至今仍很稀少，用星系际介质直接描摹宇宙网的数据更是匮乏。不过天文学家已经成功拍摄到在类星体和其他强烈电离辐射源周围发出亮光的物质。有些天文学家和仪器研发团队更是特别有创意，希望利用气体因为受到碰撞激发而被点亮的机会，拍摄它们沿着大尺度纤维结构注入星系的景象。虽然帕洛玛还有其他天文台正在设计、测试和建造极其灵敏的仪器，这样的观测仍然已经接近仪器的探测极限了。然而纵观天文仪器的发展史，我们相信总有一天，天文学家能把宇宙网那令人叹为观止的壮丽胜景充分地展现在世人面前。

（从 200 英寸镜室下方看到的）望远镜的平衡支撑系统

11
第十一章

太阳系大洗牌

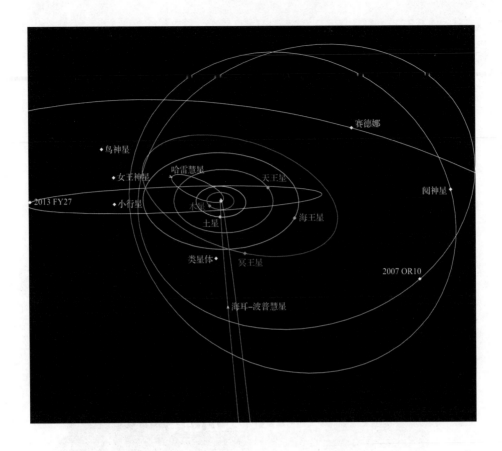

鸟神星

女王神星　哈雷慧星　　天王星

2013 FY27　小行星

木星

土星

海王星

赛德娜

阋神星

类星体　冥王星

2007 OR10

海耳-波普慧星

　　在 1990 年以前，人们眼中的太阳系结构简单、整齐有序：内侧有岩体行星，外侧是气态巨行星，两者之间有一条岩体小行星带，在冥王星之外还有冰状矮行星。本图展示了 2018 年 1 月从黄道（太阳系的大行星围绕太阳公转的轨道平面）上方 39 度角看到的太阳系内的景象。除了木星、土星、天王星、海王星等几个大行星，还有为数不少的小天体在柯伊伯带里运动着，包括矮行星冥王星。行星脱胎于环绕年轻太阳的原初行星盘。行星形成留下的物质碎片聚集在小行星带（在火星和木星之间，图中没有显示）、柯伊伯带（黄色）和奥尔特星云（远在图的边界之外）里。

　　资料来源：NASA/JPL-Caltech/P. Chodas.

喷气动力实验室的前主任布鲁斯·默里（Bruce Murray）曾说："天文学家每天接触的都是远超出人类日常经验的事物，而地质学家与现实世界打交道更多一些。"[207] 他于 1960 年到加州理工学院做博士后。刚从空军退役的默里发现了"太空"，以大无畏的探险精神来到帕萨迪纳，渴望在加州理工学院研究行星的表面性质。他很快便结识了吉姆·韦斯特法尔。韦斯特法尔生活简朴，才华横溢，是一位只拿到物理学学士学位的野外地震学家。两人都有在油田工作的经历，这让他们共同奉行的工作经验与加州理工学院绝大多数人奉行的都不同。他们自称是年轻无畏的"海盗"，干劲十足，无拘无束。更重要的是，韦斯特法尔善于制造仪器，默里则仍与空军"藕断丝连"——有委任状和安全审查。

"海盗"二人组

默里在从空军转行做博士后时，需要用一些军用探测器来观测非常暗的太阳系天体。他大胆地安排了一次到加利福尼亚州莫哈韦沙漠附近的海军航空武器站的访问。他在那里"故作热情地与人打招呼，大谈特谈自己在帕洛玛天文台想做的事"。[208] 如此一番作秀的结果是，他把八台稀缺的红外军用探测器塞入自己的口袋，满载而归。作为回报，军方想知道他对行星的认识以及对探测器性能的评价。韦斯特法尔帮助默里把探测器安装到帕洛玛的望远镜上。两人还一起建造了一台全新的光度计，配备有量子探测器和有低温液氮制冷的红外探测器——这是韦斯特法尔专为降低噪声而发明的。他们的仪器比以前的灵敏 50 倍。如此一来，默里和韦斯特法尔就走在了红外探测的最前沿，并将成为帕洛玛行星观测的引路人。

他们得到帕洛玛天文台台长的特许，分别在拨给光学天文学家使用的观测时间开始之前和结束之后挤出时间观测。两个人一开始观测较亮的天体，如月球、金星、火星和木星，因为观测它们不需要漆黑夜空。每当黄昏降临，在光学天文学家的夜间观测开始前一个半小时，默里和韦斯特法尔就开始进行红外观测，然后便在沉沉黑夜中耐心等待，等到黎明时分望远镜空闲下来以后，再观测一个半小时。韦斯特法尔坦承自己就像二等公民，因为一到天完全黑下来，他和默里就必须退到一旁，给光学天文学家让出位子，让他们去观测暗淡的天体。马丁·施密特曾说，在 200 英寸望远镜的主焦观测室里度过的时光非常浪漫。但对默里和韦斯特法尔来说，观测一点也不像施密特说的那样浪漫，而是在严重受限的观测时间和高强度的体力工作中忙得团团转。由于手里有大批同时推进的项目，两位年轻的合作者尽量压缩在帕洛玛停留的时间，尽快返回帕萨迪纳——默里可能还会继续待在喷气实验室，忙水手 4 号火星探测项目。默里后来还满心骄傲地补充道："而且我们还是地质学家！"[209]

在 20 世纪 60 年代初，两位"离经叛道"的地质学家与刚从加州理工学院获得博士学位的罗伯特·威尔迪（Robert Wildey）一起，通过测量木星的红外辐射推算出木星冰冷大气的温度。这项观测要求把笨重的仪器和乱糟糟的电线放到望远镜支撑结构的东臂管内。滑溜溜的柱状金属管与沉重的马蹄形架台相连——有点像狭窄逼仄的潜水艇，向着水平地面倾斜 33.4 度角。在 5 英尺宽的臂管内有带轮子的楼梯，既可以锁定，也可以来回滚动。光具座位于臂管中央，上面摆满了各种仪器，而且经过特别设计，在望远镜突然转向和追踪天体时，通过俯仰、倾斜校正能够始终保持水平。臂管里有两把专门定制的木椅子，为了配合楼梯的轮廓，椅子的后腿被特意锯掉了。有些观测者一连数月坐在椅子上观测。有一面可摆动的镜子来来回回把光反射入东臂，分 128 步横扫木星表面，再分 128 步继续横扫木星的旋转盘，最后望远镜再反向扫描，最后成像。如果一切顺利，经过三四分钟的观测就可以得到一幅行式木星图像。

> 我在很长一段时间冷眼旁观，天文学家能够容忍我们的怪异实验，却拼命刁难同行。这是我们的优势所在。天文学家们不只爱当主角——还是自大狂。所以吉姆和我在工作时尽量不发出一点声响，就像待在教堂角落的两只老鼠。故意表现出一点谦卑和屈从也是值得的，因为这能让我用世界上最大的望远镜观测。可别误解我的意思。我最好的朋友里就有天文学家——我甚至愿意让自己的女儿嫁给天文学家。（作者对默里的私人采访，2008 ～ 2010 年）

当时还没有软件来控制海耳望远镜的指向，让它精确地跟踪木星的运动。这是因为望远镜的自动跟踪系统被设计成与恒星而非行星的运动同步。因此，两位地质学家不得不亲自动手来回调整望远镜，让其扫过木星的盘面。这番操作带来了意想不到的木星盘面的近红外亮温度等温图。这是根据 1963 年 12 月 15 日的观测数据描绘出来的初步结果。箭头标出扫描的位置。等温曲线并没有沿着木星表面的带状结构（用点表示）分布。这些带状结构是用与探测器连在一起的 35 毫米相机同步拍摄下来的。在盘的边缘处标出了行星的东方和南方。

资料来源：Figure 4 from R. L. Wildey, B. C. Murray, and J. A. Westphal, " Thermal Infrared Emission of the Jovian Disk, " *Journal of Geophysical Research* 70 (1965): 3711. Credit: Figure 4 from Wildey et al. 1965. Copyright by the American Geophysical Union.

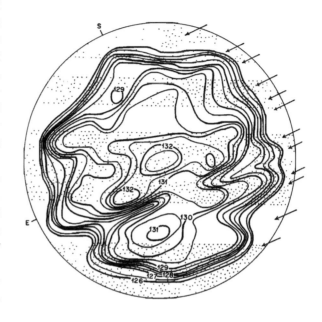

发现：在测绘木星的亮温度分布时，等温曲线并没有沿着木星表面的带状纹路走，而是与望远镜的扫描方向保持一致。[210] 即使如此，他们还是看到等温曲线明显堆积在行星盘的边缘附近，说明盘边缘在变暗。这个迹象表明，随着大气层高度的降低，温度果然不出所料地随之下降。然而，1972 年新开展的红外观测却发现，在木星的上层大气中温度的变化趋势出现反转。[211] 木星大气中有温室效应！

木星的热斑

吉姆·韦斯特法尔不惧任何挑战，无论观测点有多么遥远，他也会果断改变焦点。所以，当另一队研究人员在 1969 年宣布 [212] 木星有红外辐射超出（即热辐射）时，他就迫不及待地用 200 英寸望远镜展开调查。他用小口径光度计扫视木星表面，想看看辐射在 5 微米处的分布，结果发现了一个参差不齐的强辐射带。随后立即拍摄的可见光图像展示出丰富的细节，包括在较明亮的区域里有一些极小的暗斑。这些暗斑主要分布在赤道区域，与在 5 微米处看到的亮斑正好居于同一位置。而且暗斑的温度非常高，用反射太阳光这个理由无法解释。韦斯特法尔提出，这些暗斑是木星大气云层中的洞，透过这些洞可以调查温暖的木星内部。1969 年，他发表了自己的观测结果，[213] 尽管他的一些同事当时并不相信他的发现。

在一种名叫"显像"的新发明的帮助下，他们才弄明白在木星大气中看到的复杂特征是怎么回事。韦斯特法尔、基思·马修斯（帕洛玛天文台的仪器科学家）和理查德·特里尔（Richard Terrile，加州理工学院的研究生）在 5 微米处为木星拍摄了好几百张高清照片。他们每 3 分钟拍一张视频图像，紧接着再用常见的柯达彩色胶片拍一张照片。他们把 5 微米处的视频图像与彩色照片并排摆放在一起，辨认出木星大气中化学成分和物理状态迥异的区域，还有截然不同的云层。[214] 在 5 微米处看到的最明亮的区域是木星大气最深处的云层，呈蓝灰色[215]，而白色的区域和大红斑则是大气层中温度最低的区域。他们的延时摄像揭示了木星盘面亮度出现大面积的快速变化，变化幅度为 5 微米通量。这是不是云团在木星大气中移动、沉降和蒸发造成的？

在 20 世纪 70 年代中期，喷气推进实验室正在筹备的两个旅行者号飞掠计划，为天文学家带来了一个意想不到的近距离观察木星大气的机会。200 英寸望远镜因为拥有顶尖的红外仪器和探测器也参与其中，帮忙给观测目标定位。作为回报，旅行者号承诺为天文学家提供木星的高清多色数据，包括 5 微米通量变化的 5 个热斑的光谱。这些热斑中较小的那个也有北美洲那么大。但还存在一个棘手的问题——复杂的飞行指令要求在飞船抵达木星前 30 天内必须锁定观测目标。不幸的是，热斑出现的位置和活跃度变幻莫测。有些特征持续数月不散，有些特征从形成到消散不过寥寥数日。即使在地球上，气象学家也无法准确预测四周后的风暴啊。

差强人意

在 200 英寸望远镜率先开展红外天文观测时，全靠人手动操作性能不稳定的笨重仪器。观测者要么坐在东臂筒里，要么待在卡塞格林观测室。

在观测期间天文学家必须一直守在仪器跟前，坐在黑漆漆、冷冰冰的金属管子里瑟瑟发抖。卡塞格林观测室里仅有一把用 $12 \times 12 \times 6$ 英尺铁链固定的椅子，是留给指导老师坐的。研究生则像蜘蛛一样，用带子固定着，身上还塞着泡沫塑料，以防在观测期间不慎跌下来，被仪器的锐角扎伤或者撞伤致死。[216] 尽管如此，每个研究生在四年的学习工作中都要花几百个小时去观测，为自己的论文题目收集数据。他们每个人都在帕洛玛留下了特别美好的回忆。在数小时的漫长观测中，观测者坐在呼呼作响的望远镜下面，头顶上还传来圆顶转动的轰鸣声，他们常常说这是"最让人放松的工作"。在那段时间里，指导老师会向学生传授自己的人生观和科学观，从而永远改变了学生的研究生涯和个人生活。

1978 年 9 月，在旅行者 1 号第一次接近木星前五个月，韦斯特法尔和特里尔开始用 200 英寸望远镜频频监测木星。[217] 他们把单探测器——越南战争的副产物——升级成 128 个像素的线性阵列，成像过程因此加快了上百倍，记录到温暖的带状区域的明显的亮度变化。他们解释说，这些变化是上层大气云聚云散的结果，首次揭示出活跃的木星大气不会产生遮挡视线的云团。

旅行者 1 号靠近木星后，人们通过地面望远镜看到如点彩画般的平缓、柔和的木星图像，就被从太空拍摄的反差强烈、光怪陆离的照片所取代。这些照片揭示出木星大气动感甚至可怖的一面：那里到处都有风暴、猛烈的气流，还有上下翻腾、剧烈变化的云团。虽然韦斯特法尔、特里尔和同事在帕洛玛最先瞥见了错综复杂的木星大气，但空间探测器传回的实景照片还是犹如给了他们"迎面一拳"。[218]

旅行者号成像组的行星科学家安迪·英格索尔（Andy Ingersoll）看到探测器传回的数据后，不由得沉浸在兴奋之中。他一直在密切关注着韦斯特法尔和特里尔的发现——尤其是他们声称木星远比人们想象的活跃得多。英格索尔希望旅行者 1 号抵达木星后，能帮他解开大红斑带来的一个让人百思不得其解的问题。他凭直觉认为，大红斑周围应该是平静无波的，否则它怎么会持续三百多年不消散呢？但出乎意料的是，大红斑周围的区域完全是混沌一片——翻腾、冒泡、激荡，让大红斑这个长命风暴越发神秘。虽然韦斯特法尔和特里尔已经从地面观测中了解到大红斑的混乱无序，但英

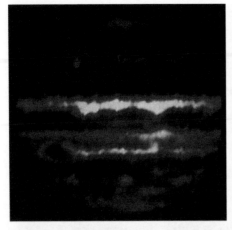

地面望远镜拍摄的红外图像和同步的空间望远镜成像，为旅行者1号飞掠木星指明了方向，也使我们能够深度观察变化莫测的木星大气层。左上图：1979年1月10日用200英寸望远镜在波长5微米处拍摄的伪彩图像，温度最高的区域呈白色，红色的是温暖的区域，黑色代表温度最低的区域。右上图：旅行者1号在同一天拍摄的可见光图像，揭示了木星大气的亮度变化。科学家解释说，这是大团大团的云遮挡或者离开某些区域造成的。在这两张图中皆可见到大红斑。下图：木星一个气态行星蕴含着巨大的热量。木星的标志性特征大红斑其实是环绕在一个较冷区域周围的温暖的环状结构。1979年3月1日，旅行者1号从距离木星500万千米处拍摄了这张照片。大红斑的直径比地球直径大两倍，从其外边缘吹出的疾风，风速高达100米/秒，可分辨的最小特征约95千米宽。

资料来源：Top left and right from figure 3 from R. J. Terrile et al., " Infrared Images of Jupiter at 5-Micrometer Wavelength During the Voyager 1 Encounter, "*Science* 204 (1979): 1007; bottom courtesy of NASA/JPL.

格索尔必须借助旅行者 1 号近距离地好好观察一下它。有些非同寻常的事正在那里上演，而且是人类凭经验无法理解的事。

从煎锅到炊火

吉姆·韦斯特法尔做梦都没想到，在他发现木星热斑 26 年后，伽利略号飞船用降落伞把一个人造探测器放入了其中一个热斑。1995 年 12 月 7 日，探测器经受住了烈焰焚烧，成功进入木星的上层大气。它展开一个 8 英尺宽的降落伞，开始用随身携带的质谱仪测量木星大气的化学成分。虽然木星表面几乎被大片大片的云团完全覆盖，但探测器正好钻入了大气云层的一个洞里。木星内部散发出的热量正从洞里涌出来。在云团遮住视线之前，探测器整整探测了 57 分钟，传回的数据揭示出木星大气里湍流涌动。探测器在穿越纬度线走了 156 千米后悄无声息地坠落，此时的外部压力是 23 个大气压，温度达到 426 开。木星的核心闷热异常，温度接近 3 万开，探测器肯定早在落入木星核心的金属氢层之前就已坠毁了。

在帕洛玛的观测数据基础上得出的早期推论，有不少得到了证实，给人留下了深刻的印象。特别是当伽利略探测器落入热斑时遇到了极强的大风，出乎意料的干燥环境，强烈涌动的湍流以及巨大的温差，这一切韦斯特法尔早在 1969 年率先观测木星盘面时就推断出来了。探测器直接测量出热斑的温度是 273 开，与韦斯特法尔的粗略估计 300 开（稍高于地球室温）比较接近。周围区域的温度偏低一些，在 143 开左右。韦斯特法尔说的没错：热斑只不过是大气云层中的洞，木星内部的热量从洞里逃逸出来。

然而，与两年前发生的持续一周的天体袭击事件相比，伽利略探测器在 1995 年底坠入木星大气还只是小事一桩。

行星之王

木星体型庞大，质量比地球质量大 300 倍，堪称太阳系一霸，常常欺凌从深空冒险闯入的彗星。它施加强大的引力，一边拉住彗星不放，把它们的抛物线轨道硬生生地给改成短周期轨道，一边又捕获在短周期轨道上运动的其他天体，把它们抛出太

艺术家根据伽利略探测器的 CCD 照片描绘了在木星大气的云层之间，一块面积为 3.4 万千米 × 1.1 万千米的区域。这是沿着几乎水平的方向看到的景象，中心呈宝蓝色的地方是一个热斑。这里距离伽利略探测器进入大气层的位置不远。就像拼图游戏，前景中的白色气流升腾到几十千米高处，对应着在木星上层大气看到的洞。下方云层里的淡蓝色柱状物是干燥空气环流。它们沉入热斑，扫清云团。特里尔根据他在帕洛玛的观测结果，早就推断出在热斑的上方有薄雾笼罩。

资料来源: R. J. Terrile, " High Spatial Resolution Infrared Imaging of Jupiter: Implications for the Vertical Cloud Structure from Five-Micron Measurements, " PhD thesis, California Institue of Technology, 1978, 1. Credit: NASA/JPL.

阳系。实际上，木星这般横行霸道倒也保护了太阳系的内行星，使它们免受小行星的频繁撞击。小行星偶然会在天文学家的照相底片上留下耀眼的轨迹，被人亲切地称为"太阳系的害人虫"。

在 1929 年前后，木星牢牢地抓住了一颗彗星不放，硬是取代了太阳的位置，成为彗星轨道的焦点。1992 年，这颗在木星身旁打转的彗星因为靠得太近，落入了木星的洛希极限范围，那里有不可战胜的巨大潮汐力在等着它。根据天文学家的事后还原：在潮汐力的蛮横拉扯下，脆弱的彗星发生解体，碎块沿着轨道一路散开，宛如一串珍珠。在这次擦身而过之后八个月，一个知名的彗星猎人三人组在用帕洛玛天文台最老、最小的望远镜对着天空拍摄时，发现了这颗支离破碎的彗星。

　　天体地质学家尤金·休梅克（Eugene Shoemaker）对天体撞击和陨石坑十分着迷，无论地球上的还是地外的。他一边在美国地质勘探局工作，一边在加州理工学院教授行星科学，同时还搜寻可能撞击地球的流浪小天体。[219] 在 1973 年以前，科学家既没有系统地追踪过对太阳系构成潜在威胁的天体，也没有统计过撞击事件发生的概率。休梅克与他目光敏锐的妻子卡洛琳（Carolyn）最先对几千张成对的照片展开搜寻，堪称真正的先驱。每一对照片都是 18 英寸施密特相机相隔约一天拍摄的。他们希望在位置相对固定的遥远恒星背景的衬托下，找出微微移动的天体——这是天体在太阳系内运动的信号。1989 年，休梅克邀请业余天文学家戴维·利维（David Levy）加入队伍，他们三人在长时间的艰苦观测中配合默契，和谐相处。[220] 在 18 英寸施密特相机拍摄的一对小比例尺照片中，他们发现了一个移动的天体。它看起来奇长无比，像是一颗彗星。等这颗彗星的轨道被计算出来之后，世界各地的天文学家震惊地发现，

　　休梅克－利维 9 号彗星原本是一颗完整的天体，现在却成了一串碎片，正在劲头十足地飞速撞向木星。这些碎片有大有小，大点的直径有几千米长，沿着运动轨道排成一串，在空间中绵延上百万千米。人们按照预估的撞击次序依次用字母表中的字母称呼它们。有些碎块后来会并合、解体甚至消失。

　　资料来源：NASA, ESA, H. A. Weaver and T. E. Smith (STScI).

这颗破碎的彗星正在飞快地撞向木星。这颗在劫难逃的彗星碎片被正式命名为休梅克－利维 9 号彗星，它的经历将向我们生动地展示太阳系的一个基本物理过程：通过撞击吸积物质。

彗星来袭！

当时正值诺伊格鲍尔担任帕洛玛天文台台长的最后一年，他在 1994 年 7 月率先取消了两周的常规观测日程安排，为预测的彗星撞木星留出观测时间。负责记录这次撞击事件的天文学家面对的是一个与平时观测完全不同的情况。没有人知道撞击的具体时间，也不知道届时会发生什么，用什么仪器观测最好，甚至连辐射集中在哪个波段——可见光、近红外还是热红外——都不知道。不仅如此，科学家预计彗星碎片会撞击木星背向地球的一面。所以，地面上的观测者必须等木星转过身来，才能看到事发现场。

以康奈尔大学的菲尔·尼科尔森（Phil Nicholson）为首的一帮天文学家，包括加州理工学院的诺伊格鲍尔和基思·马修斯，组成一个研究团队，将仪器资源集合起来共同使用。马修斯是出色的仪器专家，他想出一个绝招，巧妙地利用 200 英寸望远镜的斩波副镜（被普遍视为一件科技艺术品），把木星的图像飞快地交替传给两台仪器，与此同时间歇拍摄天空背景。到目前为止，200 英寸望远镜已经有一大堆红外仪器了，包括一台全新的近红外相机，搭配了马修斯制造的一套宽带循环变量滤光片。由于木星的光谱在 2.3 微米左右有强烈的甲烷吸收带，新相机在这个波段非常灵敏，预计要让行星表面变暗，使撞击产生的炽热气体柱变得更醒目。

为了扩大波长覆盖范围，康奈尔大学贡献了一台分光仪 Spectro-Cam 10，能够在中红外波段成像，并在 8 ～ 13 微米拍摄光谱。这个兼具成像和分光双重功能的仪器将负责拍摄被撞击加热到室温的气体的图像和光谱。两台仪器被同时用螺栓固定在望远镜的背后。由于要在红外波段观测，圆顶在下午 1 点钟就打开了，此时太阳还高高地挂在天上。天文台的工作人员站在环绕圆顶的通道上，提醒望远镜操作员不要让耀眼的阳光照进圆顶，直射望远镜的镜面。

在这紧张忙碌的两周里，南非、北美洲、南美洲、夏威夷、日本、澳大利亚和南极的望远镜，全都瞄准了木星。帕洛玛也是这个庞大的地面望远镜观测网里的一员。

当彗星碎片前仆后继地撞向木星，电子信息穿越国境线、跨过大洋来回传递，播报着最新的图像，更新星历表。1994 年 7 月 21 日，在 200 英寸望远镜旁观测的天文学家得知，要目击其中一个彗星碎片撞向木星，必须等木星一出现在地平线上就要让望远镜对准它。为了防止望远镜一不小心撞到地面或者 14.5 吨重的镜子从镜室中脱落，工作人员设置了层层巧妙的软件来应对这种突发情况。当望远镜已经停在距地平 10 度仰角的位置上时，天文学家还想让望远镜的仰角再低一点。他们恳求台长，允许他们不用顾忌软件设定的终止线。台长同意了，望远镜被放低到与地面夹角仅有 2 度的位置。这时热线开关"咔嗒"一声响，终止了望远镜的移动——也就是说，不能再低了。

观测者们一心想要拍摄休梅克－利维 9 号彗星碎片快速撞击木星的场面。他们一致请求台长不要管那些安全禁令，不能喊停。他们喊着"打死也不能停！"他们做到了。当木星刚出现在地平线上，他们便用望远镜看到了彗星碎片。(作者对 P. 尼克尔森的私人采访，2009 年)

飞火流星

当被标记为 R 的彗星碎片进入木星大气后，观测者最先在红外波段看到光点一闪。天文学家估计那个碎片目前位于稠密大气上方几百千米的地方，还躲在木星边缘的后面没有露面呢。1 分钟后，它撞击加热气体，激起一根炽热气体柱，喷到木星边缘之外 3000 千米远的地方。此时，观测者看到第二个光点。这个亮光持续了 20 ~ 30 秒，而且更加明亮。虽然撞击地点仍位于木星的背面，但撞击激起的热气体柱从木星边缘冒了出来，延伸到很远的地方，在地球上也看得见。气体柱发出强烈的热红外辐射。在 200 英寸望远镜的数据室里，人们强忍兴奋，悄声惊叹着。一切还算平静。然后，令所有人大吃一惊的是，10 分钟后第三次亮光一闪，出现了一个明亮 600 倍的红外信号，让监测器的屏幕都饱和了。发光的热气体柱（既有彗星物质也有被撞击挖出的木星物质）冲到顶后又全速后退，落回大气层。由此产生的激波把大气层里的气体加热到几百开。撞击地点沿着木星边缘绵延八千多千米，随着木星的旋转，它们现在全部进入大家的视线。

在此期间，数据室里的天文学家频繁地调整仪器去捕捉撞击产生的辐射。由于撞击地点的形状、面积、取景几何随着时间流逝不断变化，因此这是一个充满不确定性的复杂工作。它的困难之处在于如何通过调整仪器口径的位置和大小，让最明亮的发射区一直居于口径的正中。令人高兴的是，红外探测器的灵敏范围正好与热气体柱和炽热的撞击遗迹发出的热辐射峰值相合，控制室里的天文学家松了一口气。

在后面几周里，撞击痕迹日渐模糊，但近红外观测仍在继续。[221] 根据痕迹模糊的程度，天文学家估算出木星大气的风速。起初，人们寄希望于这场撞击引起的物质喷发能让低层的气体翻涌上来，这是窥探被木星云层遮盖的物质独一无二的机会。然而，科学家在木星的平流层只探测到了十分寻常的物质成分。[222] 由于彗星碎片的质量低于休梅克的预估值，它们无法如预期的那样穿透到大气深处。现在认为，喷出的气体，尤其是水蒸汽，大都是彗星自身的物质，而非来自木星大气深处。而且科学家也没有探测到木星大气的"地震"振动——表明更深的撞击。

彗星殒身木星不仅令人激动，烟花漫天的木星甚至还很有趣。它还促使大家改变

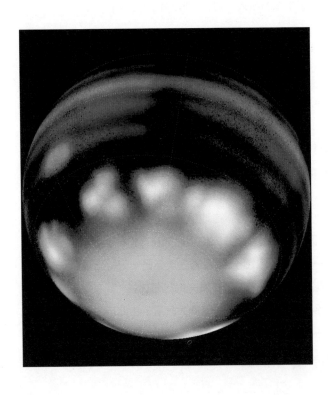

休梅克－利维9号彗星撞击木星，产生了好几个明亮的火球。每个差不多都和地球一般大，环绕在木星的南半球。在撞击过程中，被撞击加热的悬浮颗粒被高高抛起，飞入木星大气，在黑暗的行星表面的映衬下闪闪发光。1994年7月23日和24日，随着木星的旋转，9个撞击地点迅速进入人们的视线。观测者们趁此机会花了几个小时用200英寸望远镜拍摄红外图像。天文学家用计算机把许多单独的图像拼接到一起，生成了这幅美丽的合成图。在撞击地点的左上方，有一个暗淡的椭圆形区域，那就是大红斑。

资料来源：NASA/JPL-Caltech.

认知，不再认为太阳系天体极少相撞。虽然行星在形成之初也曾靠着撞击和吸积等激烈事件来壮大自身，但那毕竟是很久以前的事了。没想到，这样的过程现今仍在发生着，只是不那么频繁了。但即使是地球也未必能幸免。它曾被类似休梅克－利维 9 号彗星碎片 G 那般大小的石块击成重伤。木星这个巨大的气态行星刚向我们展示了它那强大的大气环流如何把撞击痕迹驱散，使之扩散蔓延至几千千米。对比之下，若是彗星碎片中哪怕较小的一块撞到地球，它也会立刻变成一个大火球，造成巨大破坏，生灵涂炭。

快速移动的 1.6 千米宽的"越地小行星"伊卡洛斯就是这样一个潜在威胁。沃尔特·巴德在 1949 年 6 月 26 日用 48 英寸施密特相机观测时发现了它。[223] 19 年过去了，伊卡洛斯再度从地球身旁飞驰而过，距离地球表面仅有几百万公里——以宇宙学的标准看，如此近的距离让人不由得胆战心惊。下一次，它恐怕就直冲着我们撞过来了。当然，行星天文学家早就知道，研究彗星和小行星的物理性质和轨道运动，对于评估地球未来面临的种种安全威胁至关重要。美国宇航局正式发起了一个探测和跟踪对地球安全构成潜在威胁的天体观测计划，以此回应国会的兴趣。不过，若从科学方面看，这些天体在哪里形成，又是如何形成的，或许才是更值得研究的问题。

太阳系的冷库

休梅克－利维 9 号彗星可能是从太阳系外围的两个假想的小天体仓库——柯伊伯带或者更远的奥尔特星云——逃脱出来的。科学家认为这两处地方幅员辽阔，到处漂浮着建造太阳系行星盘时剩下的边角料。那里远离太阳，寒冷刺骨，就好像是巨大的冷库保存着太阳系的原初物质，使它们在 46 亿年（太阳系的整个生命时间）的漫长岁月里鲜活依旧，不被污染。柯伊伯带一直是个科学假设，直到 1992 年，戴维·朱伊特（David Jewitt）和刘丽杏（Jane Luu）用数码相机和成熟的电脑软件首次探测到有冰冻天体在海王星的轨道外面运动。[224] 于是，离我们最近的那个冷库的大门，"咔嗒"一声打开了。

加州大学伯克利分校的研究生迈克·布朗（Mike Brown）住在学校旁边伯克利码头的一艘帆船上。他研究的是彗星和木星的磁层。休梅克－利维 9 号彗星被发现后，他眼见着自己的两个研究对象（彗星和木星）以 90 千米／秒的速度撞到一起。他开玩笑说："幸好我没研究小行星和地球！"[225] 经由刘丽杏，他开始对柯伊伯带产生了兴趣，当时刘丽杏正在伯克利做博士后。1996 年，布朗成为加州理工学院的行星天文学家，他得知帕洛玛的 48 英寸施密特相机刚刚完成了第二次帕洛玛－国家地理联合巡天，正等着接受新的观测任务。在"灵光一现"的瞬间，他想到施密特相机的视场大，观测时间充裕，每天晚上两个山头都有人在观测，正是寻找更多柯伊伯带冰冻天体的最佳工具。

虽然其他人通过小视场的深度曝光已经发现了数百个暗淡的小天体，但人们相信，不常见却也不可或缺的柯伊伯带天体是外太阳系动力学游戏的顶尖玩家。布朗希望找到他梦寐以求的明亮柯伊伯带天体，研究其表面的物质成分，给它们的形成理论提供限定。然而，经过两年紧锣密鼓的观测，外加一年的跟踪观测，他对柯伊伯带天体候选者依旧毫无发现。

> 我们要记得："地球是行星大家庭中的一员。在行星际空间四处游逛的彗星和小行星偶尔会撞到行星身上。"（摘自 E. M. Shoemaker，"Comet Shoemaker- Levy 9 at Jupiter," *Geophysical Research Letters* 22 [1995]: 1555-1556.）

不知疲倦的布朗相信，施密特相机就是最合适的望远镜，只不过它需要比照相底片还要灵敏的探测器助它一臂之力。幸运的是，到了 20 世纪 90 年代末，一位研究越地小行星和彗星的、备受尊重的专家埃莉诺·赫林（Eleanor "Glo" Helin）也在想方设法找到这样一台探测器。她与 18 英寸和 48 英寸施密特望远镜的胶卷及底片斗争了 25 年，最后终于说服喷气推进实验室的上级领导，对 48 英寸施密特相机进行升级。效率低下、烦琐累赘地用照相底片记录数据的接收系统被 4800 万像素的 CCD 取代。比起效率只有可怜兮兮的 1% 的照相感光乳剂，CCD 能够记录高达 90% 的入射光子，能够看到暗 10 倍的天体。赫林开展了一个新的巡天计划，名叫近地小行星跟踪，[226] 计划把 2.6 万多个新天体收录在册。布朗、双子座天文台的前博士生查德·特鲁希略（Chad Trujillo）和耶鲁大学的戴维·拉比诺维茨（David Rabinowitz）用这台新 CCD 相机展开了又一轮的搜寻，寻找更远的、个头可能比冥王星还大的天体，他们只用了一个月就找到了，而且探测到的最暗的天体比照相底片记录的最暗天体还暗 10 倍。

在外太阳系游荡的石块距离地球太过遥远。从地球上看过去，它们只是背景星场里暗淡、模糊的小小光点。恒星的亮度衰减与距离的平方成反比。而自己不发光，只能反射太阳光的天体，随距离变暗的速度更快，亮度与距离的四次方成反比。这是因为这个距离是光的传播距离：对于反射太阳光的天体来说，光从太阳传播到天体，再被天体反射回地球，光的传播距离总计翻了一倍（由于天体远在太阳系外部，所以光一来一回大约走过了同样长的距离）。因此，距离增加 1 倍，天体的亮度就减弱了 16 倍（2^4）。此外，还有一种自然巧合也会妨碍我们对遥远石块的证认，如果小天体表面覆盖着高度反光的冰，那么它反射的光将与表面全是吸光泥土的大天体反射的光不相上下。当距离比较远时，二者几乎难以区分。离太阳很远的石块，自身温度也非常低——大约 40 开，这意味着它发出的热辐射在 75 微米左右达到最大，远在可见光或者近红外波段之外。

2002 年 6 月，布朗和特鲁希略发现了一个比冥王星还要遥远且只有后者一半大小的天体。[227] 它的轨道微微倾斜，与黄道的夹角为 8 度，近乎圆形，这在当时被认为是古怪甚至有点侥幸意味的轨道。这个小天体最终得名创神星（夸奥尔，Quaoar），成为迅速崛起的一类新天体——外太阳系冰冻小行星的代言人。创神星后来还成了把冥王星赶出行星行列的决定性因素之一。

奥尔特星云的碎片

2003 年秋，布朗、特鲁希略和拉比诺维茨在离黄道越来越远的地方继续搜寻，结果发现了第一个远在柯伊伯带之外的天体，给它起名叫赛德娜（Sedna）。[228] 科学家们立刻认识到赛德娜是一个陌生的世界。它的个头只有冥王星的一半大，表面呈深红色，看上去既不像暗沉沉的岩石，也不似亮闪闪的冰层。从科学方面看，赛德娜的发现虽然纯属意外却十分重要：它漫步在外太阳系一个以前被认为空无一物的地方。事实上，赛德娜的动力学性质与所有已知的柯伊伯带天体都不一样。它的轨道跨度极大，离心率也很高，与黄道的夹角达到 11 度，它沿轨道运动一圈需要 1.14 万年。即便在轨道距离太阳最近的地方（按照天文术语叫近日点），它与太阳依然相隔 76 个天

文单位。赛德娜与已知的太阳系行星相距甚远，不受后者的引力约束。赛德娜的运动
轨道离太阳最远（远日点）也有 1000 个天文单位。不过这还不够远，途经太阳系的恒

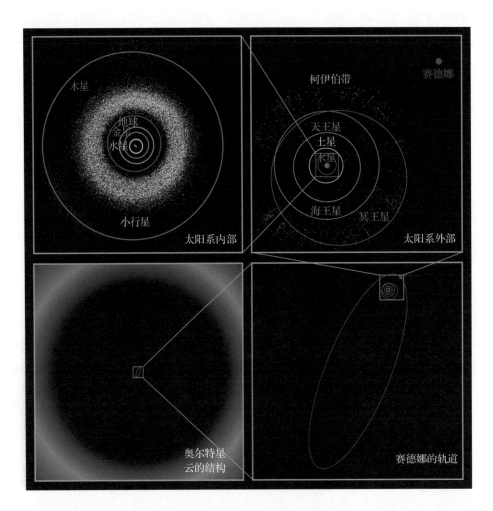

这组示意图从左上开始沿顺时针依次展示了现在认为的太阳系的巨大尺度。球形的奥尔特星云勾勒
出太阳系的引力作用范围的边界。科学家认为小行星带和柯伊伯带里到处是冰冻的石块。它们都是 46
亿年前地球和几个太阳系大行星组装完成后剩余的边角料。奥尔特星云从 2 万个天文单位（比冥王星还
远 500 倍）一直延伸到 20 万个天文单位（离最近的恒星还有一半距离）。

资料来源：Image courtesy NASA/Caltech.

星仍会干扰它的轨道运动。究竟是什么样的激烈动力学事件让它跑到如此极端的轨道上去了？

也许是某个游手好闲的大质量行星，在穿越太阳系然后又离开的过程中，把赛德娜从柯伊伯带（距离太阳 30 ～ 50 个天文单位）一脚踢到了奥尔特星云内侧。又或者是太阳系置身于一群恒星的包围圈中，才使赛德娜的轨道受到搅扰。如果在太阳系年幼时，有一颗邻近的恒星从太阳系身边经过，让太阳从它手中把赛德娜和其他冰冻天体给抢了过来，那么赛德娜会不会成为离我们最近的诞生于系外的天体呢？

不管怎样，布朗相信，只有找到更多像赛德娜这样的天体化石，才能理解它们的形成，还有太阳系的物质会聚过程。在此后的五年时间里，他孜孜不倦地寻找，搜寻工具也从帕洛玛的 48 英寸施密特相机转换成 200 英寸望远镜，试图捕捉到最暗的小天体。经过 36 个"点击拍摄"的夜晚，他仍旧一无所获。但赛德娜就在那里，它的存在要求行星天文学家再看一看数目众多、种类丰富的太阳系行星盘原初物质。

幽灵般的奥尔特星云

1950 年，荷兰天文学家简·奥尔特（Jan Oort）假设在外太阳系有一个遥远的地方，那里游荡着冰冻的彗星。奥尔特提出这个假说是为了解决下面这个看似矛盾的问题。人们一直看到有易碎的彗星沿着不稳定的轨道从远处潜入太阳系。等它们走到太阳附近，它们自身的挥发物质因为受热发生汽化。除此之外，它们还会被其他行星捕获，与其他天体碰撞，有时还会被踢出太阳系。这些都会导致它们的数目不断减少。然而众所周知的是，总有彗星源源不断地从出生地千里迢迢穿过太阳系，所以必有一个源头经常予以补充。但这个源头在哪里呢？奥尔特猜想，这些冰冻废弃物云集在一个距离太阳非常遥远的、大致呈球形的区域——某种冰冷刺骨的"藏身之所"。支持奥尔特星云存在的唯一铁证就是每年都有那么几颗彗星沿着几乎呈径向的轨道向太阳奔去。当它们离太阳越来越近，身后就会拖出由气体和尘埃构成的长尾，成了我们眼中的扫把星。理论模型预测在奥尔特星云里可能有上万亿颗冰冻天体。

一年后，在1951年，天文学家杰拉德·柯伊伯（Gerard Kuiper）提出，太阳系形成之初遗留下来的类似彗星的物质，应该在离太阳更近的地方运动着——就在海王星的轨道外面。否则，他推理道，原初行星盘就会有一个锐利的边界。从物理学角度看，这简直令人难以置信。20世纪80年代初，太阳系形成的计算机模拟支持柯伊伯的假设，预言在海王星（太阳系里最靠外的气态巨行星）的轨道外面有一个由物质遗迹构成的环绕着太阳系运行的盘状区域。

清点拼图

布朗与两位合作者继续寻找，在2004年12月发现了一个格外神秘、怪异的天体。他们称它为妊神星（Haumea）。[229]妊神星比他们目前为止发现的所有天体都要明亮——无论就其本身的亮度而言，还是看上去的视感都是如此。它的行为透着古怪，不是三言两语就能解释清楚的。它自转一周只要四个小时，是太阳系内已知转得最快的自引力束缚体。从外形看，它就像一个瘪了气的足球，表面裹着冰，还自带两颗卫星！

布朗带领团队花了三年时间才弄清了妊神星的真实面目：它本是一颗与冥王星差不多大的球状天体，内部是高密度的石核，外面罩着一层低密度的冰壳。在太阳系演化早期，肯定有一个跑得飞快的天体斜着撞了一下妊神星，把它的冰壳撞裂，剥走了，留下妊神星在原地旋转。随着时间的流逝，岩体因为旋转而变长。有两块冰壳碎片沿着妊神星的轨道运行，最后成为它的卫星。布朗等人根据较大的那个卫星的轨道动力学性质，确定了妊神星和这个卫星的质量。从妊神星偏离球形的扁平程度可以确定它的密度（扁平意味着密度低，偏球形意味着密度高）。由此看来，妊神星似乎主要由岩石构成，表面包裹着碰撞残留下来的一层薄冰。[230]

据布朗说，意外发现的新证据，证实过去确实发生过这样一次撞击。这个新证据

"就是非要费尽心力准备才有可能得到的那种"。[231] 布朗和同事收集了 20 多个柯伊伯带天体，把它们与太阳的距离、轨道与太阳系行星盘的夹角及轨道离心率画成图，希望弄懂它们的光谱和动力学性质。他们还用颜色表示每个天体的冰含量：黑色（没有冰）、灰色（有一点冰）、白色（全是冰）。结果发现，在 30 个随机分布在柯伊伯带的天体里，只有 6 个是纯粹的冰冻天体。

在西西里岛上的午夜，布朗和他的研究生克里斯蒂娜·巴库姆（Kristina Barkume）正对着一张图陷入沉思。巴库姆准备在明天的会议上展示它，她在会上要做一个学术报告，讲讲为什么这 6 个天体有这么多冰。然而直到此时此刻，她还没有定论。她向布朗指出，这些天体的轨道似乎与妊神星的轨道十分吻合，她想知道为什么会这样。谁知布朗却突然喊道："我的天啊，这是妊神星自己的碎片呀！"两人这才意识到，这 6 个天体虽然彼此没有紧挨着，但它们的轨道实质上却是一模一样。由于这 6 个冰冻天体很像妊神星的卫星，它们可能也是被那次碰撞撞破的冰壳的一部分。但它们却没留在妊神星身边，而是跑到围绕太阳打转的轨道上去了。计算表明，它们轨道如此相似，纯属偶然的概率只有百万分之一。这确实是一个顿悟的时刻。

2007 年，布朗、巴库姆和另外两位研究生在《自然》杂志发表了一篇题为《在柯伊伯带发现撞击碎片群》的论文，[232] 以这次碰撞为证，证明毁灭性的撞击事件可以把撞碎的物质撒到整个太阳系。巨行星的星核可能就是此类碰撞事件的产物。随着时间推移，一些物质碎片可能会向着太阳奔去。在过去，或许也有几个这样的碎片甚至撞向了地球。

一个"谋杀案"的解析：冥王星退出行星之列

在科学发展中，有时候，从几个实例就足以提出一个科学假设或者得出结论。不过，柯伊伯带天体彼此差异太大，布朗等人想在提出理论或者得出重要结论之前再找一找更远的天体。2005 年 1 月，他们把 2003 年收集的数据拿出来重新分析了一遍。这次，他们把自动筛选条件设定为横向移动较小的天体。因为天体离我们越远，它看上去移动得就越慢。依据这样的条件，他们从 2003 年落选的天体中又筛选出一个新天体，名叫阋神星（Eris）。[233] 哈勃空间望远镜和凯克望远镜为它拍摄的图像与光谱表明，这是一个冰冻的岩体行星，表面覆盖着一层甲烷。科学家推测，这些甲烷从天体内部渗出后，在表面冻结成冰。与冥王星的情况一样，日光照射引起了化学反应，使甲烷变成了红色。阋神星的直径是 2400 千米，个头显然比冥王星大，质量也比后者多 30%，好像加大版冥王星。它会不会就是科学家们找了许久的太阳系第十大行星？

不久之后，在 2005 年 3 月，布朗与他的学生们又发现了鸟神星（Makemake）。它也是一颗冰冻天体，个头约有冥王星的 3/4 那么大，表面也覆盖着一层甲烷冰。[234]这么说，它也是一颗行星喽？长期以来，冥王星似乎都是太阳系里最独特的存在，与其他行星格格不入。它个头不大，在离心率很大的倾斜轨道上围绕太阳运动，有时还会闯入海王星的轨道内侧。不仅如此，冥王星也是岩石和冰块的混合产物，与它的两个邻居天王星和海王星截然不同。后者都是气态巨行星。当只有孤证时，就无须制约与平衡来指导理论的发展。但现在有三个相似的天体可作比较：遥远的阋神星，较近的冥王星，还有不近不远、居于两者之间的鸟神星。

最大的柯伊伯带天体能否被划入行星一类？从水星开始一直排到赛德娜之类的小行星，这一连续天体序列里，冥王星是否可以位列其中呢？冥王星究竟是太阳系的行星成员之一，还是冥王星在 20 世纪 30 年代被误当作行星，现在必须重归于柯伊伯带或与其类似的天体之列？经过激烈辩论——有些是出于感情，有些是基于理性，国际天文学会在 2006 年做出决定：冥王星必须离开行星行列，归入名叫矮行星的新一类太阳系天体——实际上就是较大的柯伊伯带天体。

经过重新定义的太阳系成员现在包括四颗岩体类地行星、在四个天文单位处徘徊的数千颗小行星、四颗气态巨行星（海王星最远，位于 30 个天文单位），以及一大群冰块和石块（包括冥王星）。这些冰块和石块聚集在一个盘状区域里，一直延伸到 50 个天文单位远，也就是柯伊伯带。在那之外就是科学家假定的彗星的家园——奥尔特星云（赛德娜就住在奥尔特星云的最内侧），而云的外侧一直延伸到超过 10 万个天文单位远。

虽然就数阋神星的个头最大——而且它的发现导致可怜的冥王星都过了这么长时间还被降级，但它却还不是最有趣的。赛德娜和妊神星才是超级明星。它们具有丰富的科学价值，而阋神星只不过是带给冥王星致命一击的

那一锤子。不过这样也好：总得有人来做这种事！（作者对布朗的私人采访，2008 ～ 2019 年）

寻找 X 行星：事后诸葛

天文学家自从在 1930 年发现冥王星并把它列为第九颗行星之后，便开始寻找那神出鬼没、或许质量更大的 X 行星。从 1961 年一直到 1985 年，查尔斯·科瓦尔在威尔逊山和帕洛玛山上观测的主要任务之一就是寻找其他星系里的超新星。不过，他抽空也会悄悄地把 48 英寸施密特相机的探测能力发挥到极限，然后对太阳系展开系统的巡测。他搜寻了 6400 平方度的天区——覆盖整个黄道区域，寻找既遥远又在缓慢移动的太阳系天体，主要是寻找传说中的 X 行星。他拍摄的照相底片堆积如山。对它们逐一盘查可是既费眼又费力的工作，好在科瓦尔不急不躁，极有耐性。1977 年 10 月，他在土星和天王星之间发现了一个天体。人人都觉得那里本该什么都没有的。[235] 他满心希望自己找到了 X 行星，于是给它命名为喀戎（Chiron），体现出某种神话的独特性。

可惜喀戎的运动轨道很不稳定又混乱，结果也被降级，归入一群类似彗星的天体。科瓦尔给它们起名叫半人马，以此强调它们既非小行星，也非彗星，更非其他已知的任何天体。虽然它们的一举一动都受木星摆布，但它们仍然打着趔趄地在土星和天王星的轨道之间来回穿梭。在短暂的时间里（相较于太阳系的年龄），喀戎和它的同伴们一个接一个地要么被永远地甩出了太阳系，要么与某个大质量行星迎面相撞而殒命当场。不过，找到喀戎这件事，本身就说明更远处还有大量未被发现的天体，可作为半人马天体的替补。事后看来，这应该是证明柯伊伯带存在的最早一条线索了。

1985 年，科瓦尔离开加州理工学院去空间望远镜研究所工作。临行前，他把自己拍摄的照片系统地做好标记，存放在罗宾逊大楼的地下二层。几年以后，天文学家发现创神星。布朗顺着它的运动轨道往回追溯，发现它的位置与科瓦尔在 1983 年 5 月 10 日拍摄的一张照片的坐标吻合。布朗急切地把这张照片从信封里掏出来，想看看能否在上面找到创神星。它就在那儿，置身于底片上几千颗恒星中间，这个极小的亮点奇妙而又令人心满意足地引出了二十多年前科瓦尔寻找 X 行星的那段往事。

寻找第九大行星

2012年，在发现赛德娜1年后，阅神星的发现者之一查德·特鲁希略（当时在双子座天文台工作）与卡内基研究所地磁系的在职科学家斯科特·谢泼德（Scott Sheppard）发现了另一颗矮行星。这个天体只有赛德娜一半大小，在奥尔特星云内侧围绕太阳运动，它被正式标记为2012 VP113。它的发现标志着赛德娜的存在并非侥幸，布朗十分高兴。随着越来越多如此遥远的天体被发现，布朗与年轻的行星天体物理学理论学家康斯坦丁·贝蒂金（Konstantin Batygin）组队，一方提供观测数据，一方提供理论基础，一起对数据展开分析。经过一年半细致的数学建模和计算机模拟，他们觉得最近发现的七个柯伊伯带天体的轨道在空间中聚在一起很难分辨，更有甚者还排成一线。[236]计算表明，要产生这样的同步轨道，在外太阳系必有一个质量较大的天体在施加引力作用。

2016年，布朗和贝蒂金把这个研究结果发表出来，对假想天体——他们戏称为"第九大行星"——的轨道和位置预测给出观测限制。[237]他们的模型指出，这个假定存在的行星持续对太阳系天体施加引力力矩，随心所欲地把它们推来搡去，让它们的轨道保持结团的状态。第九大行星的质量可能比地球质量大5～10倍（比冥王星的质量大5000倍），位于比海王星还远20倍的地方。现在，全世界有不少望远镜都在寻找第九大行星。天文学家和民间科学家都不约而同地对存档数据进行分析，寻找正在缓慢移动的遥远天体的蛛丝马迹。

回顾过去，在把红外观测引入行星研究方面，帕洛玛无疑发挥了重要的作用。通过这个全新的观测窗口，科学家认识到在外太阳系还住着一大群冰冻天体，有的还自带卫星。赛德娜的例子告诉天文学家，太阳系的最外侧并非空无一物。之后发现的阅神星则为冥王星的古怪个性提供了物理学和动力学解释。给冥王星重新定位，把它划入矮行星之列，这件事永远改变了行星学：再不能孤立地研究太阳系天体了。发现好几个更远的柯伊伯带天体，有些天体的轨道竟然同步，假设远处还有一个第九大行星，这一切更进一步强化了这个经验。

就这样，太阳系研究溢出到对太阳系外行星（简称系外行星）的研究。新的发现正在揭开有关太阳系形成和太阳系天体空间分布的更多线索。一般认为，在45亿年前，冰块碎片结合形成外太阳系行星，剩余的碎片形成了柯伊伯带。在某种意义上，

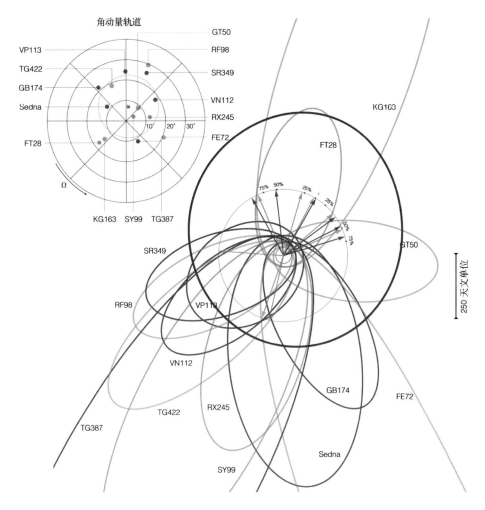

　　最近发现的 14 个柯伊伯带天体的轨道，依据其动力学稳定性用不同的颜色表示。理论预言的第九大行星的轨道（暗红色）画在最上面。这是从北天极看过去的景象，它们的轨道挤在一起，各自的轨道半长轴从几百到几千个天文单位不等，轨道周期超过 4000 年，而且轨道十分扁长。"与海王星分离"的天体（紫色）轨道最是稳定，寿命比太阳系的年龄还长。而与海王星（绿色）纠缠的天体，动力学行为就比较混乱了。在太阳系的演化历史中，其他天体（灰色）的轨道只有过轻微的波动。左上图展示了这些柯伊伯带天体的角动量在天极方向的投影。

　　资料来源: After Figure 6 from K. Batygin, F. C. Adams, M. E. Brown, and J. C. Becker, "The Planet Nine Hypothesis," *Physics Reports*, arXiv:1902.10103, February 2019: 1 - 92; courtesy of Konstantin Batygin.

柯伊伯带是连接太阳系和其他恒星周围的遗迹物质盘的纽带。如果从远处看，太阳系会是什么模样？我们如何才能识别出环绕另一颗恒星的柯伊伯带或者奥尔特星云？如果我们看到一颗类似地球的行星，它的年龄是 20 亿年，而不是 46 亿年（地球目前的年龄），又会怎样呢？系外行星系统愈发成为我们理解太阳系自身的化学、地球物理学和物质吸积演化史的天然实验室。当然，这也不可避免地引出了有关地外生命的问题：茫茫宇宙就只有我们吗？天文学家已经在发问：找到类似地球的系外行星后，我们如何找到生命活动的证据呢？

刚镀完膜的 200 英寸镜面照到圆顶墙壁上的反光

12
第十二章

天文研究中的奇异事物：
新前沿

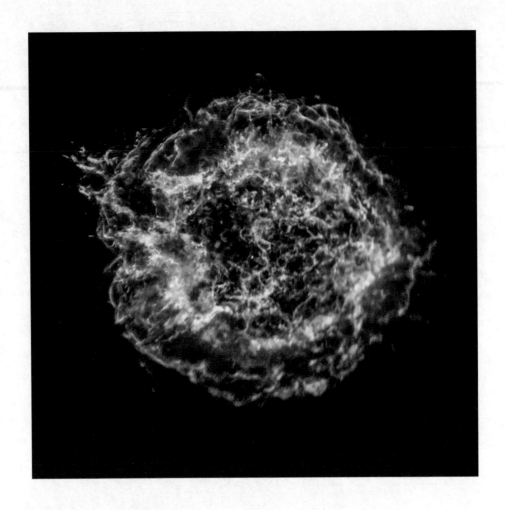

　　大约在 1670 年，仙后座里有一颗大质量恒星发生爆炸，把外壳抛撒到四周。上图展示了 Cas A 的气体遗迹，除了一圈呈不规则球状的激波气体，还有数千个结，像一堆子弹似的，以高达 1.5 万千米／秒的速度飞奔出去——常常跑在激波气体（蓝色）的前面。在图中还可见到有纤维状气流从左侧喷涌而出，球壳右方还有洞。这两者都形成于爆炸早期，可能是一对能量强劲的喷流沿彼此相反的方向喷出造成的。在帕洛玛天文台，搜寻这样的恒星爆炸事件由来已久。从兹威基独自用 18 英寸施密特相机整晚整晚地给天空拍照，到现在大批的天文学家、工程师、仪器专家展开广泛的国际合作，共同使用电子设备、计算机和软件进行研究调查。望远镜如今都已实现自动化，在偌大的圆顶里连一个人影也见不到了。

　　资料来源：NASA/CXC/SAO.

在20世纪，人们探索的宇宙空间急剧增大，暴露了无数奇奇怪怪的天体和物理过程。天体辐射覆盖的波长从质子大小一直延伸到像大陆那样宽阔。宇宙中有绵延几十亿光年的大尺度纤维状结构，还有一种奇怪的能量在把所有的物体彼此推开。无处不在的暗物质主宰着宇宙的物质结构。因战争发展起来的强大技术，在被美国国防部封存多年后才开放给天文学家使用。在这些技术的推动下，天文学研究很快踏足深空领域。天文学家还巧妙地应用这些技术去恣意探索离我们不远却鲜为人知的地方。在诸多问题中，有两个问题在天文学家的脑海中盘桓不去。第一个问题由来已久，也是人类最关切的："在其他恒星的周围是否也有类似地球的行星？"第二个问题事关兹威基在1933年观测时偶然遇到的不解之谜："暗物质到底是什么？"说这两个问题彼此相关似乎有违直觉。但实际上，天文学家为了深入理解神秘的暗物质而开发的搜寻工具，最后却让我们对自己是否为宇宙中的唯一存在有了更进一步的认识。

发育不全的恒星结构

兹威基对后发星系团里单个星系的运动速度进行分析后惊奇地发现，星系们跑得太快，星系团早就该四分五裂了。但星系团似乎一直安然无恙，所以必有某种物质在约束着星系，让它们紧紧地抱成一团。他考虑了各种解释，最后提出星系团里一定有许多不发光的"暗"物质，充当着引力黏合剂。虽然无法直接看到这种物质，但兹威基推断，要想解释自己的观测结果，除了暗物质，别无他选。[238] 谁知，暗物质之谜并未引起大家的特别关注，遭到冷遇近40年，直到理论学家开始为盘星系的形成和演化构造模型，它才受到重视。理论学家反复用计算机模拟旋转的恒星盘和气体盘，发现这些盘并不稳定，很快就会分崩离析。1974年，普林斯顿大学的一位知名理论天体物理学家杰里·奥斯特里克（Jerry Ostriker）提出，如果把星系盘嵌入一个假想的暗物质晕中，盘就能保持稳定。暗物质晕的质量要比所有可见的恒星和气体的质量总和大三倍。新观测数据表明，银河系及其他旋涡星系里的恒星和气体飞快地旋转着。根据牛顿引力定律，这些物质的质量不足以支持它们跑得这样快。这个观测结果与奥斯特里克的想法不谋而合。

理论学家很快开始猜测暗物质的真实身份：从钻石到砖块，甚至星系晕中几千万亿个"极小的"黑洞（质量只有太阳质量的千分之一）。不过，暗物质的主要候选者还是一大堆没能发出光来的漆黑恒星。天文学家认为这种假想天体是普通恒星和行星之间缺失的一环。20世纪60年代初，理论物理学家希夫·库马尔（Shiv Kumar）推测宇宙中存在着一种发育不全的恒星结构。当时他才20岁出头，在美国宇航局戈达德航天中心工作，对极低质量恒星的结构和性质充满好奇。为了找出让恒星发光的质量下限，他用模型描述不同质量和化学成分的星际气体云坍缩及碎裂的过程。当气体云收缩，引力势能以辐射和热的形式释放出去，使云的中心温度升高。等到中心温度超过300万开，点燃了氢变氦的核聚变反应，云团就停止了收缩。一颗恒星就这样诞生了。恒星会在主序阶段度过其一生的大部分时光。此时的恒星内部，一边是被热核反应加热的气体产生向外推的压力，一边是向内拉扯的引力，二者达到一种微妙的平衡。

但是，要是气体云没能达到点燃热核反应的温度，又会如何呢？借助量子物理学知识，库马尔计算出星际气体云坍缩形成一颗主序恒星的质量下限约为太阳质量的7%。[239]低于这个质量下限的气体云会因为一种名叫"电子简并"的现象而停止收缩。在小质量恒星的形成过程中，电子彼此靠得越来越紧。等到原子的最低能级全都被电子填满后，它们便再也无法挤得更近。因此，在这场"抢座位游戏"中，携带较多能量的电子因为挤不进较低的能级而无法"冷却"。它们别无选择，只能继续摇晃和振动，在引力和量子作用力的争斗中身不由己，受制于人。

由于发生电子简并，这些"失败"的小质量恒星无论多么矮小，也比木星的个头大。在之后的大约几十亿年里，它们在收缩阶段积累下来的引力势能逐步释放出来，使它们发出微弱的光亮。最终，它们就像即将熄灭的灰烬，慢慢变冷，逐渐消失在黑暗中。

对这个失败恒星理论，科学界的大多数人起初并不相信。结果，库马尔投递的第一批论文惨遭各大主流学术期刊拒稿。然而对有些天文学家来说，发现一种全新的、很难被找到的天体的希望，使他们凭借顽强的毅力，有时候近乎痴迷地持续搜寻了数十年。没能发出光来的失败恒星应该比已知温度最低的恒星还要冰冷，所以它们的辐射主要集中在波长大于3微米的红外波段。搜寻者们把这个假设当作指路明灯，开始用最新的红外探测器对猎户座星云和昴星团（Pleiades）的恒星育儿所展开侦查，搜寻最年幼、最暗、颜色最红的天体。要找到这种观测特征不明甚至连什么颜色都无从预测的天体，似乎也是合情合理。1975年，加州大学伯克利分校的研究生吉尔·塔特（Jill Tarter）正在研究矮星模型。这些模型预言了矮星的大气情况和会显现出什么颜色。[240] 随着时间推移，矮星会改变温度，它的颜色也因此发生变化。她把它们标注成"褐色"——多种颜色的混合色，以适用于任何情况。[241] 于是，找到第一颗褐矮星实际上成了一场"赛马会"。角逐者来自四面八方，比如，西班牙的拉斐尔·罗波洛（Rafael Robolo）、加州大学伯克利分校的吉博尔·巴斯里（Gibor Basri），还有亚利桑那州的一队人马。后者还曾为一个发现举办了一场学术会议，后来才发现那不过是"谎报军情"。经过30年不断地被放鸽子、收到假线索，突然杀出一匹"黑马"，这个团队凭借一台独特的仪器、一套新颖的方法、一点点好运气，再加上帕洛玛"巨眼"的鼎力相助，出其不意地在比赛中取胜。

寻星利器

1986年，挑战者号航天飞机在飞行途中爆炸。空难发生时，塞缪尔·迪兰斯（Samuel Durrance）正在为定好的首飞做着准备。美国宇航局因为要处理善后事宜而叫停了航天飞机的飞行任务，迪兰斯于是休假去了约翰霍普金斯大学，去探索蓬勃发展的新兴研究领域——系外行星学。这个选择让他无意间成了"黑马"团队的第一位成员。不出几年功夫，这个团队就会发展壮大起来。迪兰斯之前接受过行星学方面的培训，梦想着有朝一日设计、建造一台仪器去拍摄在明亮恒星身旁形成的暗淡行星，或者至少是前行星盘。这时，约翰霍普金斯大学的一位博士后戴维·格里莫夫斯基（David Golimowski）加入进来，与他并肩工作。后者能否完成博士论文，顺利毕业，就看能不能建造出这样的仪器了。由于在仪器研发期间，迪兰斯还要履行飞行员的职责——包括执行太空任务，所以就由格里莫夫斯基担任项目的主要负责人。

这台仪器面临的挑战是，如何探测环绕在明亮的恒星周围极微弱的星周物质。这等同于想要看到在一辆开着耀眼的车前灯向我们驶来的车里徘徊的萤火虫。为了挡住耀眼的星光，让周围的暗淡天体显露出来，迪兰斯和格里莫夫斯基研制了一台星冕仪。这台仪器在主焦面上自带一个小小的反射盘，能够遮蔽星光，使它不要淹没周围的暗淡天体。不仅如此，他们还采用一个创新的方法对这台经典的星冕仪进行改进。他们设计了一个简单的"自适应光学"部件，能够实时去除大气湍流和望远镜跟踪错误导致的图像模糊。被挡掉的星光也没浪费，被反射盘导入一个图像运动传感器来探测大气扰动引起的图像运动。每 10 毫秒⊖就会有 个主动控制倾斜镜来对缓慢漂移的图像进行校正。[242] 这个"自适应光学"系统在 1990 年可谓独一无二，也让星周物质在探测器上的成像锐利清晰。

迪兰斯研制这台仪器是为了证明一个概念，所以他把这台星冕仪与其他部件组装到一起。这些部件有订购的一堆透镜，从帕洛玛天文台借来的相机设计图，向哈勃空间望远镜仪器组的韦斯特法尔和冈恩借来的一台废弃的 CCD。用这台自适应光学星冕仪（Adaptive Optics Coronagraph，AOC）观测，曝光时间可以延长 100 倍，如此一来就能看到非常暗的天体了。

AOC 在拉斯坎帕纳斯天文台首次亮相便大获成功，引来了加州理工学院的一位博士后中岛田志（Tadashi Nakajima），后来成为"黑马"团队的最新成员。无论在理论方面还是观测方面，中岛田志都是高手。他敏锐地意识到与约翰霍普金斯大学的"黑马"团队合作的价值所在。他说服身边的同事，包括资助他的施里·库尔卡尼（Shri Kulkarni），说 60 英寸望远镜若能和 AOC 联手，将会表现得和过去或者目前的褐矮星探测活动一样好，甚至更好。1992 年，在中岛田志的安排下，迪兰斯和格里莫夫斯基把 AOC 带到帕洛玛，安装到 60 英寸望远镜的卡塞格林焦点上，开始搜寻恒星身边的褐矮星。[243]

这个观测计划就称为"帕洛玛的十亿年巡天"，名字简单明了。首先，在离地球 15 秒差距（约 50 光年）的范围内挑选出几百颗恒星，确认它们要么空间运动迹象不明显，要么星冕活跃。这些都是年轻恒星（年龄不到 10 亿年）的特征。其次，用 AOC 通过三个滤光片对恒星周围进行成像。最后，如果在恒星身旁探测到暗红色天体，要确定二者是有物理关联，还是只是偶然凑到一处的。

为了查明真相，需要对它们跟踪观测一年，看看它们相对于静止的背景恒星的运动是否一致。如果它们动作一致，那就说明恒星和暗红色的天体距离地球一样远，彼此束缚。由于恒星是从《格利泽近星星表》（Gliese catalog）中挑选的，星表提供了所有附近恒星的精确距离，团队可以由此计算出恒星和暗红色天体自身的光度。如果这个天体比燃烧氢的普通恒星还暗，那它就有可能是一颗褐矮星或者行星。

⊖ 毫秒是时间单位，1 毫秒等于 0.001 秒。——译者注

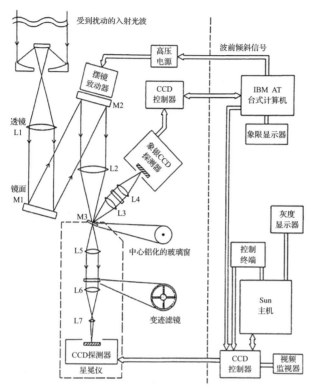

受到扰动的入射光波

波前倾斜信号

高压
电源

摆镜
致动器

M2

CCD
控制器

IBM AT
台式计算机

透镜
L1

象限显示器

L2

象限CCD
探测器

镜面
M1

M3

L4

L3

灰度
显示器

中心铝化的玻璃窗

L5

控制
终端

L6

Sun
主机

L7

变迹滤镜

CCD探测器

星冕仪

CCD
控制器

视频
监视器

上图: 自适应光学星冕仪（AOC）是为寻找星周物质而设计建造的。这些物质非常暗淡，往往被耀眼的星光淹没。AOC 采用了新颖的"自适应光学"方法来补偿大气湍流造成的图像模糊。它由两个模块构成（左半部），一个是星冕仪（虚线框内的部分），另一个是自适应光学系统，利用被转向的星光来控制导向系统。右半部是硬件操作系统的示意图。

下图分别是模拟的未经校正的星光轮廓（左）和经过运动补充改正后的恒星图像（右）。

资料来源: Figures 2 and 4 from M. Clampin et al., "High Speed Quadrant CCDs for Adaptive Optics," in *CCDs in Astronomy: Proceedings of a Conference Held in Tucson, Arizona, 6–8 September 1989*, ed. G. H. Jacoby (San Francisco: Astronomical Society of the Pacific, 1990), 367–373. Reproduced by permission of M. Clampin.

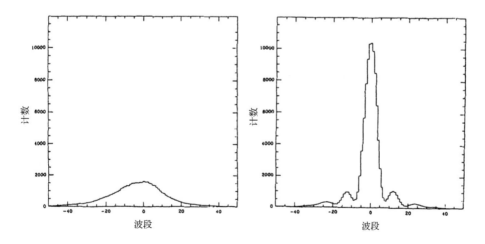

参与这样一个大有前途的观测项目，有望找到褐矮星和星周物质，让本·R. 奥本海默（Ben R. Oppenheimer）动了心。她原是哥伦比亚大学的物理系本科生，1994年毕业后来加州理工学院读研究生，指导老师是库尔卡尼。奥本海默早就沉迷于高清成像和自适应光学概念，为了完成自己的博士论文，她计划每年用 60 英寸望远镜观测 30 个晚上，一连观测五年，对所有的目标恒星都探寻一番。

这个项目的大部分观测是格里莫夫斯基和奥本海默完成的。由于仪器大都需要亲自动手操作，所以在夜间观测时，他俩多次走进黑漆漆的圆顶去设置一次又一次的曝光。1994 年 10 月末，在第二次的长时间观测中，他们对目标清单上的每一颗恒星拍照，累得精疲力尽。奥本海默困倦地在当晚的观测日志上写道：在一颗目标恒星的身旁，她看见了一个暗红色小光点。事后证明这是一个突破性的发现。那颗恒星在格力泽星表里的编号是 229，离太阳仅 5.7 秒差距。等她稍后再看这个数据时，她不由得一怔，脱口喊道："天啊，这到底是什么？"她立刻明白自己看到了不寻常的东西。在用可见光滤光片拍摄的照片里根本看不到这个天体，只有透过红色滤光片才能看到它。

当时望远镜正在夜风和空气湍流中嘎嘎作响，若不是小小的倾斜镜一直让恒星稳稳地待在图像的正中央，恒星早就四处移动了。

就像"一闪一闪亮晶晶，满天都是小星星"描述的那样，如果你没在观测的话，这还真是一幅美景。（作者对奥本海默的私人采访，2008 ～ 2016 年）

一想到这个极红的小光点可能会是什么，两个学生就开始高兴地在圆顶里跳来跳去。过了一会，库尔卡尼打来电话，告诫整个团队都要守口如瓶，直到他们来年再次看到这个光点，两个学生这才恢复了理智。他们必须搞清楚这个红色小光点是不是真的在环绕那颗恒星运行。

发现宝藏：一颗普通的 M 型小星星

在倍受折磨地保持了 11 个月的沉默以后，1995 年 9 月 14 日和 15 日，奥本海

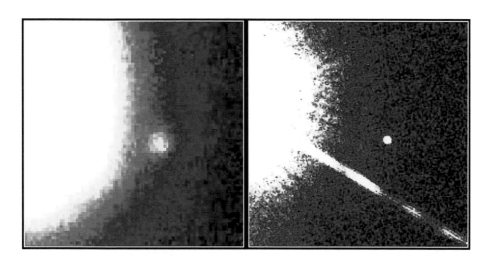

　　左图是帕洛玛 60 英寸望远镜拍摄的伪彩图。天文学家就是在这张照片上发现了一个小光点。这个天体位于恒星格利泽 229 的东南方不到 8 角秒的地方，对应的实际距离约为 44 个天文单位，或者约等于冥王星到太阳的距离。右侧是哈勃空间望远镜拍摄的图片。由于没有大气湍流的干扰，也就不必用自适应光学系统去校正图像了。

　　资料来源：T. Nakajima and S. Kulkarni (Caltech), S. Durrance and D. Golimowski (JHU), NASA.

默和库尔卡尼重返帕洛玛。这一次，他们将在 200 英寸海耳望远镜的卡塞格林焦点进行观测。由于 AOC 无法拍摄光谱，仪器专家基思·马修斯与他们同行。他带来了自己研制的一台特殊的仪器，能在红外相机和低分辨率光谱仪双重功能之间自由切换。考虑到恒星和红色小光点的亮度相差悬殊，比值接近 100 万比 1，马修斯给仪器添加了一根金属"手指"来遮挡耀眼的星光，很像星冕仪的反射盘那样。令人高兴的是，相机拍摄的照片显示，恒星与光点确确实实步调一致地在天空中移动。它们在引力的束缚下，在轨道上结伴而行。

　　这个光点现在正式得名格利泽 229B。当它的第一张原始光谱突然出现在显示器上时，观测经验丰富的马修斯喊了出来："天啊！它有甲烷！"[244] 在光谱中有一大块光好像被吞掉了一半似的，那个波段众所周知正是甲烷吸收线的所在位置。这说明格利泽 229B 的温度必然低于 1400 开——因为高温会破坏甲烷的分子键。团队还为富

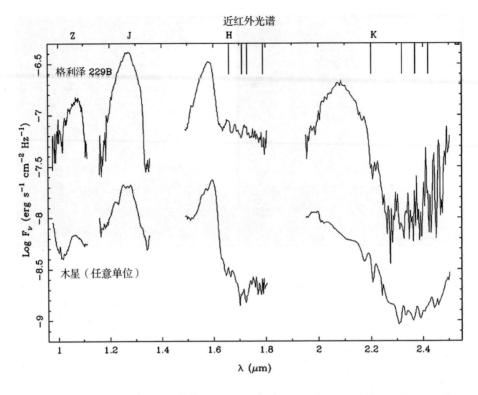

褐矮星 GI 229B 的宽带近红外光谱与已知恒星（实际上是所有已知天体）的光谱都不相同。作为深入认识 GI 229B 的第一步，科学家把它的光谱与木星光谱做了一番比较。虽然二者都有甲烷，但木星极其寒冷，温度只有 120 开，GI 229B 则完全不一样，它的温度据估算能达到 1000 开。在 H（中心波长 1.6 微米）和 K 带通（2.2 微米）的上方用竖线标示出甲烷吸收线的位置。为了便于比较，木星的光谱沿垂直方向向下移动了一些。

资料来源：Figure 5 from B. R. Oppenheimer et al., "Infrared Spectrum of the Cool Brown Dwarf GI 229B," Science 270 (1995): 1478 - 1479. Reproduced by permission of Rebecca Oppenheimer.

含甲烷的木星拍摄了反射光谱以作比较，结果发现它与格利泽 229B 的光谱竟然极其相似，令人过目难忘。虽然在地球的大气层和生物圈内常见到甲烷，但在太阳系外的天体上看到甲烷，这还是破天荒第一次。

东京大学著名恒星理论学家辻隆（Takashi Tsuji）在 1964 年曾预言，在低温或高压条件下会出现意想不到的现象。[245] 亚恒星天体普遍满足这样的物理条件。他解释说，在恒星大气中形成的分子会阻挡某些红色的光离开恒星表面。因此，这些吸光分子，如大气中丰富的水和甲烷，会强烈影响冰冷的亚恒星天体的光谱和颜色。所以，令人惊讶的是，当褐矮星的温度降低到一定程度，它就会变成蓝色。这与天文学家推断的天体温度越低，颜色越偏红的变化趋势正好相反。不走运的是，辻隆在 1964 年发表的论文在天文学界没有产生什么影响。寻找褐矮星的那些天文学家在设置搜寻参数时根本没把他的研究结果考虑在内。他们只顾在光谱的红光波段寻找，探测器的能力也有限。他们就和希腊神话中的西西弗斯一样，注定徒劳无功，经受一次又一次的失望。

帕洛玛团队取得成功也有一些运气的成分。自适应光学星冕仪的灵敏度范围正好覆盖 GI 229B 的强烈分子吸收线所在的波段。1995 年 10 月，团队成员带着 AOC 重返 60 英寸望远镜。他们发现 GI 229B 比太阳暗 10 万倍。即使与质量最低的氢燃烧主序恒星相比，GI 229B 的光度也仅有前者的十分之一。既然年龄不到 10 亿年的褐矮星不怎么明亮，把它们与小质量恒星区分开应该不是难事。GI 229B 的温度、光度、光谱特征还有质量，似乎全都与褐矮星的理论预测相符。最后，既然已有褐矮星的实测数据在手，天文学家就可以为其大气构建详细模型了。

碰巧，辻隆对假定存在的褐矮星的主要观测性质已经研究、模拟了 30 年，并在 1995 年发表了他的研究结果，让观测天文学家大受启发。[246] 由于天文学家还未完全理解 M 型矮星的观测性质，这么做多少有些风险。为了更贴近真实情况，辻隆的模型采用了银盘和银晕的金属含量，模拟温度也降至 1000 开。

辻隆和帕洛玛团队彼此全然不知对方的工作，直到帕洛玛团队宣布发现了 GI 229B。然而，辻隆的理论模型与 GI 229B 的实际情况十分相似，这下胜券在握了：黑马团队手里握着第一颗冷褐矮星的证据，辻隆认为这是"亚恒星研究领域的一个重大突破"。[247] 双方各发表一篇论文，宣布这个发现。第一篇刊登在 1995 年 11 月 30 日的《自然》杂志，题目是《冷褐矮星的发现》，第一作者是中岛田志。[248] 一天后，也就是 12 月 1 日，《科学》刊登了第二篇文章《冷褐矮星 GI 229B 的红外光谱》，这次奥本海默是第一作者。[249]

我们中的许多人过去都曾见过格利泽 229，因为根据摩根和基南（Morgan and Keenan）的恒星分类系统，它是一颗标准的 M 型次型 2 的恒星。这个恒星分类标准从 20 世纪初一直沿用至今。有不少天文学家（也许有几千个？）都曾把望远镜对准过格利泽 229。在我们完成的所有观测中，我们竟一点都不知道，有一颗可怜的褐矮星被母星的耀眼星光淹没。论文发表出来时，我还在想："这不是在跟我开玩笑吧？"发现 Gl 229B 是褐矮星研究领域的"分水岭时刻"。

（作者对柯克帕特里克的私人采访，2015 年）

虽然黑马团队继续为目标清单上的恒星拍照，但他们再也没找到第二颗褐矮星或者红色小光点了。与恒星作伴的褐矮星似乎要比独居的褐矮星少见得多。不过，他们还在继续用帕洛玛和凯克望远镜研究 Gl 229B，并与理论学家分享他们的观测数据。后者渴望了解此类新天体。

经过 30 年坚持不懈的搜寻和技术的显著进步，褐矮星终于从 1963 年库马尔预言它的存在，一路走到 1995 年天文学家第一次明确发现它。褐矮星在很早以前就已被预测出来，却等了许久才被人发现，还遭受了长时间的质疑。人们最终发现，它也是气体团块的产物，是按照质量由小到大排列的宇宙天体序列中的一个。

浮泥、铁雨、洋红色天空与疾风骤雨

1995 年以后，天文学家对褐矮星的搜寻仍在继续，只不过现在依据的是褐矮星的真实性质，而不再是推测。越来越多的褐矮星得到证认。即使如此，Gl 229B 依然十分惹眼。由于褐矮星的温度低，它的光谱与普通恒星的光谱没有半点相似，在传统的恒星分类系统中找不到一席之地。以前的恒星分类都是基于波段较窄的光学观测结果。随着红外探测器挑出越来越冷的天体，天文学家不得不把较长波长的观测数据也纳入考量。加州理工学院图像处理与分析中心的科学研究员戴维·柯克帕特里克（Davy Kirkpatrick）最先为恒星分类系统增添了两个新类别：较温暖的 L 型矮星和较冷的含有甲烷成分（格利泽 229B）的 T 型矮星。20 世纪初确立的恒星类别序列 O、B、A、F、G、K、M 由此被柯克帕特里克扩大了，这还是 80 年来头一遭。

加州理工学院的研究生亚当·伯加瑟（Adam Burgasser）急切地想要早日完成博士论文。对他来说，找到更多像 Gl 229B 那样自带甲烷的褐矮星，就成了"悬在眼前的胡萝卜"。[250] 就在此时，2 微米全天巡视（Two Micron All-Sky Survey，2MASS）的数据刚刚发布出来，提供了在红外波段测绘的 220 兆秒差距空间范围内的物质分布情况。伯加瑟与导师柯克帕特里克、行星天文学家迈克·布朗便对这批数据展开分析。如今名声大噪的 T 型矮星 GI 229B 发出的辐射集中在 1～2.5 微米，可巧，2MASS 使用的滤光片正好覆盖了这个波长范围。

在两年的艰辛搜寻中，伯加瑟使用了一系列的技术来寻找被污染的光源。他先是根据颜色和亮度，把 2MASS 提供的 1 亿个源削减到了 6.5 万个。由于 T 型矮星在可见光波段不发光，他用肉眼把这些候选者挨个查看了一遍，去掉那些在数字化 POSS 和其他光学巡天中出现过的源，剩下 1000 个候选者。他与夜间观测助手随后用 60 英寸望远镜给这些源拍摄近红外图像。每张照片曝光 2 分钟，每晚拍摄 10 个小时，就这样一共拍摄了约 60 个夜晚。接着，他又剔除了矮小的行星和伪源，如未被登记在册的小行星，留下 200 个候选者。最后一步是为它们挨个拍摄光谱，以确认它们是否真的是 T 型褐矮星。从一开始的 1 亿个天体，经过严格的层层筛选，最后胜出的只有 18 个性质与褐矮星原型 GI 229B 类似的候选者。

把所有已知的 T 型矮星按照光谱特征依序排列，可以展现出它们的不同之处。所有的 T 型矮星都有铷、铯、钾、铁、钠等元素。钠吸收黄光，这意味着"褐"矮星可能是误称，因为在人类眼中，它们实际上应该呈洋红色。伯加瑟不仅找到了类似 GI 229B 的褐矮星候选者，还定义了一个全新的分类系统，拓宽了 T 型矮星的类别。[251] 不过，真正的头等大奖还在后面呢：除了变得更蓝，褐矮星的亮度和颜色还会发生剧烈变化，从 L 型变为 T 型。这些变化会不会是褐矮星大气中的云带、云团和风暴引起的？

褐矮星的大气温度彼此差异极大，从几千开到比地球北极的温度还低。所以，不论是 L 型、T 型，还是 Y 型褐矮星，它们都是褐矮星家族中的一员。这恰好也是一个演化序列，因为褐矮星随着时间推移会逐渐冷却。2009 年，美国宇航局把广域红外巡天探测者（Wide-field Infrared Survey Explorer，WISE）送入太空。作为 2MASS 的接替者，它最近刚发现了一批 Y 型矮星。这些天体发出波长更长的红外辐射，是截至目前已知温度最低的褐矮星。在太阳光的照射下，地球表面和大气散发出热量，使整个地球都置身于温度为 300 开的背景辐射中。因此，天文学家若想研究处于这个温度范围的天体，就必须去太空观测。他们现在已经发现了数千颗类型各异的褐矮星。它们有些是年轻星团的成员，有些在邻近的恒星身旁打转，不过绝大多数是暗淡的孤家寡人。由于褐矮星本身并不明亮，目前发现的褐矮星全都在距离太阳几百秒差距的范围内。

当天文学家开始仔细研究褐矮星并描述其特性时，他们发现 L 型褐矮星上有浓厚的云团。在这些云团中可以见到各种金属、矿物质和盐分。有些人幽默地称之为"漂浮的烂泥堆"。这些云团的形成、移动和蒸发——就像地球大气中的云团一样，使褐矮星的整体亮度随之微微变化。看到这些云团中的裂缝和孔洞，不免让人想起帕洛玛率先展开红外观测时，吉姆·韦斯特法尔为木星拍摄的首批红外图像。1969 年，韦斯特法尔用一台对 5 微米的红外辐射敏感的探测器扫描木星表面，发现了一些高温区域。有些区域快赶上北美洲那么大了。他称之为"热斑"，解释说这些区域是云团局部消散，让木星内部的热量得以涌出而形成的。褐矮星气象学的一些现有观点，正是从韦斯特法尔在近半个世纪前用 200 英寸望远镜拍摄的照片中孵化出来的。

相比之下，M 型矮星则晴朗少云，因为它的化学元素甚至包括铁都已汽化成 3000 开的炽热气体。褐矮星的温度没有这么高。随着温度的下降，从气体中最先凝结出岩石和金属颗粒。凝聚，再加上炽热、活跃的大气，带来了云团和风暴，随矮星一同旋转。褐矮星大气中的云可不是地球大气里的那种水汽云或者其他行星的氨气云，而是在大气中到处流动的炽热熔岩。想象一下，当亚利桑那沙漠进入雨季，落下的不是水，而是金属、水晶或宝石，那会是什么样的景象。

虽然褐矮星最先被视为暗物质的候选者，但它们数目稀少，对宇宙中大量存在的不发光物质贡献甚微。我们如今知道，褐矮星与太阳系周围的恒星一样多。恶劣的天气、前所未见的物理过程，还有独特的化学性质，这些就足以让它们散发出无穷的吸引力了。它们的存在让我们认识到，宇宙中的物质丰富多样，远远超出我们之前的想象。

举个例子，人们自古以来把恒星和行星看作是截然不同的两种天体。但到了 21 世纪之交，这个思维范式彻底改变了。现在认为，恒星和行星都是一个统一的天体序列的组成部分。天体的质量、大小和形成过程，顺着这个序列连续变化。褐矮星也是这个天体序列的一部分，它填补了恒星和行星之间的空缺，把它们连接了起来。温度最高的褐矮星排在质量最小的氢燃烧主序星后面，最冷的褐矮星则被并入了行星的家族。也是机缘巧合，扭转思维范式的两个先导因素在同一天（1995 年 10 月 6 日）、同一地点（意大利佛罗伦萨举行的"冷恒星第 9 次会议"）、几乎同一时间被公之于众。在会上，黑马团队展示了第一颗褐矮星格利泽 229B 的光谱。瑞士天文学家米歇尔·梅厄（Michel Mayor）和迪迪厄·奎洛兹（Didier Queloz）紧随其后，拿出了他们为飞马座 51 拍摄的光谱。这颗恒星的光谱展现出规律的多普勒位移，这是人类首次发现系外行星在拉扯自己的母星。

寻找淡蓝色小光点

1990 年的情人节，美国宇航局派出的旅行者 1 号太空探测器开始向太阳系边缘前进。在天文学家兼科普作家卡尔·萨根（Carl Sagan）的催促下，旅行者 1 号把摄像机镜头掉转回来，对着地球的方向拍了一张太阳系快照。太阳系是人类文明的家园。从 60 亿千米远的海王星轨道看过去，地球的倩影在 64 万像素的视场中还占不满 1 个像素格子的 1/10。那个淹没在太阳的万丈光芒中的微小光点如此牵动人心，被称为"淡蓝色小光点"。尽管旅行者 1 号勘测太阳系及系外太空取得了极大成功，却也给我们带来沉重的教训。目前在地球上生活着的人类是否见到过类似地球的行星，而且还知道那里有生命？对这个问题的回答是：可能只在梦里见过。淡蓝色小光点是从太阳系边缘看到的景象，而太阳系外的行星系统一般来说还要更遥远。以比邻星为例，它是离我们最近的恒星。当旅行者 1 号为地球拍下那张举世闻名的快照时，它与地球的距离比与旅行者 1 号的距离还远 6600 倍。如果站在比邻星的位置去看地球，地球的亮度就会降低近 4400 万倍，完全淹没在耀眼的太阳光里了。

不过，事情似乎也没那么糟糕。旅行者 1 号拍摄"淡蓝色小光点"时采用的是灵敏度不高的仪器，是 20 世纪 70 年代的技术，还有 7 英寸的小孔径镜头，与 21 世纪的技术发明不可同日而语。在一代人以前，我们还只知道 9 颗行星（包括已被降级的冥王星），从那以后，我们就取得了实质性的进展：随着科学技术的发展，我们如今已经能直接看到太阳系外的行星，用间接的方法还找到了许多。这些行星总有办法彰显自己的存在。它们要么让母星的光谱极有规律地微微变动，要么从母星面前横穿而过（沿地球的视线看过去），使母星的亮度定期变暗。2009 年，美国宇航局把开普勒卫星送上天。开普勒盯着一块天区里的 15 万颗恒星一看就是 4 年，持续不断地监测它们的亮度，寻找凌星行星的迹象。到今天，开普勒已经检查了几十万颗恒星，看看它们有没有这样的周期信号。地面和空间观测已经证实并收录了 2000 多颗系外行星，另外还有 4000 个候选者有待证认。

观测起初带来了许多惊人的发现，特别是"热木星"——与母星靠得极近的气态巨行星。由于这些大块头对母星施加强大、快速的引力拉扯，在几十万个候选者中很容易识别出它们产生的周期信号。也正因如此，用间接的方法寻找系外行星，总倾向于找到那些离母星比较近的明亮的大质量气态巨行星，而非像火星、地球或者金星这样的行星。如果人类凭借目前的空间飞行技术，离开太阳系向外走个几十光年远，再回头探测太阳系的行星，也只能探测到八大行星中的两个。靠内的岩体行星不够明亮，靠外的天王星和海王星公转速度又太慢，要想识别出它们掩食太阳产生的周期信号恐怕要等好几年。

直接拍到类地行星的照片，把其表面特征一一分辨清楚，再为它拍张光谱，这就算是找到行星科学的"圣杯"了。"硬核"梦想家们希望在系外行星的身上找到某种生命形式的化学指纹。可是，褐矮星格利泽 229B 比它的母星暗 100 万倍，如果连给它拍张照片都很困难，就更别提那些暗淡的小光点了。行星与其母星的亮度比值从 $1:1000$（炽热巨行星）到 $1:100$ 亿（类地行星）不等。这意味着观测者要想探测到类地行星，就必须挡住母星发出的几乎全部星光，只保留其亿分之一。地面望远镜能够分辨的亮度比值上限，直到最近也才刚达到 $1:100$ 万，与前面要求的 $1:100$ 亿还差 1 万倍呢。不仅如此，把母星和行星的光区分开也需要极高的分辨能力。从 10 秒差距远处看地球和太阳，它们相隔仅 1 角秒的 1/10（让我们回忆一下，1 角秒等于 1 度的 3600 分之一，而人眼的分辨力大约是 60 角秒）。胜算如此之低，我们该怎么办才好？

为了克服这一重又一重的困难，天文学家发挥聪明才智，在挑选母星候选者和确定观测的光谱波段时很是下了一番功夫。他们特意选择那些年轻、明亮、在红外波段发出耀眼光芒的恒星。他们在很久以前就已经弄清楚了，新生恒星的周围总是环绕着尘埃盘，那里正是抚育行星的温床。不过，尘埃也不会在原地久留。正在形成的恒星不断加热周围的物质，使它们迅速蒸发。所以，如果恒星身边有尘埃环绕，那么尘埃盘里很可能有刚出炉的、仍然火热滚烫的行星系统。这样的行星不仅反射母星的光，自己也会发光，这让望远镜更容易探测到它们。年轻恒星发出的辐射主要集中在紫外和蓝光波段，在红外波段相对较暗。然而行星却是最明亮的红外辐射源，也就是说，红外波段是搜寻行星的最佳波段。

HR 8799 就是这样一个行星系统原型。它是一颗距离地球 128 光年远的年轻 A 型主序星，既有必不可少的红外辐射，又有尘埃盘环绕在侧。2010 年，10 米凯克望远镜和 8 米双子望远镜对它进行高对比度成像，揭示出有四个暗淡的天体沿着两个碎屑环在环绕着它。[252] 靠外的碎屑环好似柯伊伯带的镜像，靠内的碎屑环则像小行星带。世界各地的天文学家使用各种极其灵敏的、最先进的仪器和技术，争相研究这个行星系统，想试试能否找到更多的行星或者揭露其他特征。这一番努力，最后只得到了更多的图像和有限的光谱片段，这让他们大失所望。谁知接下来发生的事倒是十分精彩。

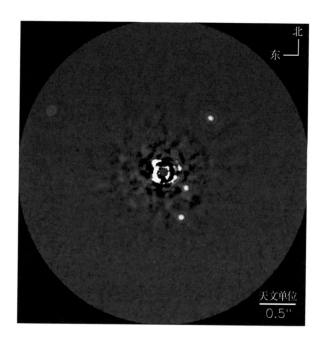

这是太阳系外行星系统的第一张照片。从图像上看，它与我们的太阳系有几分相似。母星 HR 8799 是一颗大质量的年轻恒星，发出的紫外辐射比太阳强烈 1000 倍。它的尘埃盘里有岩石碎片、冰冻天体和尘埃微粒。整个盘在空间上明显分成两个部分。在这个行星系统中，目前探测到的行星无一例外都是气态巨行星，质量是木星质量的 5～7 倍，全都在沿逆时针方向围绕母星旋转。

资料来源: Figure 1c from C. Marois, B. Zuckerman, Q. M. Konopacky, B. Macintosh, and T. Barman, "Images of a Fourth Planet Orbiting HR 8799," *Nature* 468 (2010): 1080 - 1083, reused by permission of the National Research Council of Canada, C. Marois, and Keck Observatory.

探路者

　　看到有小光点围着恒星转来转去是一码事，探明小光点有什么样的大气就是另一码事了。从遥远行星的光谱中，天文学家不仅能获知大气的特征，还能检测到生命的迹象——如叶绿素、氧气或者甲烷。令人惊奇的是，第一批质量不错的红外光谱，还有与光谱同时拍摄的所有四颗行星的图像，并不是用八米和十米望远镜拍摄的，而是用 200 英寸海耳望远镜拍摄的。2012 年，当时已经服役 64 年的海耳望远镜安装了一连串错综复杂的新仪器。这一炫技的壮举很大程度上要归功于仪器专家奥本海默的推动和奉献。约翰霍普金斯大学的研究团队曾用自己研发的自适应光学星冕仪（AOC）发现了第一颗冷褐矮星，奥本海默也是参与者之一。虽然 AOC 成功拍摄到极年轻恒星周围的气体和尘埃图像，却不擅长拍光谱。再说奥本海默现在也定下来更长远的目标，不仅仅满足于为系外行星照相了。她下定决心要获取它们的光谱，这样就能建立模型去模拟行星上的物理和化学过程了。

　　褐矮星研究团队的原班人马早就解散了。曾协助开发 AOC 的宇航员迪兰斯去佛罗里达理工学院教书和搞研究去了；中岛田志获得了一个业界瞩目的重要奖项，后来成为帕洛玛学院的物理学教授，（和辻隆一起）继续他的褐矮星研究；库尔卡尼改变了研究方向。奥本海默现在是美国自然历史博物馆天体物理学部的主任。她从自己的研究机构、剑桥大学、喷气推进实验室还有加州理工学院招贤纳才，组织起一个合作团队。为了严格限制到达探测器的无用星光，他们必须攻克仪器方面的巨大难题。出于这个缘故，在这个跨学科的研究团队里，工程师的人数远远超过了天文学家。奥本海默反感首字母缩写，觉得这样的名字呆板、不自然，于是把计划研发的这套高科技仪器和软件命名为"1640 工程"，因为 1640 纳米（等于 1.64 微米或者 1.64 万埃）是他们最理想的观测波段。在把"1640 工程"安装到 200 英寸望远镜上之前，他们前后花了十年时间筹集资金，经过全面细致的讨论后完成设计，协调施工，对 1640 工程进行改进和调整。

　　在实际观测中，望远镜必须在严酷的非理想环境中工作。这与在条件可控的实验室里测试新想法完全不同。团队成员认为，要测试 1640 工程的灵敏度和表现，HR 8799 倒是一个有意思的基准。2012 年 6 月，全体成员齐聚在 200 英寸望远镜的数据室。他们的长期观测目标是在 200 颗邻近恒星的周围展开搜寻，探索行星的各种特性。在此过程中，他们还希望增进对地球起源的理解，并寻找外星生命的迹象。

由于系外行星往往藏身于母星的耀眼光芒中，用 1640 工程为它们拍照就需要一套高度专业化的仪器和软件作为辅助。虽然绝大部分观测都由软件控制完成，但在观测过程中，还是得有天文学家、仪器工程师、技术人员和计算机软件专家在场，输入观测目标的信息，排除故障。看着计算机显示器逐步展示天体的图像，就像观赏烟花一般令人心生欢喜：虽然只是对着目标恒星周围 4 角秒 ×4 角秒的极小一块天区拍照，但还是有机会发现系外行星系统的。

观测助手把望远镜的指向设定到 HR 8799 的位置坐标上，之后的观测就交给复杂精密的定制软件来控制了。这些软件就储存在 7 个电子器件机架上的 29 台计算机里。强大的自适应光学系统迅速去除大气湍流引起的图像模糊和抖动，把清晰的入射星光展现在团队成员的眼前。每秒钟都有 3000 多台镜面制动器改变镜面形状，抵消星光的晃动。然后观测者再手动移动恒星的清晰图像，直到星冕仪里的反射盘完全遮住它。一台特制的波前传感器负责分析光学缺陷造成的散斑，然后再对图像进行平滑，使行星的图像凸显于背景之上。还有一台多光谱成像仪工作在 10 000 ～ 18 000 埃的近红外波段，同时在 32 个波长处成像。这台光谱仪是奥本海默当时的研究生萨沙·欣克利（Sasha Hinkley）的博士论文课题。欣克利随后在 4 兆像素阵列的每个像素里都塞进一个低色散光谱，如此一来，就得到 4 万个迷你光谱。

那么我们如今对 HR 8799 身边的那几颗行星都有哪些了解呢？它们的光谱展现出来的宽分子谱线特征，在已知的所有天体的光谱中似乎从未见过。但它们也有一些光谱特征与 L 型和 T 型褐矮星、土星背阳面的光谱，以及有云团的行星模型的光谱有些相似。HR 8799 身旁的这些行星，除了有效温度约为 1000 开，与格利泽 229B 相同外，就与褐矮星没有什么相同之处了。HR 8799 是一颗炽热的 A5 型年轻恒星，发出强烈的紫外辐射。这些紫外光照射到行星上，可能会催生出我们从未见过的煤烟灰和化合物。因此，单凭质量、年龄和金属丰度，我们可能无法解释它们的光谱特征。2013 年 5 月 1 日，团队在《天体物理学报》发表论文，介绍他们具有开创性的观测数据和观测方法。[253] 他们对数据的解读得到了天文学界的认可。

原本要寻找暗物质，却演变成寻找系外行星。年复一年的搜寻带来日益丰硕的成果。就这样，新技术解锁了更弱、更细微的信号。事情往往就是如此，研究团队原本向着一个目标大步迈进，后来却发展成一场向着意想不到的目的地不断前行的接力赛。

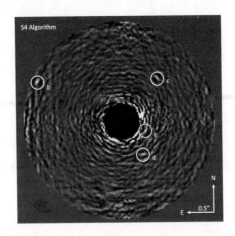

这是同时拍摄的图像和光谱。图中的四个圆圈标出围绕恒星 HR 8799 运动的四颗行星。母星就位于黑圈的中心。"1640 工程"的星冕仪及复杂的数据处理过程封锁了它的星光。点缀在背景上的散斑是望远镜和仪器的微小光学缺陷造成的。图中的每一个像素都埋着一个迷你光谱。一旦证实恒星旁边有行星，就能将它们的光谱和准确位置信息提取出来，交给复杂的数据分析软件去解读。

资料来源：Image: B. R. Oppenheimer et al., "Reconnaissance of the HR 8799 Exosolar System. I. Near-infrared Spectroscopy," *Astrophysical Journal* 768 (2013): 24, © AAS. Reproduced with permission.

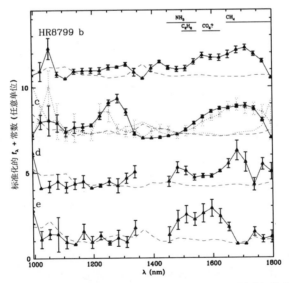

虽然可以根据位置和亮度推算行星的轨道及质量，但诸如温度、物质成分还有表面引力场之类的物理和化学性质却只能从光谱推断出来。这是"1640 工程"为 HR 8799 的四颗行星拍摄的光谱，展示了它们在 10 000 ～ 18 000 埃（横坐标轴）的亮度分布（纵坐标轴）。亮度高峰揭示了行星大气的化学成分，凹陷表明大气中没有这些物质。除了水，行星大气中可能还有乙炔、甲烷、二氧化碳和氨。已知的那些生命形式无法在如此剧毒又炽热的大气中生存。

资料来源：Figure 4 from B. R. Oppenheimer et al., "Reconnaissance of the HR 8799 Exosolar System. I. Near-infrared Spectroscopy," *Astrophysical Journal* 768 (2013): 24, © AAS. Reproduced with permission.

瞬变、超发光超新星，以及观测天文学的未来

在 1995 年还只有一小拨天文学家和行星科学家在研究系外行星。而今天，大规模跨学科研究团队正在研发人类能想象出来的最具创新性、最复杂的设备，去认识系外行星系统的架构。可惜事与愿违，我们至今也没找到一个类似太阳系的行星系统。原因之一，太阳系没有什么超级木星在太阳身边运动，其向阳面倍受阳光的炙烤。原因之二，太阳系行星的轨道接近圆形，并且全都处于同一平面内，而且令人费解的是，它们还有规律地彼此间隔开。

观测太阳系外的其他行星系统，对我们认识太阳系的形成会有哪些帮助呢？它们能否告诉我们奥尔特星云是怎么形成的，小行星带又是如何产生的，冥王星到底来自何方？我们需要观测处于不同形成阶段的系外行星系统。它们要有原初行星盘，盘内还要有先形成的行星负责清扫盘中物质，在盘中留下缝隙。只有这样，我们才有希望拼凑出太阳系形成的全貌。

用"1640 工程"及其他高度专业化的复杂仪器观测，意味着经年累月编写电脑程序辅助数据采集和分析工作。此外，在观测期间，数据室里还聚集着一大帮天体物理学家和技术人员，负责调整仪器，排查问题，对观测目标做出实时决策。要是让计算机指挥望远镜对着天空拍照，然后再把数据交给计算机程序去分析，那会怎么样呢？若是计算机能够发现天体并给它们分门别类，找出它们之间的关联，甚至自行安排后续的跟踪观测，那又会怎么样呢？人工智能和机器学习在日益改变我们生活的同时，也会带来不便和意外。它们在天文研究领域的应用也是如此。

2009 年，天文学家、程序员、仪器科学家还有工程师——有些人常驻帕洛玛，启动了一个大胆的新观测计划——全天自动巡测，将那种傻瓜式的"点击拍摄"概念发展到极致。他们对 48 英寸大视场施密特相机和 60 英寸奥斯卡·梅耶（Oscar Meyer）测光望远镜进行升级，实现望远镜的自动化，并把它连接到了一个集成了最先进软、硬件的名为"帕洛玛瞬变工厂"的系统。

瞬变的宇宙

瞬变现象指的是那种一步到位式的壮观的天文现象——不可预见地突然变亮，然后在几分钟甚至数年内又逐渐消失。飞驰的彗星、被超大质量黑洞骚扰的恒星、我们

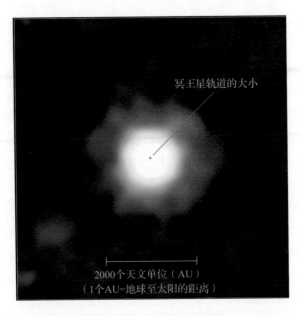

冥王星轨道的大小

2000 个天文单位（AU）
（1 个 AU=地球至太阳的距离）

　　斯皮策空间望远镜在远红外波段对着 HR 8799 的四周拍照，或许有助于我们理解行星系统的演化及其与周围环境的相互作用。与 46 亿岁的太阳相比，这个行星系统还很年轻，年龄还不到 1 亿年，仍然非常活跃。碎片和类似彗星的小天体撞来撞去，产生了一个尘埃晕（黄色和橙色）。这个晕极其庞大——直径约 2000 个天文单位（即地球与太阳间距的 2000 倍）。如果把整个太阳系，把冥王星也算上，放入晕中，也不过是其中心区域的一个小点。等大质量行星的运行轨道稳定下来，它们就会对尘埃晕产生严重的引力骚扰。这些活动与柯伊伯带形成时的遭遇有些相似。那时候太阳系还年轻，木星和土星在迁移过程中偶尔会把彗星踢到地球身上。在此阶段，最极端的情况莫过于所谓的"晚期重轰击"，这可以解释地球上的水从何而来。有些彗星就像湿乎乎的雪球，撞向地球后，也给后者带来了水。

　　资料来源：NASA/JPL-Caltech/University of Arizona.

　　知之甚少的恒星演化阶段、双中子星并合，还有标志着恒星走向生命终点的爆炸事件，都是瞬变现象的代表。爆发过程或许短暂，却能让我们一窥其中的引力作用和热核反应。若非有这许多瞬变现象帮忙，这些过程原本要么在我们面前隐而不见，要么很难被我们抓个现行。

　　对超新星展开全天综观搜索，这个想法源于巴德和兹威基自 1934 年开始的开拓性研究。他们用在帕洛玛山顶开工的第一台望远镜——18 英寸施密特相机——实践了自己的想法。兹威基把这台小小的望远镜概念化为巡测未知天区的仪器，远远走在了时代前列。在仅有一位夜间观测助手的情况下，他花了几千个夜晚一丝不苟地给望远镜导向，对观测天区进行深度曝光。由于单个星系出现超新星爆发实属罕见，于是兹威基便专注于拍摄星系团，最大限度地提高捕捉超新星的机会。夜间观测收工后，兹威基会俯身在看片台上，把新拍的照片与前一晚为同一天区拍摄的照片仔细地叠放在一起。他遮住一只眼睛，像一个海盗，透过一个低倍显微镜查看叶微微移动照片。这样一来，突然变亮的恒星——超新星爆发的信号——就会自己跳出来了。若是遇到反应迟钝的感光底片无法清晰成像，他就把自己在目镜中亲眼所见的景象手绘出来。兹威基这种寻找方法看似简单却很实用。自那以后，定期用施密特相机巡天去寻找超新星成为帕洛玛天文台的传统观测项目，一直持续至今。

即使是银河系这样的大旋涡星系，也不常出现超新星爆发，平均每 100 年才发生屈指可数的几次。然而，在矮星系和星系际空间里，有多少超新星悄悄爆发而不为人知呢？为何不把整个天空都毫无偏差地找一遍呢？ 2009 年，在兹威基开始巡天 73 年后，在帕洛玛天文台出现了一个自动搜寻项目。它巧妙地改进了兹威基捕捉超新星的方法，结果找到了数以千计的瞬变事件。[254] 帕洛玛瞬变工厂（Palomar Transient Factory），或者被普遍称为 PTF，在过去每个月观测一次的基础上，用改装后的 48 英寸施密特相机，几乎每晚都把观测天区挨个拍一遍。随着天区覆盖面积的增加，PTF 捕捉到各种各样的瞬变现象，比如几百万光年远的超新星，在其他恒星周围环绕的系外行星，威胁地球安全的近地小行星，以及其他未预料到的奇异事件。直到 20 世纪末，人们也才仅仅知道几百到 1000 个超新星。等到了 2019 年，超新星的数目已经迅速膨胀到了几万个。

在 PTF 的夜间观测中，圆顶里空无一人。一切都交由计算机软件控制：让望远镜和相机对焦，更换滤光片，打开快门，采集并传输数据。[255] 软件还能根据成熟的观测目标调度程序、气象站和数据质量监测器反馈的信息，控制望远镜的指向和圆顶的旋转。在施密特相机的焦平面上有一台高分辨率 100 兆像素拼接 CCD，一次成像就能覆盖 8 平方度的天区面积。如此一来，一个晚上的观测就能覆盖 600 平方度的天区面积，相当于月球可视面积的 3000 倍。

每次曝光结束，快门关闭后，原始数据就被传送到国家能源研究科学计算中心（National Energy Research Scientific Computing，NERSC）的计算机上。该中心位于帕洛玛以北六百多公里远。计算机程序自动寻找自 1988 年以来爆发的 Ia 型超新星。开发这个程序的，就是曾发现宇宙在加速膨胀的两个研究团队中的一个。从那以后，软件已经做过升级，为 PTF 更高频率的全天盲搜服务。像从数据中筛选瞬变现象这种工作，若再多做一遍往往可能别有收获。以前这个活都是交给本科生去完成，现在则由计算机自动完成了。先进的程序代码随时待命去处理新图像，从中一个像素一个像素地提取数据，作为同一块天区的参考图像存档。加州大学伯克利分校的乔希·布卢姆（Josh Bloom）教授带领团队开发了一个机器学习算法 Terapix SExtractor。这个程序像自动淘洗金子的淘金者，对输出数据进行检查，把真实的天体与数字化制品区分开，如宇宙射线的轨迹、难以提取的恒星等。2008 年 PTF 完工后，30 名专家准备了真实的瞬变事件的基准图像来训练它。这种二选一的决策过程被大家幽默地比作是农民"辨别新生鸡仔的性别"。

如果一个光源在前一晚出现，在第二晚又消失不见了，它就会被标注为值得研究的瞬变事件的候选者。它的数据随后会被上传到不远处（加州大学伯克利分校）的电脑里。计算机程序考虑了瞬变事件及其周围环境的各种观测特征，用智能算法把事件归入不同门类，如变星、伽马射线暴、超新星等。有科学研究价值的事件会触发帕洛玛

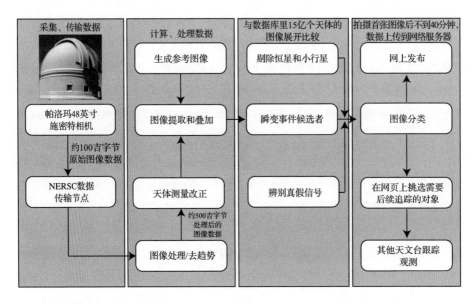

帕洛玛瞬变工厂的数据流程图

资料来源: Flow chart after P. Nugent, Y. Cao, and M. Kasliwal, "The Palomar Transient Factory," *Proceedings of SPIE* 9397 (2015): 4. Redesign by R. Schweizer.

60 英寸望远镜自动测量它的颜色，绘制光变曲线。从自动成像、图像传输、数据处理、决策到后续跟踪，这一连串操作在 48 英寸施密特打开快门准备拍照后不到 40 分钟就能完成，实在是快得惊人。虽然在这 40 分钟里，超新星会发展、演化，但比起几十年前需要人力花儿大到几周时间处理，这个响应时间可算是如出膛的子弹一般快了。此时，是否需要其他望远镜对一个感兴趣的瞬态事件做后续跟踪，就交给随时待命的天文学家去决定了，计算机会在大半夜联络他的。

2011 年 8 月 23 日夜，48 英寸施密特相机正指向北斗七星的斗柄。那就对了！风车星系梅西叶 101（M101）新冒出来一个光点。但这天晚上与平时不同，一个软件故障堵塞了整个系统，帕洛玛 48 英寸望远镜和 NERSC 计算机之间的指令序列突然停止。因此，计算机没有发出警示信息。直到第二天中午，加州大学伯克利分校的理论天体物理学家彼得·纽金特（Peter Nugent）才设法解决了这个问题。正当他加紧追查前一晚的系统停摆问题时，他发现计算机程序给 M101 新标注了一个瞬变事件。M101 里的那个光点看着太暗，不像是超新星。可若说是新星，那又太亮了。就在前一晚，那个位置还是空空如也呢。这个事件（现在被标记为 PTFIlkly）似乎值得跟踪一下。由于后期无法复原恒星爆炸头几个小时的重要数据，他敦促多机构 PTF 联盟的成员别拖延，立即开始观测这颗刚冒出来的新星或者超新星候选者。

在之后的几个小时里，事情变得越发激动人心。加纳利群岛拉帕尔玛的 2 米口径利物浦全自动望远镜为 PTFIlkly 拍摄了光谱。美国宇航局的雨燕卫星也开始为它拍摄一系列紫外图像。纽金特仔细检查传送过来的光谱数据，从中识别出 Ia 型超新星的光谱特征。Ia 型超新星是测量天体距离的标准烛光。由于这颗超新星本身比较暗，所以有可能还处在超新星爆发的极早期。稍后的跟踪测光可以确定超新星的年龄——帕洛玛的 48 英寸望远镜最先看到它时，距离爆炸刚过去 11 个小时。纽金特立即签发了一封"天文学家的电报"，鼓励全球的天文学家一起观测这颗超新星。这颗超新星在 M101 的一条旋臂上熠熠发光，离我们只有 2100 万光年远，是近 40 年来发现的最近也最明亮的 Ia 型超新星。这是帕洛玛瞬变工厂取得的不多见的辉煌成就，也是它的闪亮时刻，是对自动高速传输、机器学习算法、盲搜巡天和为期一天的高频观测背后的理念的认可。PTF 让经过改装的老望远镜抢先看到了宇宙中最猛烈的爆炸事件。

风车星系是一个正向（以正面朝着我们）旋涡星系，个头比银河系大两倍，拥有上万亿颗恒星。
2011 年 8 月 23 日，帕洛玛 48 英寸望远镜在超新星 2011fe 爆炸后 11 个小时就发现了它。

资料来源：B. J. Fulton, Las Cumbres Observatory Global Telescope Network.

源　头

数十年来，天文学家一直认为，如果一个双星系统中有白矮星，那么它在吸食伴星的气体时就会产生 Ia 型超新星爆发。一段时间以后，恒星的质量一旦超过一个临界点，恒星内部就会上演失控的碳聚变反应。热核反应产生的激波以极快的速度从星核中立即冲出来，把途经的物质全部融合成重金属——其中最重要的产物就是放射性镍。垂死恒星的内部如地狱一般，乱作一团，动荡不安。

然而，在爆炸后不到 28 个小时拍摄的 SN 2011fe 光谱却向我们展示了如同奇迹般的景象：在激波的前方，一团团未被融合的氧正以 2 万千米 / 秒的速度猛冲，一团团没有融合的碳紧随其后，这些元素携带着判定超新星类型的线索。

Ia 型超新星是十分重要的测距工具。但是，在发现 SN2011fe 以前，天文学家一直没能找到离得足够近的 Ia 型超新星，能让我们有机会了解——甚至可能证认——其难以捉摸的前身星。以前的理论模型和数据指出，爆炸的白矮星牵涉其中，然而其伴星的性质却一直是个谜。天文学家在 SN2011fe 的光谱中探测到氧和碳，却没有氢，证实了发生爆炸的恒星是一颗所谓的"碳氧白矮星"，至少在这个例子中是这样。马略卡岛上的 0.4 米全自动望远镜进一步确认了这一点。它碰巧在超新星爆炸发生后仅 4 个小时给风车星系拍照，却没记录到这颗超新星。加州理工学院的博士后安东尼·皮罗（Anthony Piro）把这个发现与他的理论模型进行对比，[256] 严格限定了前身星的个头：直径不能超过太阳直径的 1/50，这强烈表明它是一颗爆炸的白矮星。

理论模型早就预言，白矮星的伴星可能是一颗比太阳明亮百倍的红巨星，或者和太阳一样明亮的主序星，又或者是比太阳暗成千上万倍的白矮星。为了在这三种可能性中做出决定，精密测量恒星位置和亮度的专家李卫东参与了进来。李卫东生长于中国农村，是村子里第一个考上大学的人，最后成为加州大学伯克利分校的天体物理学家。现在，他可是菲利潘科研究团队最珍视的成员。他仔细检查了哈勃空间望远镜在 SN2011fe 爆发前为风车星系拍摄的照片，试着在伴星候选者中找出究竟是谁的亮度改变了 100 万倍。如果伴星是一颗红巨星，它应该非常明亮。处在风车星系的距离上，"哈勃"没道理看不见它。然而，就在超新星后来出现的位置上，"哈勃"并没看到这样的恒星。李卫东确信白矮星的伴星不是红巨星。不过，"哈勃"看得还不够深，无法探测到像太阳这样较暗的主序星，更别提白矮星了。2011 年 12 月 1 日，李卫东和纽金特在《自然》杂志上分头发表论文，报告自己的发现。[257]

所幸，还有另一条信息帮助确定伴星的身份。如果伴星是红巨星，那么按照模型预测，白矮星爆炸抛出的物质会产生激波。当激波撞上不远处的红巨星，就会使它升温，变得更加明亮。因此，在爆炸发生后的一两天内，我们会看到闪光。然而天文学家没有看到耀眼的闪光。照此看来，伴星的个头必定和太阳差不多大，甚至更小。这个发现让李卫东的研究结果更加可信。近三年以后为 SN201fe 拍摄的光谱，也没有显示有氢发射线，这进一步坚定了这个结论，即这颗超新星是两颗缺乏氢元素的白矮星并合产生的。[258] 伴星不太可能是像太阳那样的主序星，因为后者的大气中有氢。

在前身星爆炸后没过多久就发现了 Ia 型超新星，而且还能有机会在从紫外到红外的光谱范围内天天追踪它的演化，这是令人十分激动的事，原因如下。首先，就在 12 年前，天文学家发现宇宙在加速膨胀并推断宇宙中有暗能量。在这个发现中充当标准烛光的正是 Ia 型超新星。天文学家凭经验用它们测距，却对其前身星的性质和爆炸细节缺乏详细的了解。第二，Ia 型超新星——与它的近亲核坍缩超新星一起——在宇宙生态系统中发挥着多重作用。这两类超新星都会驱动大规模的外向气流、电离辐射还有高能粒子，对未来的恒星形成和星系的能量平衡与自身结构产生影响。第三，有些超新星与伽马射线暴存在关联，还有一些在爆炸后留下像中子星、黑洞这样的奇异天体。宇宙学家通过观测远处的 Ia 型超新星，能够演绎出宇宙的膨胀历史，检验各种暗能量模型。

除了充当宇宙学研究的标准烛光，Ia 型超新星还是宇宙中到铁为止的元素的主要贡献者。白矮星原本是一个由碳和氧的灰烬构成的没有生气的惰性球，但在失控的核聚变反应链中，它浴火重生成一个物质丰富的炸弹。这个炸弹一经引爆，便如同 10 亿个太阳那般明亮，把富含重元素（核聚变反应合成的）的一整个恒星物质强行抛入宿主星系的星际气体。就这样，宇宙的化学成分经过漫长时间的演化，从仅有氢、氦和锂演变成我们如今在恒星、行星和生命体里找到的所有 92 种化学元素。在大约 45 亿年前，太阳系还未形成，许多 Ia 型超新星爆发为太阳系星云带来了它们合成的铁及其他重元素，为日后地球上的生命演化搭建好了舞台。

天文学家直到最近还认为宇宙中只有两类超新星，就是鲁道夫·闵可夫斯基在 1941 年确立的：有宽发射线却没有氢发射线的 I 型超新星，以及有强烈的氢巴耳末发射线的 II 型超新星。2007 年，奥斯汀得克萨斯大学的研究生罗伯特·昆比（Robert Quimby）发现了一颗异常明亮的超新星，不属于上面这两类超新星中的任何一类，成了超新星家族的一个较明亮的新成员。四年后，昆比已是加州理工学院的博士后，他与团队成员在仔细检查帕洛玛瞬变工厂拍摄的数据时，又发现了四颗这样明亮的超新星。200 英寸望远镜、两台 10 米凯克望远镜中的一台，还有加纳利群岛的 4.2 米赫歇尔望远镜拍摄的光谱显示，它们几个连一点氢发射线的蛛丝马迹都没有。起初，这些天体看上去像是 Ia 型超新星中极明亮的个例，但彼此却毫不相关。等到昆比后来把它们的光谱移动到同一红移处，才开始注意到其中的相似性。这些超新星如今被视为一类新天体，[259] 名叫"超发光超新星"。它们发出大量辐射，光度峰值远超那些普通的超新星，有时比后者高出上百多倍。与一般的超新星相比，它们即使被放到 10 倍距离远处，也能被看见，而且它们的亮度一连几周都能保持接近峰值的水平，因此是大有前途的宇宙学研究工具。

虽然超发光超新星大多发生在金属匮乏、只有寥寥几十亿颗恒星的矮星系里，但它们的前身星个个质量都不小，有些甚至超过 40 倍太阳的质量。考虑到它们的光变曲线、光谱和所处环境的多样化，这些爆炸事件的极端物理过程和它们的产能机制仍存在争议。若没有如 PTF 这样的现代化高频全天巡测，像超级明亮的超新星这样的罕见事件肯定就与我们失之交臂了。

帕洛玛是展开下一代巡天的国际天文台联盟成员，它将比以往任何时候都更频繁、更深入地监测天空。为了纪念兹威基对超新星研究做出的贡献，最新版 PTF 就以他的名字命名为兹威基瞬变设备（Zwicky Transient Facility，ZTF）。[260] 哈佛大学的教授塞西莉亚·佩恩－加波希金（Cecillia Payne-Gaposhkin）在兹威基的一篇讣告中这样写道："回顾他的坚定决心和略带文艺复兴的风格，让人不由得想到第谷·布拉赫（Tycho Brahe）：聪明、有主见、斗志昂扬、极出色的观测者，并且极富人情味。"[261] 佩恩－加波希金评价说，兹威基的想法如此丰富，他的观测计划如此宏大，一个伟大的天文台的一切设施都能为他所用。自 2017 年开工以来，ZTF 比 PTF 更大、更快、更高效，自动化程度也更高，但仍需要有人随时待命，接收观测"代理人"自动发来的信件。巨大的 576 兆像素相机——用 16 块 CCD 覆盖 48 英寸施密特相机的 47 平方度焦平面，每 30 秒为天区拍一次快照，亮度极限达到 20.5 星等。20 世纪 50 年代初，天文学家前后花了整整九年用施密特相机拍照，才把北天球的整个天区全部拍完。现在，ZTF 只用两个晚上就能完成全部拍摄。在 PTF 数据处理流水线的经验教训基础上，经过重大升级改造后的新数据处理系统，就被安置在加州理工学院的红外数据处理和分析中心。ZTF 寻找的宝藏包括年轻恒星周围的凌星行星、超级明亮的超新星、太阳系第九大行星的存在证据，以及由 LIGO 探测到的引力波的光学对应体。该计划旨在把十多亿个天体登记在册，以备日后研究使用。

基于 ZTF 的观测获得的另一惊人发现是两颗白矮星，每个都像地球那般大，只用 6.91 分钟就能绕着彼此转一圈。[262] 它们的轨道挨得十分近，就算把整个双星系统装到土星里也毫无问题！这对彼此绕转的双白矮星系统得名 ZTF J1539+5027（外号 J1539），是加州理工学院的研究生凯文·伯奇（Kevin Burdge）发现的。当时，他正在 2000 万个 ZTF 光变曲线里搜寻有周期性光变的源。一个独特的闪光——短周期食双星的迹象——引起了他的注意。于是，伯奇请一个国际研究团队去观测一下。就在观测当晚，基特峰国家天文台的 84 英寸望远镜发现光变曲线每过 6.91 分钟就会出现一个凹陷，证实它确实是一个食双星系统。然后，安装在 200 英寸望远镜上的高速成像测光设备 CHIMERA（Caltech High-speed Multi-colour Camera）对掩食进行观测，并揭露次星还会遮挡主星，产生次掩食，所以光变曲线还会出现第二个凹陷。每过 6.91 分钟，个头更大、亮度却更暗的恒星就会从个头较小但更明亮的恒星（比太阳炽热 10 倍）的面前经过，挡住后者的光，发生主掩食。由于从地球上看过去，恒星的运动轨道近乎侧对着我们，所以我们能看到两次掩食。

这对紧密地彼此绕转的白矮星发出引力波，导致整个系统损失能量，它们也会盘旋着逐步接近，最终要么并合成一颗新恒星，要么一方把另一方撕得粉碎。广义相对论预言，如果我们每隔几年测量一次它们的轨道运动，就能看出轨道周期在逐步缩短。天文学家把 ZTF 的观测数据与过去十年的 PTF 存档数据做了一番比较，证实这个预测准确无误。再过大约 20 万年，这两颗白矮星就会发生最终的并合。届时，无论它们爆炸形成一颗 Ia 型超新星，还是其中一个把另一个撕成碎片，这场压轴大戏一定十分精彩。凯文·伯奇和他的团队在 2019 年 7 月 25 日发表了这项研究成果。

尾声 | Postscript

　　20 世纪 30 年代对"暗物质"本质的探索，让天文学家见识到宇宙中最明亮的天文现象。在这个穿插交织着科学发现的故事里，科学家们本想弄清楚暗物质（这种神秘物质维持着星系的稳定，让它不至于四分五裂）的特性，为此大力发展观测技术，就为了去明亮的地方寻找暗淡的东西。没想到，他们没找到暗物质，却找到了褐矮星，还开发出搜寻系外行星的技术。找到系外行星，并最终研发出寻找类地行星所需的高分辨率仪器。这股强烈的欲望驱使着他们对全天展开快速、深度的巡测。日益完善的探测设备、计算机以及数据分析工具让这些巡天观测成为可能。通过这些观测，天文学家最近已找到数千颗系外行星，还看到了越来越多曾经难得一见的天文现象。这些数据有助于天体物理学家去探寻宇宙的起源。

　　比起这些大得惊人的全新数据集，在 20 世纪下半叶带来科学发现的那些数据似乎有些粗糙。尽管如此，克服重重困难顽强收集这些古老数据的天文学家和工程师，还是从中提取出新见解，一次又一次地改变人们的思维范式。这些先驱者也会采用新技术，受到好奇心的激励，收获意外的新发现。他们有时施展小伎俩去捍卫自己还不成熟的见解，用一套推托之辞去保护自己的观测结果。他们彼此竞争、较劲，在抢先发表研究成果的角逐中推动创新和试验。他们也常常取长补短，与老对手握手言和，互助互利。

　　在开始动笔写这本书的时候，我曾构思了 12 章自成一体的内容，每一章介绍一种天文发现。但没过多久我就发现，现代天文学的整个发展史是无法被干净利落地分割成独立小篇章的。与许多其他研究领域一样，观测天文学也会受到多重因素的影响，比如新技术、海量数据、先进的分析方法，以及现有知识无法解释的奇异天体或者天文现象的意外发现。也正是在这个领域，技术、好奇心、创造力，还有机缘巧合的惊喜，将会继续交叉编织，拓展我们对宇宙的认知。毫无疑问，未来的天文发现只会变得越来越复杂，越来越迷人。

参考文献 | Reference

第一章

[1]　R. B. Fosdick, *Adventure in Giving: The Story of the General Education Board, a Foundation Established by John D. Rockefeller* (New York: Harper and Row, 1962).

[2]　L. A. DuBridge, *The Men of Palomar. Dedication of the Palomar Observatory and the Hale Telescope* (Pasadena: California Institute of Technology, 1948), 34.

第二章

[3]　E. P. Hubble, "Explorations in Space: The Cosmological Program for the Palomar Telescopes," *Proceedings of the American Philosophical Society* 95, no. 5 (1951): 461–470.

[4]　W. Baade, "The Period-Luminosity Relation of the Cepheids," *Publications of the Astronomical Society of the Pacific* 68 (1956): 5.

[5]　W. Baade, "A Program of Extragalactic Research for the 200-Inch Hale Telescope," *Publications of the Astronomical Society of the Pacific* 60 (1948): 230.

[6]　Interview of Henrietta Swope by David Devorkin, August 3, 1977, Niels Bohr Library & Archives, American Institute of Physics, College Park, MD.

[7]　M. L. Humason, N. U. Mayall, and A. R. Sandage, "Redshifts and Magnitudes of Extragalactic Nebulae," *Astronomical Journal* 61 (1956): 97–162.

[8]　Baade, "A Program of Extragalactic Research for the 200-inch Hale Telescope," 230.

[9]　A. Sandage, "Current Problems in the Extragalactic Distance Scale," *Astrophysical Journal* 127 (1958): 513.

[10]　E. P. Hubble, "The Law of Red Shifts (George Darwin Lecture)," *Monthly Notices of the Royal Astronomical Society* 113 (1953): 658.

[11]　A. Sandage, "The Ability of the 200-Inch Telescope to Discriminate between Selected World Models," *Astrophysical Journal* 133 (1961): 355.

[12] G. A. Tammann and A. Sandage, "The Stellar Content and Distance of the Galaxy NGC 2403 in the M81 Group," *Astrophysical Journal* 151 (1968): 825.

[13] A. Sandage, "The First 50 Years at Palomar, 1949–1999: The Early Years of Stellar Evolution, Cosmology, and High-Energy Astrophysics," *Annual Review of Astronomy and Astrophysics* 37 (1999): 445–486.

[14] M. Schmidt, "3C 273: A Star-like Object with Large Red-Shift," *Nature* 197 (1963): 1040.

[15] G. O. Abell, "The Distribution of Rich Clusters of Galaxies," *Astrophysical Journal Supplement Series* 3 (1958): 211.

[16] F. Zwicky, E. Herzog, and P. Wild, *Catalogue of Galaxies and of Clusters of Galaxies*, 6 vols. (Pasadena: California Institute of Technology, 1961–1968).

[17] A. Sandage, J. Kristian, and J. A. Westphal, "The Extension of the Hubble Diagram. I. New Redshifts and BVR Photometry of Remote Cluster Galaxies, and an Improved Richness Correction," *Astrophysical Journal* 205 (1976): 688–695.

[18] A. Sandage and E. Hardy, "The Redshift-Distance Relation. VII. Absolute Magnitudes of the First Three Ranked Cluster Galaxies as Functions of Cluster Richness and Bautz-Morgan Cluster Type: The Effect on q_0," *Astrophysical Journal* 183 (1973): 743–758.

[19] A. Sandage, "The Redshift-Distance Relation. II. The Hubble Diagram and Its Scatter for First-Ranked Cluster Galaxies: A Formal Value for q_0," *Astrophysical Journal* 178 (1972): 1–24.

[20] Sandage, "The First 50 Years at Palomar."

[21] J. E. Gunn and J. B. Oke, "Spectrophotometry of Faint Cluster Galaxies and the Hubble Diagram—An Approach to Cosmology," *Astrophysical Journal* 195 (1975): 255–268.

[22] B. M. Tinsley, "Evolution of the Stars and Gas in Galaxies," *Astrophysical Journal* 151 (1968): 547.

[23] J. E. Gunn, personal interviews with the author, 2008–2017.

[24] F. Zwicky, "On the Search for Supernovae," *Publications of the Astronomical Society of the Pacific* 50 (1938): 215.

[25] W. Baade, "The Absolute Photographic Magnitude of Supernovae," *Astrophysical Journal* 88 (1938): 285.

[26] R. Minkowski, "Supernovae and Supernova Remnants," *Annual Review of Astronomy and Astrophysics* 2 (1964): 247.

[27] R. Minkowski, "Spectra of Supernovae," *Publications of the Astronomical Society of the Pacific* 53 (1941): 224.

[28] C. T. Kowal, "Absolute Magnitudes of Supernovae," *Astronomical Journal* 73 (1968): 1021–1024.

[29] R. Kirshner, personal interviews with the author, 2009–2013.

[30] R. P. Kirshner et al., "Spectrophotometry of the Supernova in NGC 5253 from 0.33 to 2.2 Microns," *Astrophysical Journal* 180 (1973): L97.

[31] J. L. Greenstein and R. Minkowski, "An Atlas of Supernova Spectra," *Astrophysical Journal* 182 (1973): 225–243.

[32] I. P. Pskovskii, "Light Curves, Color Curves, and Expansion Velocity of Type I Supernovae as Functions of the Rate of Brightness Decline," *Soviet Astronomy* 21 (1977): 675–682.

[33] J. H. Elias et al., "Type I Supernovae in the Infrared and Their Use as Distance Indicators," *Astrophysical Journal* 296 (1985): 379–389.

[34] M. M. Phillips, "Type Ia Supernovae as Distance Indicators," in *Supernovae as Cosmological Lighthouses* (Padua, Italy: ASP, 2004).

[35] A. G. Riess et al., "Observational Evidence from Supernovae for an Accelerating Universe and a Cosmological Constant," *Astronomical Journal* 116 (1998): 1009–1038.

[36] S. Perlmutter et al., "Measurements of Omega and Lambda from 42 High-Redshift Supernovae," *Astrophysical Journal* 517 (1999): 565–586.

第三章

[37] A. Sandage, personal interviews with the author, 2007–2010.

[38] A. R. Sandage and M. Schwarzschild, "Inhomogeneous Stellar Models. II. Models with Exhausted Cores in Gravitational Contraction," *Astrophysical Journal* 116 (1952): 463.

[39] J. A. Frogel, J. G. Cohen, and S. E. Persson, "Globular Cluster Giant Branches and the Metallicity Scale," *Astrophysical Journal* 275 (1983): 773–789.

[40] P. W. Merrill, "Technetium in the N-Type Star 19 PISCIUM," *Publications of the Astronomical Society of the Pacific* 68 (1956): 70.

[41] A. J. Deutsch, "The Circumstellar Envelope of Alpha Herculis," *Astrophysical Journal* 123 (1956): 210.

[42] E. E. Salpeter, "Statistics of Stellar Evolution," *Ricerche Astronomiche* 5 (1958): 231.

[43] D. Reimers, "Circumstellar Absorption Lines and Mass Loss from Red Giants," *Mémoires de la Société Royale des Sciences de Liège* 8 (1975): 369–382.

[44] W. Baade and F. Zwicky, "Photographic Light-Curves of the Two Supernovae in IC 4182 and NGC 1003," *Astrophysical Journal* 88 (1938): 411.

[45] F. Hoyle, "On Nuclear Reactions Occuring in Very Hot Stars. I. The Synthesis of Elements from Carbon to Nickel," *Astrophysical Journal Supplement Series* 1 (1954): 121.

[46] W. A. Fowler, "Nuclear Astrophysics—Today and Yesterday," *Engineering and Science* (Caltech) (1969).

[47] W. Baade et al., "Supernovae and Californium 254," *Publications of the Astronomical Society of the Pacific* 68 (1956): 296.

[48] E. M. Burbidge et al., "Synthesis of the Elements in Stars," *Reviews of Modern Physics* 29 (1957): 547–650.

[49] D. A. Coulter et al., "Swope Supernova Survey 2017a (SSS17a), the Optical Counterpart to a Gravitational Wave Source," *Science* 358 (2017): 1556–1558; A. Piro, private communication, 2019.

[50] H. L. Helfer, G. Wallerstein, and J. L. Greenstein, "Abundances in Some Population. II. K Giants." *Astrophysical Journal* 129 (1959): 700.

[51] J. L. Greenstein and V. L. Trimble, "The Einstein Redshift in White Dwarfs," *Astrophysical Journal* 149 (1967): 283.

[52] J. L. Greenstein, J. B. Oke, and H. L. Shipman, "Effective Temperature, Radius, and Gravitational Redshift of Sirius B," *Astrophysical Journal* 169 (1971): 563.

第四章

[53] J. W. Chamberlain and L. H. Aller, "The Atmospheres of A-Type Subdwarfs and 95 Leonis," *Astrophysical Journal* 114 (1951): 52.

[54] N. G. Roman, "A Group of High Velocity F-Type Stars," *Astronomical Journal* 59 (1954): 307–312.

[55] A. Sandage, personal interviews with the author, 2007–2010.

[56] A. R. Sandage and M. F. Walker, "The Globular Cluster NGC 4147," *Astronomical Journal* 60 (1955): 230.

[57] O. J. Eggen, "Space Motions and Distribution of the Apparently Bright B-Type Stars," *Royal Observatory Bulletin* 41 (1961): 245–287; O. J. Eggen, "Space-Velocity Vectors for 3483 Stars with Acurately

Determinated Proper Motion and Radial Velocity," *Royal Observatory Bulletin* 51 (1962).

[58] A. Sandage, personal interviews with the author, 2007–2010.

[59] A. R. Sandage and O. J. Eggen, "On the Existence of Subdwarfs in the (M Bol, log Te)-Diagram," *Monthly Notices of the Royal Astronomical Society* 119 (1959): 278.

[60] D. Lynden-Bell, personal interviews with the author, 2008–2011.

[61] Sandage and Walker, "The Globular Cluster NGC 4147."

[62] H. L. Johnson and A. R. Sandage, "Three-Color Photometry in the Globular Cluster M3," *Astrophysical Journal* 124 (1956): 379.

[63] E. M. Burbidge et al., "Synthesis of the Elements in Stars," *Reviews of Modern Physics* 29 (1957): 547–650.

[64] A. Sandage, personal interviews with the author, 2007–2010.

[65] L. Searle and R. Zinn, "Compositions of Halo Clusters and the Formation of the Galactic Halo," *Astrophysical Journal* 225 (1978): 357–379.

[66] B. V. Kukarkin, *Gobular Star Clusters. The General Catalogue of Globular Star Clusters of Our Galaxy, Concerning Information on 129 Objects Known before 1974* (Moscow: Sternberg State Astron. Inst., 1974).

[67] Kukarkin, *Gobular Star Clusters.*

[68] L. Searle and R. Zinn, "Compositions of Halo Clusters and the Formation of the Galactic Halo," *Astrophysical Journal* 225 (1978): 357–379.

[69] D. Geisler et al., "Chemical Abundances and Kinematics in Globular Clusters and Local Group Dwarf Galaxies and Their Implications for Formation Theories of the Galactic Halo," *Publications of the Astronomical Society of the Pacific* 119 (2007): 939–961.

[70] O. Eggen, "Moving Groups of Stars," in *Galactic Structure*, ed. A. Blaauw and M. Schmidt (Chicago: University of Chicago Press, 1965), 111–129.

[71] Searle and Zinn, "Compositions of Halo Clusters and the Formation of the Galactic Halo."

第五章

[72] F. Zwicky and M. A. Zwicky, *Catalogue of Selected Compact Galaxies and of Post-eruptive Galaxies* (Gümligen: F. Zwicky, 1971).

[73] F. Zwicky, "Multiple Galaxies," *Ergebnisse der exakten Naturwissenschaften* 29 (1956): 344–385.

[74] F. Zwicky, "Luminous and Dark Formations of Intergalactic Matter,"

Physics Today 6 (1953): 7; F. Zwicky, "Contributions to Applied Mechanics and Related Subjects," in Theodore von Kármán Anniversary (Pasadena: California Institute of Technology, 1941).

[75] Zwicky, "Multiple Galaxies" (1956).

[76] Zwicky, "Contributions to Applied Mechanics and Related Subjects."

[77] Zwicky, "Multiple Galaxies" (1956); F. Zwicky, "Multiple Galaxies," Handbuch der Physik 53 (1959): 373.

[78] W. Baade and R. Minkowski, "On the Identification of Radio Sources," Astrophysical Journal 119 (1954): 215.

[79] L. Spitzer, Jr. and W. Baade, "Stellar Populations and Collisions of Galaxies," Astrophysical Journal 113 (1951): 413.

[80] Zwicky, "Multiple Galaxies" (1959).

[81] A. Sandage, "Photoelectric Observations of the Interacting Galaxies VV 117 and VV 123 Related to the Time of Formation of Their Satellites," Astrophysical Journal 138 (1963): 863.

[82] B. A. Vorontsov-Velyaminov, Atlas and Catalogue of Interacting Galaxies (Moscow: Sternberg Astronomical Institute, Moscow State University, 1959).

[83] H. Arp, personal interview with the author, 2009.

[84] A. Sandage, The Hubble Atlas of Galaxies (Washington: Carnegie Institution, 1961).

[85] E. Hubble, The Realm of the Nebulae (New Haven: Yale University Press, 1936).

[86] H. Arp, personal interview with the author, 2009.

[87] H. Arp, Atlas of Peculiar Galaxies (Pasadena: California Institute of Technology, 1966); also published as H. Arp, "Atlas of Peculiar Galaxies," Astrophysical Journal Supplement Series 14 (1966): 1.

[88] H. Arp, personal interview with the author, 2009.

[89] A. Toomre, personal interviews with the author, 2009–2014.

[90] A. Toomre, personal interviews with the author, 2009–2014.

[91] A. Toomre, "Spiral Waves Caused by a Passage of the Lmc?," in The Spiral Structure of Our Galaxy, ed. W. Becker and G. Contopoulos (Dordrecht: Reidel, 1970).

[92] A. Toomre and J. Toomre, "Galactic Bridges and Tails," Astrophysical Journal 178 (1972): 623–666.

[93] A. Toomre and J. Toomre, "Model of the Encounter Between NGC 5194 and 5195," Bulletin of the American Astronomical Society (1972).

[94] Toomre and Toomre, "Model of the Encounter Between NGC 5194 and 5195."

[95] J. C. Theys and E. A. Spiegel, "Ring Galaxies. I," *Astrophysical Journal* 208 (1976): 650–661

[96] R. Lynds and A. Toomre, "On the Interpretation of Ring Galaxies: The Binary Ring System II Hz 4.," *Astrophysical Journal* 209 (1976): 382–388.

[97] Zwicky, "Contributions to Applied Mechanics and Related Subjects."

[98] P. Hickson, "Systematic Properties of Compact Groups of Galaxies," *Astrophysical Journal* 255 (1982): 382–391.

[99] J. E. Barnes, "Evolution of Compact Groups and the Formation of Elliptical Galaxies," *Nature* 338 (1989): 123–126.

[100] V. C. Rubin, personal interviews with the author, 2008–2010.

第六章

[101] A. S. Bennett, "The Revised 3C Catalogue of Radio Sources," *Memoirs of the Royal Astronomical Society* 68 (1962): 163.

[102] F. G. Smith, "An Attempt to Measure the Annual Parallax or Proper Motion of Four Radio Stars," *Nature* 168 (1951): 962–963.

[103] W. Baade and R. Minkowski, "Identification of the Radio Sources in Cassiopeia, Cygnus A, and Puppis A," *Astrophysical Journal* 119 (1954): 206; W. Baade and R. Minkowski, "On the Identification of Radio Sources," *Astrophysical Journal* 119 (1954): 215.

[104] Baade and Minkowski, "On the Identification of Radio Sources," 228.

[105] T. A. Matthews, personal interview with the author, 2013.

[106] A. Sandage, personal interviews with the author, 2007–2010.

[107] M. Schmidt, "Spectrum of a Stellar Object Identified with the Radio Source 3C 286," *Astrophysical Journal* 136 (1962): 684.

[108] C. Hazard, M. B. Mackey, and A. J. Shimmins, "Investigation of the Radio Source 3C273 by the Method of Lunar Occultations," *Nature* 197 (1963): 1037.

[109] T. Wolfe, *The Right Stuff* (New York: Farrar, Straus and Giroux, 2008), 21.

[110] J. B. Oke, "Absolute Energy Distribution in the Optical Spectrum of 3C273," *Nature* 197 (1963): 1040.

[111] M. Schmidt, "3C 273: A Star-like Object with Large Red-Shift," *Nature* 197 (1963): 1040

[112] J. L. Greenstein and T. A. Matthews, "Red-Shift of the Unusual Radio Source 3C48," *Nature* 197 (1963): 1041.

[113] D. Lynden-Bell and F. Schweizer, "Allan R. Sandage, 18 June 1926–13 November 2010," *Biographical Memoirs of Fellows of the Royal Society* 58 (2012): 245–264; D. Lynden-Bell, personal interviews with the author, 2008 2011.

[114] M. Schmidt, personal interviews with the author, 2007–2010.

[115] M. Schmidt, personal interviews with the author, 2007–2010.

[116] T. A. Matthews and A. R. Sandage, "Optical Identification of 3C 48, 3C 196, and 3C 286 with Stellar Objects," *Astrophysical Journal* 138 (1963): 30.

[117] H. J. Smith and D. Hoffleit, "Light Variability and Nature of 3C273," *Astronomical Journal* 68 (1963): 292.

[118] M. Schmidt, "Large Redshifts of Five Quasi-Stellar Sources," *Astrophysical Journal* 141 (1965): 1295.

[119] M. Schmidt, personal interviews with the author, 2007–2010.

[120] A. Sandage, "The Existence of a Major New Constituent of the Universe: The Quasistellar Galaxies," *Astrophysical Journal* 141 (1965): 1560.

[121] M. Schmidt, personal interviews with the author, 2007–2010.

[122] J. E. Gunn, "On the Distances of the Quasi-Stellar Objects," *Astrophysical Journal* 164 (1971): L113.

[123] A. Sandage, "The Redshift-Distance Relation. I. Angular Diameter of First Ranked Cluster Galaxies as a Function of Redshift: The Aperture Correction to Magnitudes," *Astrophysical Journal* 173 (1972): 485.

[124] J. Kristian, "Quasars as Events in the Nuclei of Galaxies: The Evidence from Direct Photographs," *Astrophysical Journal* 179 (1973) L61.

[125] J. B. Oke and J. E. Gunn, "An Efficient Low Resolution and Moderate Resolution Spectrograph for the Hale Telescope," *Publications of the Astronomical Society of the Pacific* 94 (1982): 586.

[126] T. A. Boroson and J. B. Oke, "Detection of the Underlying Galaxy in the QSO 3C48," *Nature* 296 (1982): 397–399.

[127] M. Schmidt, personal interviews with the author, 2007–2010.

[128] M. Schmidt, "Space Distribution and Luminosity Functions of Quasi-Stellar Radio Sources," *Astrophysical Journal* 151 (1968) 393.

[129] R. F. Green, M. Schmidt, and J. Liebert, "The Palomar-Green Catalog of Ultraviolet-Excess Stellar Objects," *Astrophysical Journal Supplement Series* 61 (1986): 305–352.

[130] M. Schmidt and R. F. Green, "Quasar Evolution Derived from the Palomar Bright Quasar Survey and Other Complete Quasar Surveys," *Astrophysical Journal* 269 (1983): 352–374.

[131] M. Schmidt, personal interviews with the author, 2007–2010.

[132] M. Schmidt, D. P. Schneider, and J. E. Gunn, "Spectroscopic CCD Surveys for Quasars at Large Redshift. IV. Evolution of the Luminosity Function from Quasars Detected by Their Lyman-Alpha Emission," *Astronomical Journal* 110 (1995): 68.

第七章

[133] G. Neugebauer, D. E. Martz, and R. B. Leighton, "Observations of Extremely Cool Stars," *Astrophysical Journal* 142 (1965): 399–401.

[134] G. Neugebauer and R. B. Leighton, *Two-Micron Sky Survey—A Preliminary Catalog* (Washington, DC: NASA SP-3047, Government Printing Office, 1969), 309.

[135] E. Becklin, personal interviews with the author, 2008–2019.

[136] E. E. Becklin and G. Neugebauer, "Observations of an Infrared Star in the Orion Nebula," *Astrophysical Journal* 147 (1967): 799.

[137] E. E. Becklin et al., "The Unusual Infrared Object IRC+10216," *Astrophysical Journal* 158 (1969): L133.

[138] R. I. Toombs et al., "Infrared Diameter of IRC+10216 Determined from Lunar Occultations," *Astrophysical Journal* 173 (1972): L71.

[139] E. E. Becklin and G. Neugebauer, "Infrared Observations of the Galactic Center," *Astrophysical Journal* 151 (1968): 145.

[140] E. Becklin, personal interviews with the author, 2008–2019.

[141] A. R. Sandage, E. E. Becklin, and G. Neugebauer, "UBVRIHKL Photometry of the Central Region of M31," *Astrophysical Journal* 157 (1969): 55.

[142] E. Becklin, personal interviews with the author, 2008–2019.

[143] E. E. Becklin and G. Neugebauer, "High-Resolution Maps of the Galactic Center at 2.2 and 10 Microns," *Astrophysical Journal* 200 (1975): L71–L74.

[144] E. E. Becklin et al., "The Size of NGC 1068 at 10 Microns," *Astrophysical Journal* 186 (1973): L69.

[145] B. T. Soifer et al., "The IRAS Bright Galaxy Sample. II—The Sample and

Luminosity Function," *Astrophysical Journal* 320 (1987) 238–257.

[146] B. T. Soifer et al., "The Luminosity Function and Space Density of the Most Luminous Galaxies in the IRAS Survey," *Astrophysical Journal* 303 (1986): L41–L44.

[147] M. Schmidt and R. F. Green, "Quasar Evolution Derived from the Palomar Bright Quasar Survey and Other Complete Quasar Surveys," *Astrophysical Journal* 269 (1983): 352–374.

[148] Soifer et al., "The IRAS Bright Galaxy Sample. II."

[149] F. Zwicky and M. A. Zwicky, *Catalogue of Selected Compact Galaxies and of Post-eruptive Galaxies* (Gümligen: F. Zwicky, 1971).

[150] Soifer et al., "The Luminosity Function and Space Density of the Most Luminous Galaxies in the IRAS Survey."

第八章

[151] H. Arp, "Companion Galaxies on the Ends of Spiral Arms," *Astronomy and Astrophysics* 3 (1969): 418–435.

[152] F. Zwicky, "Blue Compact Galaxies," *Astrophysical Journal* 142 (1965): 1293.

[153] W. L. W. Sargent, "A Spectroscopic Survey of Compact and Peculiar Galaxies," *Astrophysical Journal* 160 (1970): 405.

[154] F. Zwicky and M. A. Zwicky, *Catalogue of Selected Compact Galaxies and of Post-eruptive Galaxies* (Gümligen: F. Zwicky, 1971).

[155] Sargent, "A Spectroscopic Survey of Compact and Peculiar Galaxies."

[156] W. L. W. Sargent and L. Searle, "Isolated Extragalactic H II Regions," *Astrophysical Journal* 162 (1970): L155.

[157] L. Searle and W. L. W. Sargent, "Inferences from the Composition of Two Dwarf Blue Galaxies," *Astrophysical Journal* 173 (1972): 25.

[158] L. Searle, W. L. W. Sargent, and W. G. Bagnuolo, "The History of Star Formation and the Colors of Late-Type Galaxies," *Astrophysical Journal* 179 (1973): 427–438.

[159] Searle, Sargent, and Bagnuolo, "The History of Star Formation and the Colors of Late-Type Galaxies."

[160] H. Arp and A. Sandage, "Spectra of the Two Brightest Objects in the Amorphous Galaxy NGC 1569—Superluminous Young Star Clusters—or Stars in a Nearby Peculiar Galaxy?" *Astronomical Journal* 90 (1985): 1163–1171.

[161] C. R. Lynds and A. Sandage, "Evidence for an Explosion in the Center of the Galaxy M82," *Astrophysical Journal* 137 (1963): 137.

[162] N. Visvanathan and A. Sandage, "Linear Polarization of the Hα Emission Line in the Halo of M82 and the Radiation Mechanism of the Filaments," *Astrophysical Journal* 176 (1972): 57.

[163] R. Lynds and A. Toomre, "On the Interpretation of Ring Galaxies: The Binary Ring System II Hz 4," *Astrophysical Journal* 209 (1976): 382–388.

[164] C. K. Xu, personal interviews with the author, 2010.

[165] C. K. Xu et al., "Physical Conditions and Star Formation Activity in the Intragroup Medium of Stephan's Quintet," *Astrophysical Journal* 595 (2003): 665–684.

[166] P. N. Appleton, personal interview with the author, 2010.

[167] J. R. Graham et al., "The Double Nucleus of Arp 220 Unveiled," *Astrophysical Journal* 354 (1990): L5–L8.

[168] D. Lynden-Bell, "Galactic Nuclei as Collapsed Old Quasars," *Nature* 223 (1969): 690–694.

[169] P. J. Young et al., "Evidence for a Supermassive Object in the Nucleus of the Galaxy M87 from SIT and CCD Area Photometry," *Astrophysical Journal* 221 (1978): 721–730.

[170] A. Dressler, personal interviews with the author, 2010–2014.

[171] A. Dressler, "Studying the Internal Kinematics of Galaxies Using the Calcium Infrared Triplet," *Astrophysical Journal* 286 (1984): 97–105.

[172] A. Dressler and D. O. Richstone, "Stellar Dynamics in the Nuclei of M31 and M32—Evidence for Massive Black Holes?," *Astrophysical Journal* 324 (1988): 701–713.

[173] A. V. Filippenko and W. L. W. Sargent, "A Search for 'Dwarf' Seyfert 1 Nuclei. I—The Initial Data and Results," *Astrophysical Journal Supplement Series* 57 (1985): 503–522.

[174] L. C. Ho, personal interview with the author, 2010.

[175] L. Ho, "Supermassive Black Holes in Galactic Nuclei: Observational Evidence and Astrophysical Consequences," in *Observational Evidence for Black Holes in the Universe*, ed. S. K. Chakrabarti (Dordrecht: Springer, 1999).

[176] M. Peimbert and S. Torres-Peimbert, "Physical Conditions in the Nucleus of M81," *Astrophysical Journal* 245 (1981): 845–856.

[177] A. V. Filippenko and W. L. W. Sargent, "A Detailed Study of the Emission Lines in the Seyfert 1 Nucleus of M81," *Astrophysical Journal* 324 (1988): 134–153.

[178] L. C. Ho, A. V. Filippenko, and W. L. W. Sargent, "New Insights into the Physical Nature of LINERs from a Multiwavelength Analysis of the Nucleus of M81," *Astrophysical Journal* 462 (1996): 183.

第九章

[179] M. Schmidt, "Large Redshifts of Five Quasi-Stellar Sources," *Astrophysical Journal* 141 (1965): 1295.

[180] J. E. Gunn and B. A. Peterson, "On the Density of Neutral Hydrogen in Intergalactic Space," *Astrophysical Journal* 142 (1965): 1633–1641.

[181] J. N. Bahcall and E. E. Salpeter, "On the Interaction of Radiation from Distant Sources with the Intervening Medium," *Astrophysical Journal* 142 (1965): 1677–1680.

[182] J. L. Greenstein and M. Schmidt, "The Two Absorption-Line Redshifts in Parkes 0237-23," *Astrophysical Journal* 148 (1967): L13.

[183] R. Lynds, "The Absorption-Line Spectrum of 4c 05.34," *Astrophysical Journal* 164 (1971): L73.

[184] A. Boksenberg, personal interviews with the author, 2011–2013.

[185] W. L. W. Sargent, personal interviews with the author, 2008–2011.

[186] A. Boksenberg, personal interviews with the author, 2011–2013.

[187] W. L. W. Sargent et al., "The Distribution of Lyman-Alpha Absorption Lines in the Spectra of Six QSOs—Evidence for an Intergalactic Origin," *Astrophysical Journal Supplement Series* 42 (1980): 41–81.

[188] M. Rauch, private communication, 2019.

[189] D. A. Frail et al., "The Radio Afterglow from the γ-ray Burst of 8 May 1997," *Nature* 389 (1997): 261–263.

[190] S. G. Djorgovski et al., "The Optical Counterpart to the γ-ray Burst GRB970508," *Nature* 387 (1997): 876–878; M. R. Metzger et al., "Spectral Constraints on the Redshift of the Optical Counterpart to the γ-ray Burst of 8 May 1997," *Nature* 387 (1997): 878–880.

第十章

[191] E. P. Hubble, *Realm of the Nebulae* (New Haven: Yale University Press, 1936).

[192] J. E. Gunn and J. A. Westphal, "Care Feeding and Use of Charge-Coupled Device / CCD / Imagers at Palomar Observatory," *Society of Photo-Optical Instrumentation Engineers (SPIE) Conference Series* (1981): 16.

[193] A. Dressler, J. E. Gunn, and D. P. Schneider, "Spectroscopy of Galaxies in Distant Clusters. III—The Population of CL 0024 + 1654," *Astrophysical Journal* 294 (1985): 70–80; A. Dressler, personal interviews with the author, 2010–2014.

[194] L. Spitzer Jr. and W. Baade, "Stellar Populations and Collisions of Galaxies," *Astrophysical Journal* 113 (1951): 413.

[195] J. E. Gunn and J. R. Gott III, "On the Infall of Matter into Clusters of Galaxies and Some Effects on Their Evolution," *Astrophysical Journal* 176 (1972): 1.

[196] J. E. Gunn, personal interviews with the author, 2008–2017.

[197] C. C. Steidel and W. L. W. Sargent, "Mg II Absorption in the Spectra of 103 QSOs—Implications for the Evolution of Gas in High-Redshift Galaxies," *Astrophysical Journal Supplement Series* 80 (1992): 1–108; W. L. W. Sargent, A. Boksenberg, and C. C. Steidel, "C IV Absorption in a New Sample of 55 QSOs—Evolution and Clustering of the Heavy-Element Absorption Redshifts," *Astrophysical Journal Supplement Series* 68 (1988): 539–641.

[198] J. Bergeron and P. Boissé, "A Sample of Galaxies Giving Rise to Mg II Quasar Absorption Systems," *Astronomy and Astrophysics* 243 (1991): 344–366.

[199] W. A. Baum, "Photoelectric Determinations of Redshifts Beyond 0.2 c," *Astronomical Journal* 62 (1957): 6–7.

[200] W. A. Baum, "Photoelectric Magnitudes and Red-Shifts," *International Astronomical Union Symposium* 15 (1962): 390–400.

[201] C. C. Steidel et al., "Spectroscopic Confirmation of a Population of Normal Star-Forming Galaxies at Redshifts Z > 3," *Astrophysical Journal* 462 (1996): L17.

[202] C. C. Steidel et al., "A Large Structure of Galaxies at Redshift Z ~ 3 and Its Cosmological Implications," *Astrophysical Journal* 492 (1998): 428; K. L. Adelberger et al., "A Counts-in-Cells Analysis of Lyman-Break Galaxies at Redshift Z ~ 3," *Astrophysical Journal* 505 (1998): 18–24.

[203] C. C. Steidel, personal interviews with the author, 2009–2011.

[204] A. E. Shapley, personal interview with the author, 2011.

[205] Steidel et al., "A Large Structure of Galaxies at Redshift Z ~ 3 and Its Cosmological Implications."

[206] C. C. Steidel et al., "Lyman-α Imaging of a Proto-cluster Region at <z> = 3.09," *Astrophysical Journal* 532 (2000): 170–182.

第十一章

[207] B. C. Murray, personal interviews with the author, 2008–2010.

[208] B. C. Murray, personal interviews with the author, 2008–2010.

[209] B. C. Murray, personal interviews with the author, 2008–2010.

[210] R. L. Wildey, B. C. Murray, and J. A. Westphal, "Thermal Infrared Emission of the Jovian Disk," *Journal of Geophysical Research* 70 (1965): 3711.

[211] F. C. Gillett and J. A. Westphal, "Observations of 7.9-Micron Limb Brightening on Jupiter," *Astrophysical Journal* 179 (1973): L153.

[212] F. C. Gillett, F. J. Low, and W. A. Stein, "The 2.8–14-Micron Spectrum of Jupiter," *Astrophysical Journal* 157 (1969): 925.

[213] J. A. Westphal, "Observations of Localised 5-Micron Radiation from Jupiter," *Astrophysical Journal* 157 (1969): 157: L63–L64.

[214] J. A. Westphal, K. Matthews, and R. J. Terrile, "Five-Micron Pictures of Jupiter," *Astrophysical Journal* 188 (1974): L111–L112; R. J. Terrile, "High Spatial Resolution Infrared Imaging of Jupiter: Implications for the Vertical Cloud Structure from Five-Micron Measurements," PhD thesis, California Institue of Technology, 1978, 1.

[215] R. J. Terrile and J. A. Westphal, "The Vertical Cloud Structure of Jupiter from 5 µm Measurements," *Icarus* 30 (1977): 274–281.

[216] R. J. Terrile, personal interview with the author, 2008.

[217] R. J. Terrile et al., "Infrared Images of Jupiter at 5-Micrometer Wavelength During the Voyager 1 Encounter," *Science* 204 (1979): 948.

[218] R. J. Terrile, personal interview with the author, 2008.

[219] C. S. Shoemaker, "Twelve Years on the Palomar 18-Inch Schmidt," *Journal of the Royal Astronomical Society of Canada* 90 (1996): 18.

[220] C. Shoemaker, personal interview with the author, 2008.

[221] D. Banfield et al., "2 µm Spectrophotometry of Jovian Stratospheric Aerosols—Scattering Opacities, Vertical Distributions, and Wind Speeds," *Icarus* 121 (1996): 389–410.

[222] P. D. Nicholson et al., "Palomar Observations of the R Impact of Comet Shoemaker-Levy 9: II. Spectra," *Geophysical Research Letters* 22 (1995): 1617–1620.

[223] R. S. Richardson, "A New Asteroid with Smallest Known Mean Distance," *Publications of the Astronomical Society of the Pacific* 61 (1949): 162.

[224] D. Jewitt and J. Luu, "Discovery of the Candidate Kuiper Belt Object 1992 QB1," *Nature* 362 (1993): 730–732.

[225] M. Brown, personal interviews with the author, 2008–2019.

[226] E. F. Helin, S. H. Pravdo, K. H. Lawrence, and M. D. Hicks, "The Near-Earth Asteroid Tracking (NEAT) Program," *Bulletin of the American Astronomical Society* 32 (2000): 750.

[227] C. A. Trujillo and M. E. Brown, "The Caltech Survey for the Brightest Kuiper Belt Objects," *Bulletin of the American Astronomical Society* 35 (2003): 1015.

[228] M. E. Brown, C. Trujillo, and D. Rabinowitz, "Discovery of a Candidate Inner Oort Cloud Planetoid," *Astrophysical Journal* 617 (2004): 645–649.

[229] M. E. Brown, C. A. Trujillo, and D. L. Rabinowitz, "Discovery of a Planetary-Sized Object in the Scattered Kuiper Belt," *Astrophysical Journal* 635 (2005): L97–L100.

[230] M. E. Brown et al., "A Collisional Family of Icy Objects in the Kuiper Belt," *Nature* 446 (2007): 294–296.

[231] M. Brown, personal interviews with the author, 2008–2019.

[232] Brown et al., "A Collisional Family of Icy Objects in the Kuiper Belt."

[233] Brown, Trujillo, and Rabinowitz, "Discovery of a Planetary-Sized Object in the Scattered Kuiper Belt."

[234] K. M. Barkume, M. E. Brown, and E. L. Schaller, "Near Infrared Spectroscopy of Icy Planetoids," *Bulletin of the American Astronomical Society* 37 (2005): 738.

[235] C. T. Kowal, "Chiron," in *Asteroids*, ed. T. Gehrels with M. S. Matthews (Tucson: University of Arizona Press, 1979), 436–439.

[236] K. Batygin, private communication.

[237] M. Brown and K. Batygin, "Observational Constraints on the Orbit and Location of Planet Nine in the Outer Solar System," *Astrophysical Journal Letters* 824 (2016): 2.

第十二章

[238] F. Zwicky, "Die Rotverschiebung von extragalaktischen Nebeln," *Helvetica Physica Acta* 6 (1933): 110–127.

[239] S. S. Kumar, "Models for Stars of Very Low Mass," Institute for Space Studies Report X-644-62-78 (1962), 1; S. S. Kumar, "The Structure of Stars of Very Low Mass," *Astrophysical Journal* 137 (1963): 1121.

[240] J. C. Tarter, personal interview with the author, 2015.

[241] J. C. Tarter, "The Interaction of Gas and Galaxies within Galaxy Clusters,"

PhD thesis, University of California, Berkeley, 1975, 1.

[242] M. Clampin et al., "High Speed Quadrant CCDs for Adaptive Optics," in *CCDs in Astronomy: Proceedings of a Conference Held in Tucson, Arizona, 6–8 September 1989*, ed. G. H. Jacoby (San Francisco: Astronomical Society of the Pacific, 1990), 367–373.

[243] T. Nakajima et al., "A Coronagraphic Search for Brown Dwarfs around Nearby Stars," *Astrophysical Journal* 428 (1994): 797–804.

[244] K. Matthews, personal interviews with the author, 2008–2010.

[245] T. Tsuji, "Molecular Abundance in Stellar Atmospheres," *Annals of the Tokyo Astronomical Observatory* 9 (1964).

[246] T. Tsuji, R. Blomme, and N. Grevesse, "Molecules in the Atmospheres of Brown Dwarfs," *Laboratory and Astronomical High Resolution Spectra* 81 (1995): 566.

[247] Tsuji, Blomme, and Grevesse, "Molecules in the Atmospheres of Brown Dwarfs."

[248] T. Nakajima et al., "Discovery of a Cool Brown Dwarf," *Nature* 378 (1995): 463–465.

[249] B. R. Oppenheimer et al., "Infrared Spectrum of the Cool Brown Dwarf Gl 229B," *Science* 270 (1995): 1478–1479.

[250] A. J. Burgasser, "The Discovery and Characterization of Methane-Bearing Brown Dwarfs and the Definition of the T Spectral Class," PhD thesis, California Institute of Technology, 2001, 116; A. J. Burgasser, personal interviews with the author, 2015–2019.

[251] Burgasser, "The Discovery and Characterization of Methane-Bearing Brown Dwarfs and the Definition of the T Spectral Class."

[252] C. Marois, B. Zuckerman, Q. M. Konopacky, B. Macintosh, and T. Barman, "Images of a Fourth Planet Orbiting HR 8799," *Nature* 468 (2010): 1080–1083.

[253] B. R. Oppenheimer et al., "Reconnaissance of the HR 8799 Exosolar System. I. Near-Infrared Spectroscopy," *Astrophysical Journal* 768 (2013): 24.

[254] A. Rau et al., "Exploring the Optical Transient Sky with the Palomar Transient Factory," *Publications of the Astronomical Society of the Pacific* 121 (2009): 1334–1351.

[255] N. M. Law et al., "The Palomar Transient Factory: System Overview, Performance, and First Results," *Publications of the Astronomical Society of the Pacific* 121 (2009): 1395–1408.

[256] A. L. Piro, P. Chang, and N. N. Weinberg, "Shock Breakout from Type Ia Supernova," *Astrophysical Journal* 708 (2010): 598; A. L. Piro, private communication, 2019.

[257] W. Li et al., "Exclusion of a Luminous Red Giant as a Companion Star to the Progenitor of Supernova SN 2011fe," *Nature* 480 (2011): 348–350, P. E. Nugent et al., "Supernova SN 2011fe from an Exploding Carbon-Oxygen White Dwarf Star," *Nature* 480 (2011): 344–347.

[258] M. L. Graham et al., "Constraining the Progenitor Companion of the Nearby Type Ia SN 2011fe with a Nebular Spectrum at +981 d," *Monthly Notices of the Royal Astronomical Society* 454 (2015): 1948–1957.

[259] R. M. Quimby et al., "Hydrogen-Poor Superluminous Stellar Explosions," *Nature* 474 (2011): 487–489.

[260] E. C. Bellm et al., "The Zwicky Transient Facility: System Overview, Performance, and First Results," *Publications of the Astronomical Society of the Pacific* 131 (2019): 018002; M. J. Graham et al., "The Zwicky Transient Facility: Science Objectives," *Publications of the Astronomical Society of the Pacific* 131 (2019): 078001.

[261] C. Payne-Gaposhkin, "A Special Kind of Astronomer," *Sky and Telescope* 47 (1974): 311.

[262] K. B. Burdge, "General Relativistic Orbital Decay in a Seven-Minute-Orbital-Period Eclipsing Binary System," *Nature* 571 (2019): 528–531.